# 中国环境议题的网络话语实践与社会治理研究

咸玉柱　著

光明日报出版社

图书在版编目（CIP）数据

中国环境议题的网络话语实践与社会治理研究 / 咸玉柱著 . --北京：光明日报出版社，2024.7. -- ISBN 978-7-5194-8120-9

Ⅰ. X-12

中国国家版本馆 CIP 数据核字第 2024HY9364 号

# 中国环境议题的网络话语实践与社会治理研究

ZHONGGUO HUANJING YITI DE WANGLUO HUAYU SHIJIAN YU SHEHUI ZHILI YANJIU

| | | | |
|---|---|---|---|
| 著　　者：咸玉柱 | | | |
| 责任编辑：周文岚 | | 策　　划：高　栋 | |
| 封面设计：吴　睿 | | 责任校对：张　丽 | |
| 责任印制：曹　净 | | | |

出版发行：光明日报出版社

地　　址：北京市西城区永安路 106 号，100050

电　　话：010－63169890（咨询），010－63131930（邮购）

传　　真：010－63131930

网　　址：http://book.gmw.cn

E－mail：gmrbcbs@gmw.cn

法律顾问：北京市兰台律师事务所龚柳方律师

印　　刷：天津和萱印刷有限公司

装　　订：天津和萱印刷有限公司

本书如有破损、缺页、装订错误、请与本社联系调换，电话 010－63131930

开　　本：170mm×240mm　　　　印　　张：14.25

字　　数：246 千字

版　　次：2024 年 7 月第 1 版

印　　次：2024 年 7 月第 1 次印刷

书　　号：ISBN 978-7-5194-8120-9

定　　价：78.00 元

　　纵观人类文明发展史,生态兴则文明兴,生态衰则文明衰。环境保护与环境治理已经成为生态文明建设的关键环节。然而,环境污染的复杂性与环境问题解决的长期性,以及公众环保意识的提升与参与渠道的局限,使得环境治理与生态文明实践任重道远。近年来,伴随互联网技术的不断发展,网络空间的开放性和多元性为公众参与环境保护提供了新的可能,也为环境议题的协商讨论和环境行动的有效开展提供了广阔舞台。作为多元主体网络话语实践的重要表征,环境议题在网络空间中的生发、讨论、回应、解决等一系列话语动员环节成为关照我国生态文明实践的重要窗口。其中,伴随社会转型与中国式现代化实践所生发的环境维权行为,成为理解并有效把握环境议题实践的关键代名词。一方面被遮蔽的环境议题通过环境维权的网络话语及其动员得以凸显,另一方面环境治理的有效回应也依托于环境维权的网络化实践得以解决。因此,鉴于环境维权与环境议题、网络动员与网络话语之间的内在关联性、倾向性及相对一致性,本书选择以环境维权作为关键概念,分析其网络动员实践的基本特征,以此理解环境议题网络话语实践的一般规律。

　　环境维权网络动员具有宏观层面的结构性与历史性因素。现代化实践、社会文化转型和网络技术变革构成了维权动员的三个关键命题。现代性"异化"所产生的环境污染成为环境维权生发的"元问题";社会文化转型不断释放的主体性张力则赋予公民环境权益维护以及社会参与的内生动力;互联网技术构建的公共表达空间与作为制度性沟通的实践场域弥补了传统制度性实践的结构缺陷。基于宏观结构性情境,中国环境维权网络动员的历史演进也呈现多维特征:从早期环境权益实践的群众运动到以互联网为中介的维权动员，其始终以维护环境权益、融入社会发展为目的；环境维权的非制度性基因与群众性实践相伴相生，阻碍社会治理的良性建构。

具体到环境维权网络动员的实践过程中，公众、社会中层、大众媒体和权力主体针对典型环境风险议题所呈现的话语表征及行动逻辑，建构了新网络动员环境。就公众而言，其悲情叙事、朴素正义、道德伦理的情感话语以及多平台选择的技术动员与认同建构，折射出中国传统文化和社会心理因素对公众表达的深刻影响，同时，也体现了公民主体性参与的日益成熟。然而公众网络动员过程中的非规范化、非程序化、高情感等特质蕴含着异常紧张的风险因子，一度成为舆论抗争与群体极化的重要诱因。就社会中层而言，科学实践、理性观念、程序正义是其话语表达的题中应有之义，这也强化了社会中层维权动员的意见领袖功能。作为意见领袖的社会中层在推进维权行动开展、影响环境公共话题等方面彰显出强大的实践动能；而基于选择性失语的权力依附与以反向解构和民粹主义为主要特质的底层"疾呼"则损害了现代公共性治理的伦理基础。就大众媒体而言，事实、行动和共识话语"塑造"了环境维权实践的理性媒介图景；其时间靶向与内容偏向选择的议程逻辑则暗含着大众媒体与公众、社会中层以及公权力主体间的话语协商、利益合作与行动抗争。大众媒体发挥媒介报道本体论功能的同时，不断找寻多元主体的利益平衡点，以期弥合环境维权异化造成的社会矛盾。就权力主体而言，其话语表征及行动实践的指令性与协商性特质一方面体现了中国科层权力模式下的网络政治动员逻辑和实践问题，另一方面也预示着当前权力主体治理改革的优化方向。多元主体维权动员呈现各自"言说方式"与行动轨迹的同时，主体间的"粉末混战"亦伴随其中：公众与社会中层、大众媒体的"联盟"与"分歧"；公众与权力主体间的"对话"与"对抗"；社会中层、大众媒体与权力主体间的"融合"与"冲突"。三种主体模式以公众行动诉求为核心主线；社会中层与大众媒体在其中扮演着双重角色：维权行动的守护者和维权行动的规劝者，而权力主体则作为公众环境利益诉求指向直接/间接对象成为影响行动走向及其治理实践的决定性力量。

通过对环境维权网络动员行动具体而微的系统性考察也发现，公众非秩序性实践、社会中层的反向解构与"自我内卷"、大众媒体的舆论失焦以及权力主体的技术管控与"刚性维稳"等反映出各主体在制度结构、行动沟通以及意义联结层面存在的"自我异化"及系统性问题。针对一系列实践困境，我们试图以社会治理共同体为分析资源，为其搭建具有规范性、操作性和普遍性的治理框架。其中涉及法治建设、互联网空间的政策规制、"美丽中国"的话语构建等宏观制度转向，以公民听证会、电视问政、网络问政为现实观照的多元协商路径，基于道德伦理、新激情政治参与的内在"自我技术"规约。在遵循秩序规范、多元主体协商以及主体行为优化基础上，进一步促进网络动员实践中知识理性、科学理性以及责任理性的养成与发展。

# |目　录|

导　论 ……………………………………………………………… 1

  第一节　问题的提出 …………………………………………… 1

  第二节　国内外相关文献梳理 ………………………………… 3

  第三节　研究视角与理论资源 ………………………………… 20

  第四节　研究方法与研究思路 ………………………………… 25

第一章　中国环境维权网络动员的时代语境 …………………… 27

  第一节　加速的现代化进程与转型中国的环境问题 ………… 28

  第二节　社会文化转型与认知觉醒 …………………………… 37

  第三节　网络技术的发展与公民的话语表达 ………………… 44

第二章　中国环境维权网络动员的历史演进 …………………… 51

  第一节　前网络动员时期的环境维权实践：萌芽与勃兴 …… 52

  第二节　新时期中国环境维权网络动员实践：多元表达 …… 65

第三章　中国环境维权网络动员的主体及话语表征 …………… 76

  第一节　环境维权网络动员的主体分析 ……………………… 79

  第二节　公众环境维权动员的话语建构 ……………………… 85

  第三节　社会中层环境维权动员的话语表征 ………………… 93

  第四节　大众媒体环境维权的动员话语 ……………………… 99

  第五节　权力主体环境维权的动员话语 ……………………… 108

**第四章 中国环境维权网络动员的行动机制及实践困境** ……………… 117

第一节 公众环境维权网络动员的路径选择与信息聚合 ………… 118

第二节 社会中层维权动员的意见引领 ……………………… 127

第三节 大众媒体环境维权网络动员的议程凸显与遮蔽 ………… 134

第四节 权力主体环境维权网络动员的控制与沟通 …………… 140

**第五章 中国环境维权网络动员的治理进路** …………………… 148

第一节 制度转向：环境维权网络动员的宏观治理构架 ………… 148

第二节 路径拓展：环境维权网络动员的中观参与实践 ………… 154

第三节 主体革新：维权动员治理的微观"行为优化" ………… 163

**结 论** ……………………………………………………… 174

**参考文献** ………………………………………………… 178

**附 录** …………………………………………………… 207

# 导　论

## 第一节　问题的提出

1978 年开始的改革开放开启了中国现代化实践的探索之路。市场化转型、工业化和城市化建设的推进成为社会高速发展的主要动力。但与此同时，中国一直承受着政治、经济、文化、生态等社会面高速发展带来的风险、压力。中国环境问题作为影响经济可持续发展、民众健康利益以及社会稳定的重要因素之一，已经成为透视中国社会结构风险和矛盾冲突的一面镜子。环境问题引发的群体性维权事件也成为社会普遍关注的焦点。

从 2003 年的广西 F 厂砒霜厂事件、2004 年河北 S 市反垃圾焚烧厂事件、2005 年浙江 D 市画水镇事件、2006 年山东 R 市反核事件、2007 年的厦门反 PX 事件，一直到 2018 年东北辽宁反对氧化铝项目，一系列群体性的环境维权行动背后既反映了中国环境问题所造成的结构性压力，也昭示着中国公民环保意识和权利意识的觉醒。

进入 21 世纪以来，中国互联网技术呈现高速发展态势，网民人数从 2000 年的 2 250 万增长到了 2023 年的 10.92 亿[①]，这一庞大的网民群体缔造着中国式的互联网景观。与此同时，互联网技术赋予网络空间的平台开放性、信息扩散性、网民互动性特征，在一定程度上实现了公众个体或群体话语扩散与权利诉求。基于互联网情感聚合、资源整合和社会认同塑造的功能

---

① 中国互联网信息中心．第 53 次《中国互联网络发展状况统计报告》［R/OL］．（2024 - 03 - 21）［2024 - 03 - 30 - 1］．https：//www.cnnic.net.cn/n4/2024/0321/c208-10962.html.

实践，网络动员理所当然地成为社会治理和社会参与的全新方式。纵观历年来的环境维权行动，参与主体大多借助互联网这一资源性和中介性场域，并通过环境维权的议题发酵和情感渲染，最终实现维权资源的整合和维权行动的规模化。2007年的厦门反PX事件便是一个典型印证。在厦门反PX项目的维权动员中，当地著名的小鱼社区、厦门大学的公共BBS以及手机短信等共同构建了利益表达的公共空间。以"保卫厦门""还我蓝天"为主题的网络文章也吸引了数以万计的点击率，成为网络情感渲染和认同构建的助推器，并形成了以"散步"为名的大规模线下抗议活动，最终促成了问题的理性协商。厦门PX事件在一定程度上为民意实践的政治参与转型提供了示范。但鉴于中国当前环境问题的复杂性、环境保护和程序性维权实践的不完善以及环境维权参与的群氓性和非理性，使得网络空间成为网络群体性事件和网络极化现象孕育的危险之地。2000—2022年间，中国爆发的各类环境维权事件成为影响社会稳定的"导火索"。

面对环境问题日益严峻和环境维权议题的频发，国家层面制定了一系列方针政策：2007年党的十七大将"科学发展观"写入党章；2012年党的十八大将生态文明建设纳入中国特色社会主义现代化建设"五位一体"总体布局之中，提出"美丽中国"发展目标；2013年习近平总书记明确提出"绿水青山就是金山银山"的环境治理目标；2017年党的十九大向世界发出中国要"积极参与全球环境治理"；2020年9月习近平总书记在第75届联合国大会率先提出"碳达峰"目标和"碳中和"愿景……从环境友好型社会到生态文明建设，从构建美丽中国到塑造生态文明观，国家层面逐渐将环境保护放在社会发展的重要战略位置，并倡导绿色环保和可持续发展，着力解决突出的环境问题。习近平总书记在中国共产党第二十次全国代表大会上也强调，要像保护眼睛一样保护自然和生态环境，坚定不移走生产发展、生活富裕、生态良好的文明发展道路，实现中华民族永续发展。[①] 环境保护上升为我国党和政府治国理政的重要方略，从客观上为环境维权行动提供了政策支

---

① 习近平.高举中国特色社会主义伟大旗帜 为全面建设社会主义现代化国家而团结奋斗——在中国共产党第二十次全国代表大会上的报告 [N].人民日报，2022-10-26 (1).

持和法理依据。自上而下的环保政策和环境宣传与自下而上的环境维权行动成为环境治理的两股关键力量。

鉴于中国当前环境问题的突出性、环境治理的紧迫性和环境维权的重要性，以及互联网在环境保护、宣传和维权行动动员方面的功能性体现，作者试图从网络动员视角出发考察中国近 20 年来的环境维权实践，并试图解决以下问题：环境维权网络动员经过了怎样的发展和变迁？环境维权中的网络动员主体有哪些？具体动员过程、动员话语以及动员策略如何？这一动员过程又存在哪些实践困境？我国当下社会发展所需的合理的网络维权环境及过程应该如何操作？一系列研究问题是推动本研究的出发点和立足点。

# 第二节　国内外相关文献梳理

目前，国内外关于环境维权以及网络动员的研究成果颇丰。本书根据论文写作的理论思路和内容需求，对国内外的研究现状主要进行两个层面的文献综述。第一，关于环境维权、环境抗争以及环境运动的研究综述。这部分综述主要围绕由环境问题所引发的环境维权抗争、群体性环境事件以及大规模的集体行动展开，鉴于环境抗争和环境运动本质上是追求环境权益的一种实践模式，所以作者暂时将其归入环境维权的研究范畴。第二，主要关于网络动员以及与网络动员直接相关的社交媒体实践的文献梳理。该部分内容涉及网络动员的基础性和功能性研究，即网络动员的概念、价值等的基本属性研究和作为资源勾连、动员场域等功能属性的研究。

## 一、国内外关于环境维权研究梳理

### （一）正义、权力、文化与技术：国外环境抗争研究的理论与实践

西方近代工业革命的快速推进，使人类自身的生存环境面临前所未有的挑战。早期著名的社会学家涂尔干、马克思和韦伯等已经开始审视西方工业革命所带来的环境问题，其中马克思的论述最为经典。马克思认为早期的环境问题是资本实践异化的结果，其造成了人口过剩、资源枯竭、环境污染等广泛的社会病。在马克思看来，上述问题解决的根本是颠覆资本主义占主导

的生产方式，构建一个理性、人性、环境上非异化的社会秩序。<sup>①</sup> 而关于环境问题的普遍认知，则开始于 20 世纪 60 年代末，这一时期西方国家的普通民众逐渐意识到环境污染的危害，并通过游行、示威、抗议等各种社会行动表达自身的环境权益诉求，力图要求政府采取有力措施治理和控制环境污染。<sup>②</sup> 关于环境抗争的相关研究也开始勃兴。为了更好地把握国外环境抗争研究的现状，本书着重从环境公正、国家—社会关系、社会文化、技术—资源等四种视角对相关文献进行整体爬梳。

1. 环境正义视角下的环境维权

环境正义强调每个人都有权享有清洁的环境而不遭受不利的环境损害，同时，环境损害的责任应与环境保护的义务相吻合。<sup>③</sup> 20 世纪 70 年代的研究表明，城市穷人比其他社会群体更容易暴露在污染的空气中。<sup>④</sup> 20 世纪 90 年代以来，环境正义的研究范围日益扩大。儿童面临的环境风险<sup>⑤</sup>、工人和少数民族的健康问题<sup>⑥</sup>、黑人和白人在环境风险分布上的差异<sup>⑦</sup>以及有毒废物处理场附近的癌症死亡率<sup>⑧</sup>已成为社会学家、政治学家和环境保护主义者关注的焦点。

2000 年以来，关于环境公正的研究逐渐朝全球化、政府治理以及发展

---

① 约翰·汉尼根. 环境社会学 [M]. 洪大用，等，译. 北京：中国人民大学出版社，2009：8 - 9.

② 洪大用. 西方环境社会学研究 [J]. 社会学研究，1999 (2)：85 - 98.

③ 洪大用. 环境公平：环境问题的社会学视点 [J]. 浙江学刊，2001 (4)：67 - 73.

④ Szasz, A. and Meuser, M. *Environmental Inequalities：Literature Review and Proposals for New Directions in Research and Theory* [J]. Current Sociology, 1997, 3：99 - 120.

⑤ Metzger, R, et al. *Environmental Health and Hispanic Children* [J]. Environmental Health Perspectives, 1995, 103：25 - 32.

⑥ Evans, D. et al. *Awareness of Environmental Risks and Protective Actions among Minority Women in Northern Manhattan* [J]. Environmental Health Perspectives, 2002，110：271 - 275；Dilworth·Bart, J. E., and Moore, C. F. *Mercy Mercy Me：Social Injustice and the Prevention of Environmental Pollutant Exposures among Ethnic Minority and Poor Children* [J]. Child Development, 2006, 2：247 - 265.

⑦ Lopez, R. *Segregation and Black/White Differences in Exposure to Air Toxics in 1990* [J]. Environmental Health Perspectives, 2002, 100：289 - 295；Hummer, R. A. *Black-White Differences in Health and Mortality：A Review and Conceptual Model* [J]. The Sociological Quarterly, 1996, 1：105 - 125.

⑧ Harmon, M. P., and Coe, K. *Cancer Mortality in U. S. Counties with Hazardous Waste Sites* [J]. Population and Environment, 1993, 14：463 - 480.

中国家的环境风险应对方向转移。有研究指出，民间社会对资源公平的意愿和需求将有能力为环境正义和抵制不公平、不可持续的城市发展行为创造平台。<sup>①</sup> 与此同时，也有学者将研究视角放到政府公职人员代表与环境政策的执行关系中进行考察，强调环境政策由身份政治、行政自由裁量权和关于公共资源再分配的争议性话语构成，在一定程度上揭示出政府治理与民主价值观之间的关系。<sup>②</sup> 关于全球环境正义与环境维权则主要涉及第三世界国家的发展与治理问题<sup>③</sup>、环境种族主义<sup>④</sup>、发达国家和发展中国家的环境不公正现象。中国作为当前世界上最大的发展中国家，其社会结构的变化、中产阶级的出现以及严重的环境污染正在刺激着民众对社会环境正义的需求。有学者以中国四大经济区（长江三角洲、珠江三角洲、京津冀、成都—重庆）的444个县为研究对象，对环境不平等的区域分布进行实证分析。结果表明，农村居民比城市居民承担更高的环境风险。

环境正义视角下的西方环境抗争研究呈现出鲜明的种族主义、阶层分化、底层视角和西方中心论等特征。但其对环境治理中的政府决策、法治实践以及全球化合作中环境问题的关注为中国开展环境维权研究提供了重要思路。如何构建公平公正的环境维权秩序，保障公民的环境权益仍是当前中国亟待解决的问题。

2. 国家—社会视角下的环境抗争

国家与社会的关系主要体现在国家权力与社会权力之间的平衡。在郑杭生等人看来，国家权力指向具有政治系统性的权力逻辑，而社会权力则强调其作为利益共同体的存在结构，包括狭义的社会和市场。国家与社会存在相

---

① Suharko. *Urban environmental justice movements in Yogyakarta, Indonesia* [J]. Environmental Sociology, 2020, 3: 231-241.

② Jiaqi Liang, Sanghee Park, Tianshu Zhao. *Representative Bureaucracy, Distributional Equity, and Environmental Justice* [J]. Public Administration Review, 2020, 3: 402-414.

③ Munamato Chemhuru. *The paradox of global environmental justice: Appealing to the distributive justice framework for the global South* [J]. South African Journal of Philosophy, 2019, 1: 30-39.

④ Leslie Kern, Caroline Kovesi. *Environmental justice meets the right to stay put: mobilising against environmental racism, gentrification, and xenophobia in Chicago's Little Village* [J]. Local Environment, 2018, 9: 952-966.

互建构的意义空间和实践机制。① 国家与社会的关系也可以从三个维度展开：国家的性质、社会的性质以及国家与社会的联系。国家性质一般被解释为国家政权的性质，主要以现代民主的实现程度为划分依据，包括民主制度、极权主义、后极权主义、寡头政治、君主立宪制等；社会性质主要是指独立于国家的社会中层组织的发展和多样性；国家与社会的关系可以从三个不同的层面来分析：经济、政治和价值观。② 在西方发达国家，中层组织的发展和公民权利的崛起使环境运动成为社会抵制国家决策的重要形式。

环境社会学家汉尼根认为，如果我们想要全面、成功地进行环境抗争，就应该将维权者的权益行动制度化，以确保环境问题实践的合法性和可持续性……这可以从联合国有关机构和非政府组织所发挥的作用中看出。③ 自 20 世纪 80 年代以来，欧洲各地的主要环境团体都有机会接触到正式的政策机构和程序，如听证会或部长级委员会，尽管程度不同。④ 美国国家环境保护局（USEPA）于 1990 年成立了环境正义工作组，以应对公众的强大环境压力。其任务主要是评估少数民族和低收入群体承担的不相称环境风险的证据，找出影响不同环境风险的因素，并提出相应的改进策略。发达国家的环境 NGO 在环境抗争中也发挥着重要功能。研究过英国地球第一创业者的学者指出，该组织是加速动员的催化剂，创造了新一代的环境活动家，他们将网络、技术和符号运用到环境动员实践中。⑤ 作为社会力量的重要组成部分，发达国家的环境组织在组织环境抗议和环境运动，以及克服组织成员之间的松散联系方面发挥着至关重要的作用。在南非德班进行的一项关于民间社会领导力和产业风险的研究表明，大多数民间社会领导

---

① 郑杭生，杨敏. 社会与国家关系在当代中国的互构——社会建设的一种新视野 [J]. 南京社会科学，2010（1）：62-67.

② 赵鼎新. 社会与政治运动讲义 [M]. 北京：社会科学文献出版社，2012：306.

③ 约翰·汉尼根. 环境社会学 [M]. 洪大用，等，译. 北京：中国人民大学出版社，2009：82.

④ 克里斯托弗·卢茨. 西方环境运动：地方、国家和全球向度 [M]. 徐凯，译. 济南：山东大学出版社，2005：19.

⑤ 克里斯托弗·卢茨. 西方环境运动：地方、国家和全球向度 [M]. 徐凯，译. 济南：山东大学出版社，2005：109.

人都加入了政府和产业部门的社会变革进程，从而削弱了民间社会的领导力和组织结构。① 而并不发达的印度却没有遵循"大政府、小社会"的权力格局，有学者通过研究奇普科（Chipko）运动和反对纳马达（Narmada）流域项目发现，印度有着强公民社会的特征，如地方农民团体、妇女团体、青年团体与环境团体等，在环境抗争中发挥了重要功能。②

国家—社会的权力关系视角对于当下研究环境维权实践的行动过程具有重要的启发意义，但强社会组织与环境运动的强效果和弱社会组织与环境运动的弱效果，这两种权力关系的划分逻辑也存在一定的局限性。中国的维权实践便是个典型。中国作为典型的"大政府、小社会"的国家，社会中层组织的发展，尤其是维权组织的发展相对不发达，但纵观近年来的个体维权和群体维权实践效果，最终大多能实现权益抗争的理想预期。由此可见，中国的环境维权行动和个体抗争有着本土化优势，政府回应和政治治理在其中发挥着关键作用。但维权组织的弱化极易造成维权实践的非理性化和集体失序。因此，强化环境组织在维权实践和参与治理方面的社会效能，也是中国环境维权制度设计和组织优化的重要方向。

3. 社会文化视角下的环境维权研究

社会文化视角下的环境维权主要关注社会结构、当地传统文化、集体价值观、宗教信仰、环境知识和社会规范对环境权益行动的影响。奥尔登·D. 莫里斯认为，文化背景根植于人的整个生命历程，并赋予人生存实践的信仰体系，从而指导他们的日常行为……社会文化背景塑造了人的行为，但同时也限制了行为活动的结构空间。③

一些学者从环境知识的角度研究了环境知识掌握程度和专业水平对环境维权手段和效果的影响。研究人员称，受教育程度较高的人在理解复杂环境问题、评估相关风险以及设计实际补救措施方面的认知能力有所提高，无论

---

① Leonard，L. *Civil Society Leadership and Industrial Risks：Environmental Justice in Durban，South Africa* [J]. Journal of Asian and African Studies，2011，2：113 – 129.

② 克里斯托弗·卢茨. 西方环境运动：地方、国家和全球向度 [M]. 徐凯，译. 济南：山东大学出版社，2005：248 – 250.

③ 艾尔东·莫里斯，卡洛尔·麦克拉吉·缪勒. 社会运动理论的前沿领域 [M]. 刘能，译. 北京：北京大学出版社，2002：399.

是个人还是集体。[①] 另外，环境抗争也很容易受到社区和集体信仰的限制。一些研究人员指出，传统社区中的一些规范，如宗教、禁忌、地方道德和地方当局，在促进环境资源保护和克服哈丁所描述的公地悲剧方面发挥了作用。[②]

社会文化视角下的环境抗争将道德观念、传统文化、社区文化等因素纳入其中进行考察，在一定程度上丰富了环境抗争的理论资源和解释框架，也成为考察社会结构中资源如何被使用的重要路径。道德正义、"无诉讼文化"、乡村社会的差序格局等传统文化特征也为审视当前我国的维权实践提供了一种"中国方法"。

4. 媒介技术视角下的环境维权

媒介技术与环境维权的关系主要体现在两方面：首先，大众媒体框定环境维权的意义维度与阐释逻辑，即以媒介文本为表征的环境话语：客观主义的科学话语、人类利益话语、商业机会话语、冲突话语、灾难隐喻和环境决策等[③]；其次，环境问题作为维权动员的资源领域，其社会效应主要通过环境话语的建构来放大，同时通过媒体进行资源动员和社会整合。

随着网络技术的飞速发展，互联网为环境话语的传播与实践以及环境抗争的再动员提供了重要的技术场域。有学者通过分析和比较 Facebook 和 Twitter 的使用与环境抗争的关系，指出使用社交媒体与参与环境运动之间存在着积极关系，甚至控制了政治利益、意识形态和信任等其他相关变量。[④] 也有学者以中国 2007—2014 年间发生的 7 次反石化抗争活动为研究对象，进行了 54 次深度访谈。研究发现，从长远来看数字媒体的使用可以使维权者广泛、迅速地整合抗争资源，同时，他们可以借助数字媒体学习已

---

① 克里斯托弗·卢茨. 西方环境运动：地方、国家和全球向度 [M]. 徐凯，译. 济南：山东大学出版社，2005：320.

② Sherry, E. and Myers, H. *Policy Reviews and Essays: Traditional Environmental knowledge and in practice* [J]. Society and Natural Resources, 2002, 4：345-358.

③ 约翰·汉尼根. 环境社会学 [M]. 洪大用，等，译. 北京：中国人民大学出版社，2009：94-96.

④ Andrés Scherman, Arturo Arriagada, Sebastián Valenzuela. *Student and Environmental Protests in Chile: The Role of Social Media* [J]. Politics, 2015, 2：151-171.

有的抗争经验。中国特定的传播生态塑造了数字媒介环境行动主义的可持续性。[①] Hua Pang 通过考察社交媒体在新近环保运动中的社会效能，试图从资源动员和政治过程理论的角度探讨新媒体在环境抗争中的实践逻辑。研究结果表明，新兴的社交媒体不仅是集体行动和组织网上公民动员的宝贵资源，而且在反对可能导致政府决策改变的重大政策方面发挥了重要作用。该研究对于了解当代中国新媒体领域和网络环境抗议具有现实意义和学术价值。[②]

媒介技术场域下的环境抗争研究主要将媒介（尤其是近年来飞速发展的网络媒介）作为考察环境维权实践的关键变量，探究互联网是如何整合社会资源、实现网上动员的社会效能。从上述研究来看，关于环境抗争与网络技术实践的关系研究在西方国家的环境抗争研究中显然处于弱势地位，但网络技术资源对环境运动的强功能却不容忽视。这也是本研究试图解决的重要问题。

**（二）动因、困境与出路：中国的环境维权研究**

中国环境维权研究开始于 20 世纪 90 年代末，早期的主要代表人物有应星[③]、于建嵘[④]等。早期社会学者主要借鉴政治过程理论、资源动员理论和集体行动框架等西方经典的社会运动研究的理论框架，解释转型中国的农村和环境问题，应星的《大河移民上访的故事》更成为早期研究农民集体维权的范本。21 世纪以来，中国的环境问题呈现出集中爆发态势，环境维权成为这一时期社会问题研究的焦点。与西方国家的环境抗争和环境运动不同，

---

① Liu. *Digital Media*, *Cycle of Contention*, *and Sustainability of Environmental Activism*: *The Case of Anti-PX Protests in China* [J]. Mass Communication and Society，2016，5：604 - 625.

② Hua Pang. *Applying Resource Mobilization and Political Process Theories to Explore Social Media and Environmental Protest in Contemporary China* [J]. International Journal of Web Based Communities，2018，2：114 - 127.

③ 应星. 借问家园何处建 [J]. 读书，1999（1）：3 - 5；应星. 从"讨个说法"到"摆平理顺"——西南一个水库移民区的故事 [D/OL]. 北京：中国社会科学院，2000 [2024 - 04 - 01]. https：//kns. cnki. net/kcms2/article/abstract？v = S8jPpdFxNHhBj4BM0 _ kZ8a6pqguQT01zIaQOU ymN3r5mggOkfsVh8FI2qBww-4vPf _ fiS36gzges2FZNJLi-Xkut2H _ RCFIa806a7kS80pDytIdC3kOS-mDbHLM2zC7dG2b0vFiY7cL2 _ HlFeJW9vg＝＝&uniplatform＝NZKPT&language＝CHS.

④ 于建嵘. 利益、权威和秩序——对村民对抗基层政府的群体性事件的分析 [J]. 中国农村观察，2000（4）：70 - 76；于建嵘. 当前农民维权活动的一个解释框架 [J]. 社会学研究，2004（2）：49 - 55.

中国环境维权研究带有典型的本土化特色。关于中国环境维权行动研究，一些学者从西方环境正义、国家社会和社会文化三方面研究了中国农民的环境维权，认为中国农民环境权益保护研究形成了三种研究取向：差异秩序模式理论；国家与社会关系理论；文化意识和身份建构主义的文化路径取向。① 也有研究从环境抗争何以发生、何以过程、何以结果三个阶段分析当前中国环境维权的现状。② 作者在上述研究划分的基础之上，试图从环境维权行动的实践动因、实践困境和行动逻辑等三方面进行相关研究的再梳理，以期更为全面地描摹中国环境维权的实践地图。

1. 中国环境维权的动因考察

关于环境维权的研究，首先摆在学者面前的是环境维权实践是如何产生的，产生的社会背景和原因是什么？接下来，作者将从环境污染本身、环境正义、文化与心理三方面对环境污染进行总结与分析。

其一，关于环境污染的"内殖民化"过程。朱海忠和顾金土等③在考察农民环境维权时都强调工业污染的转移和乡村污染的"内殖民化"过程，是造成农民环境维权抗争的根本原因。

其二，追求环境正义与环境维权。刘春燕通过考察 X 村农民抗争钨矿污染事件，认为中国农民环境维权的关注点不同于西方环境实践中的"公平分配"与政治参与权的获得，而更强调权力主体或企业不能因谋求私人利益而置集体权益于不顾。④ 吴金芳也认为，环境不公正现象极易催生公众的

---

① 张金俊. 国内农民环境维权研究的结构与文化路径 [J]. 河海大学学报（哲学社会科学版），2013（3）：41-45.

② 党艺梦. 农民环境抗争的功能及其转化机制研究——以豫西北 S 村环境抗争事件为例 [D/OL]. 上海：华东理工大学，2017 [2024-04-01]. https://kns. cnki. net/kcms2/article/abstract? v = S8jPpdFxNHh6kYGVtEi7LzTL-Tgz3YKSQ02wiLfm4vvSVrp1WBZ0t81Ops_wCnA4DIQ1ThkHZNifgxieFn3wP_AGSH3u-nUKMunwuSJV39Ev5PlukS_kjtjDopKxFQsi8eSXGP86eUy8ci0NBHDxSA==&uniplatform=NZKPT&language=CHS.

③ 朱海忠. 农民环境抗争问题研究 [D/OL]. 南京：南京大学，2012 [2024-04-01]. https：//kns. cnki. net/kcms2/article/abstract? v = S8jPpdFxNHi9ygpL-DzZzc7SifZnAJxfLMS-y27CIbWodP_5q7prcsFj7syp-KeXD218QbDuI16t3FQ679AjoUW9OM4NOzuhvI-3xmOQJeE2z9lxhRvEaz6vJ9xOHoYNBy2HKajWcBFvyGsKcHofQ==&uniplatform=NZKPT&language=CHS；顾金土，杨贺春. 乡村居民的环境维权问题解析 [J]. 南京工业大学学报（社会科学版），2011（2）：81-87.

④ 刘春燕. 中国农民的环境公正意识与行动取向——以小溪村为例 [J]. 社会，2012（1）：174-196.

"受害者意识"，这也构成了公众维权动员的内在情感动力。① 石腾飞等人也从"不公正—受害—不满—反抗"的角度分析了 M 村民环境维权的原因。②

其三，意识、认知、文化心理与环境维权。景军讨论了环境意识和当地文化如何影响环保实践。③ 朱海忠分析了环境认知尤其是污染风险感知在苏北 N 村农民环境抗议活动中的作用，甚至直接影响了抗议活动的结果。④ 然而，通过对安徽省两个村庄的实地调查，一些学者认为，农民的环保意识对他们的环保行为有着逐渐脆弱的影响，而对自身健康权益和经济利益的追求是农民环境权益保护的重要原因。⑤ 基于集体记忆研究的社会群体视角和田野调查数据，张金俊发现，由"苦""韧"等核心要素构成的集体记忆成为农民维权实践的重要动员资源。⑥

由上述研究可以看出，中国环境维权的实践动因受环境本体（环境问题本身）、环境认知（环境意识）、环境制度、社会记忆等多重因素的影响。

2. 中国环境维权的实践困境

维权行动的合法化困境。合法性强调自愿遵守权力主体的制度安排，即当社会中的公民不因强权畏惧而是自觉遵守国家的法律法规，并且相信制度结构与政治安排是正确的，那么这个政治权威就是合法的。⑦ 合法性既指政治权威被认可的合法化过程，也包括公民的社会实践合乎法律规范。与西方环境抗争的制度外或对抗性特征不同，中国的环境维权实践主要在制度框架和法律框架内展开。"由于缺乏制度性空间，很多群体利益表达行动就只能

① 吴金芳. 环境正义缺失之影响与突破——W 市居民反垃圾焚烧事件的个案研究 [J]. 前沿，2013（2）：90－92.

② 石腾飞，任国英. 水污染治理中的环境公正——基于华北地区庙峪水库的个案研究 [J]. 云南民族大学学报（哲学社会科学版），2015（3）：38－43.

③ 景军. 认知与自觉：一个西北乡村的环境抗争 [J]. 中国农业大学学报（社会科学版），2009（4）：5－14.

④ 朱海忠. 污染危险认知与农民环境抗争——苏北 N 村铅中毒事件的个案分析 [J]. 中国农村观察，2012（4）：44－51.

⑤ 张金俊. 转型期农民环境维权原因探析——以安徽两村为例 [J]. 南京工业大学学报（社会科学版），2012（3）：91－99.

⑥ 张金俊. 集体记忆与农民的环境抗争——以安徽汪村为例 [J]. 安徽师范大学学报（人文社会科学版），2018（1）：77－85.

⑦ 加布里埃尔·A. 阿尔蒙德，小 G. 宾厄姆·鲍威尔，等. 比较政治学——体系、过程和政策 [M]. 曹沛霖，郑世平，公婷，等，译. 上海：译文出版社，1997：35－36.

在合法性的边缘徘徊，或者遭遇合法性的困境。"[①] 因此有些学者研究认为，中国早期的维权行动主要依托"依法抗争"[②]"以法抗争"[③] 等行动框架。虽然政府及时应对了上述维权实践，但也存在机会、风险和组织等多重困难。针对当前中国环境维权的合法化困境，有学者指出应该拓展行政诉讼的范围与法益保护的范围。[④] 郎晓娟等在《农村环境维权渠道调查与完善对策》中也强调"要建构环境纠纷的长效解决机制，除了要加强法律体系的'供给'建设，也应注意农民的'需求'，通过各种宣传教育，使其真正认识到这种法律需求"[⑤]。

地方政府的治理困境。环境维权与环境治理是两个并行不悖的环境命题，也是摆在地方政府面前的一道社会治理难题。近年来，环境维权群体性事件往往针对政府，行动力度逐渐加大，进而成为影响广泛、涉及多方面的社会事件，对我国社会管理提出了新的挑战。[⑥] 王华薇分析了地方政府在环境维权治理中的实践困境，认为应该规范治理主体的行动路径，打破政府既有的经济效益与环境保护之间的"零和博弈"现状。同时，政府也应该拓宽公众利益表达渠道，建立公民环境公益诉讼制度；重建公众信任，加强危机应对能力。[⑦] 杨芳在分析农民环境维权困境及出路时，指出在权利制度供给不足和公力救济渠道不畅的情况下，农民往往选择徘徊于合法与非法之间的私力救济手段，由此产生的非理性维权又常陷入政府刚性维稳困局，最终形成维权与维稳相互掣肘、私权与公权相互抗衡的局面。[⑧]

① 张虎彪. 环境维权的合法性困境及其超越——以厦门 PX 事件为例 [J]. 兰州学刊，2010 (9)：115 – 118.

② Li，Lianjiang，Kevin J. O'Brien. *Villagers and Popular Resistance in Contemporary China* [J]. Modern China，1996，1：28 – 61.

③ 于建嵘. 当前农民维权活动的一个解释框架 [J]. 社会学研究，2004 (2)：49 – 55.

④ 李少波. 环境维权"民告官"的困境与出路——以行政诉讼原告适格规则为分析对象 [J]. 法学论坛，2015 (4)：131 – 138.

⑤ 郎晓娟，单航宇，郑风田. 农村环境维权渠道调查及完善对策 [J]. 国家行政学院学报，2013 (3)：19 – 23.

⑥ 樊树良. 环境维权：中国社会管理的新兴挑战及展望 [J]. 国家行政学院学报，2013 (6)：69 – 73.

⑦ 王华薇. 环境维权升级下的地方政府治理困境与改善 [J]. 理论探讨，2018 (6)：174 – 179.

⑧ 杨芳，张昕. 权利贫困视角下农民群体维权困境及出路——基于农地污染群体性维权事件的实证分析 [J]. 西北农林科技大学学报（社会科学版），2014 (4)：22 – 30.

环境维权主体的行动困境。一方面，环境维权主体的行动实践受到合法性的困扰，往往试图在制度内和制度边缘寻找突破；另一方面，环境维权主体自身的实践困境也限制了环境维权的良性发展。张君在《农民环境抗争、集体行动的困境与农村治理危机》中指出农民环境维权的行动困境主要表现在搭便车现象、弱势地位的抗争组织、低效率的行动策略等。① 在系统考察农民环境维权典型案例基础上，朱海忠认为农民维权在个体层面、集体层面以及合作层面都面临着知识性困境。② 司开玲借用福柯"审判性真理"概念阐释了"证据"的重要性。这些证据应以实际情况为依据，符合规定的标准，这也成为农民程序性维权实践的困境所在。③ 在大部分学者关注集体行动的环境维权困境时，也有学者关注作为个体维权的行动困境。王郅强认为在现有制度性和合法性困境之下，处于合法与非法边缘的身体维权行为已经成为公民将环境权益诉求纳入公共决策轨道的一种有力途径。④

如何实现制度内和制度外实践的合法性与有序性、如何平衡经济发展与环境治理的利益关系、如何构建公民环境维权与环境参与治理的良性公共空间等都成为中国环境维权急需破解的难题。

### 3. 中国环境维权的行动逻辑

中国环境维权的行动框架与策略是在制度内和制度边缘的合法性困境中孕育的，同时也带有一般意义上底层政治的实践特征和中国本土化烙印。作者将中国环境维权的行动逻辑大体分为四类：法律之名的环境维权、底层视角下的维权策略、混合型抗争模式以及媒介化抗争。

第一，法律之名的环境维权。维权本质上是维护个体或群体的合法权

① 张君. 农民环境抗争、集体行动的困境与农村治理危机 [J]. 理论学刊，2014（2）：20－22.
② 朱海忠. 农民环境抗争问题研究 [D/OL]. 南京：南京大学，2012 [2024－04－01]. https：//kns. cnki. net/kcms2/article/abstract？v＝S8jPpdFxNHi9ygpL-DzZzc7SifZnAJxfLMS-y27CIb WodP ＿5q7prcsFj7syp-KeXD218QbDuI16t3FQ679AjoUW9OM4NOzuhvI-3xmOQJeE2z9lxhRvEaz6vJ 9xOHoYNBy2HKajWcBFcvyGsKcHofQ＝＝＆uniplatform＝NZKPT＆language＝CHS.
③ 司开玲. 知识与权力：农民环境抗争的人类学研究 [D/OL]. 南京：南京大学，2011. https：//kns. cnki. net/kcms2/article/abstract？v＝S8jPpdFxNHh1Bg4-XZraQD3lAAsNGDGm73DJ 69l A64YrSwj ＿UUaFNSoX6DUQIZx9lnyHHEFoIQxWReragZTndfiwFqCAnaAQC4s＿dBr＿yuFNCp INIER52Neer7iny13oxCm7ATZJh＿Sah7＿6t5xLw＝＝＆uniplatform＝NZKPT＆language＝CHS.
④ 王郅强. 身体抗争：转型期利益冲突中的维权困境 [J]. 探索，2013（5）：53－58.

益，因此依据法律程序的环境维权实践路径是制度内维权实践合法性的根本体现。李连江等人经过 10 年对农民维权的研究，发现中国农民维权是在法律的基础上进行的。① 李连江等提出的"依法抗争"范式在一定程度上弥补了"日常抵抗"② 范式在中国语境下面临的时滞性。但"依法抗争"在立论之初就依赖于一个预设前提，即农民拥有较强的法律意识和公共规则意识。③ 因此，"依法抗争"的维权范式在解释中国农民的维权实践中相对有限。不同于"依法抗争"所指涉的作为间接意义的法律实践依据，于建嵘在其研究中更强调法律被视作维权主体的直接行动武器。④ 此后，于建嵘又提出了基于中国社会道义的"依理抗争"⑤ 等解释框架。近年来，有学者在分析路易岛渔民环境抗争时，指出渔民维权中"信法不信访"的行动逻辑也体现了法律作为维权抗争的合法性武器。⑥ 法律在环境维权实践中既是合法性武器，同时也界定了维权行动的范围。

第二，底层视角下的维权策略。"关于社会底层，历来就有经济、政治和文化三重属性层面的界定，经济层面的贫困和依附，政治层面权利保障的系统性缺失，文化层面的失语是界定底层的三种维度。"⑦ 因此，中国的底层叙事对象一般是指向处于社会经济结构、政治结构和文化结构边缘的农民、农民工、下岗工人等群体。底层天然被归为弱者，成为社会舆论同情的焦点。斯科特针对东南亚农民抗争实践的考察，便是一种典型的底层政治的视角，"弱者武器"成为底层抗争的优势。董海军认为，弱者不一定在任何

---

① Li, Lianjiang, Kevin J. O'Brien. *Villagers and Popular Resistance in Contemporary China* [J]. Modern China，1996，1：28 - 61.

② 詹姆斯·斯科特. 弱者的武器 [M]. 郑广怀，张敏，何江穗，译. 北京：译林出版社，2007：35.

③ 王军洋. 权变抗争：农民维权行动的一个解释框架——以生态危机为主要分析语境 [J]. 社会科学，2013 (11)：16 - 27.

④ 于建嵘. 当前农民维权活动的一个解释框架 [J]. 社会学研究，2004 (2)：49 - 55.

⑤ 于建嵘. 转型中国的社会冲突——对当代工农维权抗争活动的观察和分析 [J]. 理论参考，2006 (5)：58 - 60.

⑥ 陈涛. 信法不信访——路易岛渔民环境抗争的行为逻辑研究 [J]. 广西民族大学学报（哲学社会科学版），2015 (4)：17 - 22.

⑦ 孙卫华. 新世纪之初的底层叙事：维度、视角与意义 [J]. 天津师范大学学报（社会科学版），2020 (5)：58 - 64.

时候都处于弱势地位，有时甚至具有优势，并提出了"作为武器的弱者身份"抗争①以及"依势抗争"②等底层维权路径。李晨璐和赵旭东从霍布斯鲍姆"原始抗争"的理论视角出发，分析了中国农村环境维权的原始特征。③罗亚娟则在深入分析中国苏北农村环境维权行为基础上，提出了"依情理抗争"的行动逻辑。④由于底层实践的制度性和表达性缺失，加之底层法律意识的淡泊，也极易造成以群体性暴力为路径的环境维权抗争。⑤

第三，混合型抗争模式。近年来，随着环境维权实践的逐渐成熟，单一模式的行动框架往往难以满足维权主体的行动意愿。孙文中在考察闽西 G 村农民的环境维权时提出了"依当时的情境进行应景性抗争"模式，来解释农民维权抗争的权宜性和多变性，农民在环境维权中更看重抗争手段在维护权益、解决纠纷方面是否实用、是否有效，并不拘泥于固定和单一的抗争手段。⑥陈占江在考察湘中农民环境维权行动个案时提出了策略转换的概念⑦，他认为受环境权益侵害的农民并非采取单一的维权路径，而是通过"结盟""依法""依势""示弱""示强""求内""借外"等多元实践方式，整合政治机会、道义伦理、外部资源等以提升维权行动的合法性和有效性。⑧

第四，媒介化抗争。"媒介化抗争"强调维权主体以媒介诉求点为行动追求，通过制造具有新闻价值的事实行动，来吸引媒介关注的一种行动赋权方式。⑨环境维权主体借助媒介，尤其是互联网媒介实现抗争动员的资源聚

① 董海军．"作为武器的弱者身份"：农民维权抗争的底层政治 [J]．社会，2008 (4)：34-58.

② 董海军．依势博弈：基层社会维权行为的新解释框架 [J]．社会，2010 (5)：96-120.

③ 李晨璐，赵旭东．群体性事件中的原始抵抗——以浙东海村环境抗争事件为例 [J]．社会，2012 (4)：179-193.

④ 罗亚娟．依情理抗争：农民抗争行为的乡土性——基于苏北若干村庄农民环境抗争的经验研究 [J]．南京农业大学学报（社会科学版），2013 (2)：26-33.

⑤ 张君．农民环境抗争、集体行动的困境与农村治理危机 [J]．理论学刊，2014 (2)：20-22.

⑥ 孙文中．一个村庄的环境维权——基于转型抗争的视角 [J]．中国农村观察，2014 (5)：72-81.

⑦ 陈占江，包智明．农民环境抗争的历史演变与策略转换——基于宏观结构与微观行动的关联性考察 [J]．中央民族大学学报（哲学社会科学版），2014 (3)：98-103.

⑧ 陈占江．制度紧张、乡村分化与农民环境抗争——基于湘中农民"大行动"的个案分析 [J]．南京农业大学学报（社会科学版），2015 (3)：1-9.

⑨ 陈天祥，金娟，胡三明．"媒介化抗争"：一种非制度性维权的解释框架 [J]．江苏行政学院学报，2013 (5)：90-96.

合。魏程瑞和陈强发现，媒体已经成为集体行动产生和政策博弈结果的重要
因素。我们能否清楚地理解媒体属性，有效地使用媒体工具，已经成为环境
抗议活动成败的关键因素。[①] 童志锋和任丙强等在研究中都强调互联网在环
境维权实践中起着重要作用。[②] 曾繁旭强调传统媒体与互联网媒体的关系互
动在提升媒介动员力的同时，也进一步推动政治机会的升级。[③] 在此后的研
究中，曾繁旭还重点关注了传统媒体对于环境维权行动的扩散效应，其作为
环境运动的讲述者、互动平台的建构者以及话语提供者在介入运动扩散的同
时，进一步丰富了中国环境维权的研究视野。[④]

国外主要借鉴环境社会学的研究分类进行多角度考察，主要将其划分为
环境公正视角、国家—社会关系视角、社会文化视角以及技术—资源视角；
国内主要从环境维权的实践逻辑出发，从环境维权的实践动因、环境维权的
现实困境以及环境维权的行动逻辑三方面进行总结，试图较为全面地描摹中
外环境维权的实践地图，为本书提供研究支撑。

## 二、中外网络动员研究综述

网络动员是社会动员理论实践与互联网技术发展衍生的重要概念。1961
年，美国政治学家卡尔·多伊奇首次提出了"社会动员"的概念，认为社会
动员主要用于描述社会人口层面的现代化进程。在多伊奇社会动员理论基础
上，塞缪尔·P. 亨廷顿对其进行了再阐释。在亨廷顿的研究视野中，社会
动员既是社会整合的过程性表述，同时也蕴含着除旧布新的社会变革动力，
旧有的社会结构、制度模式以及文化心理被社会动员重新整合或扬弃，人们

① 魏程瑞，陈强. 媒介逻辑、集体行动与政策博弈：城市环境抗争行动的政治过程分析 [J].
情报杂志，2019 (2)：131-139.

② 童志锋. 政治机会结构变迁与农村集体行动的生成——基于环境抗争的研究 [J]. 理论月
刊，2013 (3)：161-165；任丙强. 网络、"弱组织"社区与环境抗争 [J]. 河南师范大学学报（哲
学社会科学版），2013 (3)：43-47；任丙强. 互联网与环境领域的集体行动：比较案例分析 [J].
经济社会体制比较，2015 (2)：143-152.

③ 曾繁旭，戴佳，王宇琦. 媒介运用与环境抗争的政治机会：以反核事件为例 [J]. 中国地
质大学学报（社会科学版），2014 (4)：116-126.

④ 曾繁旭. 环境抗争的扩散效应：以邻避运动为例 [J]. 西北师大学报（社会科学版），2015
(3)：110-115.

或将为选择新的社会模式而"狂欢"。① 亨廷顿关于社会动员的论述更多的是从功能主义视角出发的。基于中国的政治结构和社会发展特点，中国学者在借鉴西方社会动员理论的基础上，结合中国社会运动的规模性与精神特性进行阐发。郑永廷借鉴亨廷顿的过程论视角，认为社会动员是社会发展的重要过程，该过程是在人们的态度、价值观和期望值共同影响下展开的。② 有学者从目的论和效果论出发，认为衡量社会动员的两个关键要素是社会活动的规模和社会成员参与的程度。③ 从上述关于社会动员的概念界定来看，社会动员更倾向于自下而上的诱发性动员，是基于现代性实践的重要产物，这区别于传统政治动员自上而下的权力控制和引导。随着互联网技术的发展，网络空间逐渐成为一种新型的资源动员和情感聚合的重要场域，也成为研究政治议题、传播议题和社会议题的重要窗口。

**（一）国外关于网络动员的相关研究**

基于互联网技术下的网络动员，对当前的经济、政治、社会和文化都有着深远影响。早期西方国家主要从政治动员视角研究网络动员的功能实践。1996 年，布鲁斯·宾伯（Bruce Bimber）以网络调查中的政治参与网民为样本，结合随机数字拨号电话调查的数据，分析了 8 类组织在竞选活动中对互联网的政治利用程度和与公民接触的性质。文章指出，传统上有影响力的国家政治组织显然是最活跃地利用互联网联系选民和潜在选民的。④ 卡罗尔·索恩（Carol Soon）研究认为，在竞选活动结束后，那些属于在线组织的活跃博客也有着紧密的联系和持续的交流。⑤ 凯瑟琳·汉辛（Katherine Haenschen）等人也分析了在市政选举期间随机分配到接受微目标动员广告的选民。结果表明，数字广告会产生溢出效应，但这种效应会受到区域竞争

---

① 塞缪尔·P. 亨廷顿. 变革社会中的政治秩序 [M]. 王冠华，刘为，译. 北京：华夏出版社，1989：31.

② 郑永廷. 论现代社会的社会动员 [J]. 中山大学学报（社会科学版），2000（2）：21 - 27.

③ 吴忠民. 重新发现社会动员 [J]. 理论前沿，2003（21）：26 - 27.

④ Bruce Bimber. *The Internet and Political Mobilization* [J]. Social Science Computer Review，1998，4：391 - 401.

⑤ Carol Soon，Hichang Cho. *OMGs*！*Offline-based Movement Organizations*，*Online-based Movement Organizations and Network Mobilization：a Case Study of Political Bloggers in Singapore* [J]. Information，Communication & Society，2014，5：537 - 559.

力的影响。① 除研究网络动员对西方国家政治活动的影响，也有学者关注网络动员在社会组织中的影响。马克·霍格等在比利时和加拿大的本科生中进行了面对面动员和现代网络动员的效果测试。结果表明，互联网在社会组织的知识传递和问题凸显方面是成功的。② 近年来，作为社交媒体的 Twitter 成为西方政治议题和社会议题的策源地。因此，有学者通过在社交微博 Twitter 服务上进行的两个随机现场实验，论证了在线动员呼吁的有效性。③ 关于网络动员的行动机制及其扩散作用也是国外学者的关注点。凯斯·桑斯坦也强调网络动员的聚合性：在线动员可以强化公共领域内的多元意见整合，来自不同思想领域的公民群体在网络空间可以找到与自身志趣相同的伙伴。④

**（二）国内关于网络动员的相关研究**

国内关于网络动员的相关研究主要包括本体性研究和功能性研究两方面。本体性研究主要涉及网络动员的类型、机制、路径等内容，功能性研究主要以网络动员为过程或中介来探究其对不同动员主体行为实践的影响。

*1. 关于网络动员的本体性研究*

徐祖迎在探索网络动员的基础、载体、特征、作用机制等基本要素的基础上，深入分析了网络动员对社会冲突的影响。⑤ 刘琼在界定网络动员概念、成因和类别的基础上，深入探讨了网络动员背后的作用机制，并从"社会冲突理论"的视角提出了网络动员的管理对策。⑥ 任孟山则认为网络动员是公众实践其利益诉求的重要手段。⑦ 网络动员的本体性研究勾勒出了网络

---

① Katherine Haenschen，Jay Jennings. *Digital contagion：Measuring spillover in an Internet mobilization campaign* [J]. Journal of Information Technology & Politics，2020，4：376 – 391.

② Marc Hooghe，Sara Vissers，Dietlind Stolle，et al. *The Potential of Internet Mobilization：An Experimental Study on the Effect of Internet and Face-to-Face Mobilization Efforts* [J]. Political Communication，2010，4：406 – 431.

③ Alexander Coppock，Andrew Guess，John Ternovski. *When Treatments are Tweets：A Network Mobilization Experiment over Twitter* [J]. Political Behavior，2016，1：105 – 128.

④ 凯斯·桑斯坦. 网络共和国：网络社会中的民主问题 [M]. 黄维明，译. 上海：上海人民出版社，2003：18.

⑤ 徐祖迎. 网络动员及其管理 [D]. 天津：南开大学，2013.

⑥ 刘琼. 网络动员的作用机制与管理对策 [J]. 学术论坛，2010（8）：169 – 172.

⑦ 任孟山. 转型中国的互联网特色景观：网络动员与利益诉求 [J]. 现代传播，2013（7）：128 – 131.

动员运行的基本架构，为本研究提供了基础性的理论参照。

2. 作为组织实践的网络动员

组织实践中的网络动员更凸显共意性的话语建构，强调如何实现国家与社会之间的良性互动，并达成合作。刘秀秀以"免费午餐"公益项目的发起与动员为分析对象，认为其作为共识运动的典型代表，实现了引领行动、与国家合作的成功动员。① 黄薇分析了社交媒体中公益广告的网络动员机制，认为实现公益广告目标需要，以有传播力的内容促进信息流通，以情感诉求聚集人气，以社群思维塑造认同，以强化管理保障方向。② 崔娇娇从新媒体赋权和中介理论视角，考察了公益众筹网络动员的动因、过程和影响。③ 刘丽萍以微信平台的微公益项目"小朋友画廊"为例，考察了网络动员中动员要素、参与者的行为态度等，提出了打造"互联网＋""诚信＋"以及培养理性公益动员基础等具有可行性和针对性的优化策略。④

3. 作为冲突性议题实践的网络动员

网络动员是研究冲突性议题实践与治理的重要切入点。有学者认为，网络动员消极性导致的大规模群体性事件已经成为政府社会治理的重要问题。政府在应对群体事件威胁时，应保持信息的制动力，抑制从网络动员到实际行动的触发事件，建立网络动员响应机制。⑤ 史晓丹也对群体事件中网络动员的形成与阻断进行了研究。⑥ 岳璐等人认为，当前无论是自上而下的政府主导式网络动员，还是自下而上的民众自发式网络动员都遵循着网络信息聚合、情感刺激、意见沟通与身份塑造的基本特点，这也使网络动员失衡和失范问题的解决有迹可循。⑦ 宋辰婷和刘少杰着重分析了网络动员环境下政府

① 刘秀秀. 网络动员中的国家与社会——以"免费午餐"为例 [J]. 江海学刊，2013（2）：105－110.

② 黄薇. 基于社会化媒体的公益广告网络动员 [J]. 传媒广角，2015（19）：66－68.

③ 崔娇娇. 新媒介赋权与连接性行动：公益众筹的网络动员研究 [D]. 南京：南京大学，2016.

④ 刘丽萍. 微公益的网络动员机制及优化策略 [D]. 济南：山东师范大学，2019.

⑤ 刘晓丽. 群体性事件中的网络动员与政府应对策略 [J]. 中共天津市委党校学报，2013（2）：61－64.

⑥ 史晓丹. 群体性事件网络动员的形成机理与阻断机制研究——以"H 煤矿职工讨薪事件"为例 [D]. 长春：吉林大学，2016.

⑦ 岳璐，袁方琴. 突发公共事件传播中网络动员的基本态势与运作机制 [J]. 湖南师范大学社会科学学报，2014（4）：145－151.

管理的角色转变，认为政府应该重新定位其治理角色，实现政府与社会所有成员的合作与共治。①

网络动员的本体性研究和功能性研究对当前中国网络动员的概念、理论框架和实践应用进行了一定的探索，也为本研究内容框架、理论阐释和行动路径提供了重要启发。

综观已有研究，一方面局限于环境维权的个案考察，大多停留在特定的时间和空间范围内，缺乏历时性维度的系统梳理；另一方面环境维权与网络动员的相关性研究尚不多见，这也为本研究提供了可以发挥的空间。因此，本研究以环境维权行动为样本，通过对 20 年中环境维权的网络动员过程进行考察，分析中国环境维权网络动员的主体、动员实践，话语表征以及行动策略，较为全面地呈现中国环境维权发展以及网络动员在其中扮演的关键角色，探讨网络动员作为当代中国环境维权行动解释框架的可行性。

## 第三节　研究视角与理论资源

环境维权网络动员涉及多个复杂的研究领域。其中既包括环境风险的产生、传播与分配问题，同时，也与互联网媒介的维权行动话语密切勾连，话语权力、社会参与秩序以及政府治理实践等命题亦伴随其中。本研究试图从网络动员的工具理性、情感价值和社会认同三种理论视角出发，深刻阐释中国环境维权行动是如何借助网络空间被动员起来，人们又是如何参与集体行动以及环境维权动员中各主体之间的利益关系变化是怎样的。

### 一、工具理性：资源动员与集体行动

在环境维权网络动员中，工具理性是阐释环境维权行动的重要理论视角，基于环境收益的理性权衡和行动考量在一定程度上影响着人们网络动员的行动轨迹。

---

① 宋辰婷，刘少杰. 网络动员：传统政府管理模式面临的挑战 [J]. 社会科学研究，2014 (5)：22－28.

新古典经济学家将"理性"概念——追求利润最大化的个体行为——作为社会行动和社会过程运行的重要理论圭臬，这一理论范式深刻影响着20世纪70年代社会运动理论的发展走向。奥尔森的集体行动理论最具代表性。其《集体行动的逻辑》一书明确指涉了利益收益的一般行动表征——"搭便车"现象，即群体中的大多数成员往往以个体理性计算为参照来实现自身利益的最大化。这一行动逻辑反映了自组织动员与自身利益的平衡性，当集体行动收益明显大于个体实践的付出成本时，他们就选择参与到该行动中，而当付出成本高于行动收益时，他们便选择退出。① 奥尔森的集体行动理论对中国的维权研究也有着重要影响。国内学者也关注到了利益考量在网络维权动员中的效用程度。高恩新通过多个案比较研究表明，网络维权行动的积极参与者是借助媒体和互联网的包装而开展动员实践的。② 应星也强调，维权积极分子在动员的不同阶段，往往会基于利益衡量控制并适时结束自身的行动过程。③

资源动员的理论基础是奥尔森的经济选择理论——利益计算是集体行动的内在逻辑。该理论将成本与收益的权衡（而不是剥夺感和不满情绪）视为公共物品理论的核心问题。1973年美国著名政治学者麦卡锡等人就当时美国社会运动频发进行了深入研究，并提出了专业化和资源动员理论用以解释该现象产生的社会结构性动因。此后甘姆森、奥博肖尔、蒂利和斯诺等人分别对资源动员理论进行了实证研究和理论深化，这使得资源动员理论成为研究社会运动的重要理论范式。资源动员理论的核心观点即强调可供行动实践使用的社会资源总是社会动员得以开展的基础。一个特定社会为集体行动组织提供的可使用资源越多，集体行动得以开展的可能性就越大。

奥尔森的集体行动理论和资源动员理论都强调理性"经济人"的参与行为。基于利益考量的工具理性行为也成为分析环境维权者是否进行网络动员

① 曼瑟·奥尔森. 集体行动的逻辑 [M]. 陈郁，郭宇峰，李宗新，译. 上海：格致出版社，2018：62-70.
② 高恩新. 互联网公共事件的议题建构与共意动员——以几起网络公共事件为例 [J]. 公共管理学报，2009（4）：96-104.
③ 应星. 草根动员与农民群体利益的表达机制——四个个案的比较研究 [J]. 社会学研究，2007（2）：1-23.

实践以及网络动员参与程度的重要视角。但该视角也遇到了解释上的困境，即网络动员的行动主体存在单向度的理性、搭便车问题以及虚假的一般个体性。①

## 二、情感价值：情感聚合与情感抗争

人并非纯粹理性的行为个体。从某种意义上讲，人具有情感和理性的双重感官特征，两者缺一不可。尤其在人的具体行动实践中，基于神经系统和内分泌系统控制的情绪器官将不可避免地影响人的认知与判断。② 然而情感在西方启蒙运动和公共理性的发展中始终被置于边缘位置。康德认为，激情和情欲因为不受理性的控制，所以情感之于人往往是一种病态的心灵过程。③ 情感在社会运动研究中往往呈现非理性和群氓之态。但近年来情感社会学家已经注意到了情感逻辑在社会风险防控和情感资源整合中的关键作用。

法国社会学家勒庞最早将社会运动研究落脚到情感层面，其关于群体行动的心理描述——"群体心理统一律"——成为解释群体行为和群体特征的重要依据。在勒庞看来，群体一旦聚集，群体中的个体性表征就会逐渐消失，而呈现情感和思想的同一性逻辑④，群体镜像往往表现出野蛮和非理性的一面。布鲁默在勒庞群体理论基础上提出了符号互动论，这一理论也被广泛运用到解释集体行为、社会运动乃至革命实践。布鲁默的符号互动论包含三个阶段：集体磨合、集体兴奋和社会感染。在这一过程中，个体间的情感会互相感染并最终形成共同的愤怒情感，最终导致集体行动的爆发。⑤ 而斯梅尔塞的价值累加理论则强调作为怨恨与一般化信念的情感实践范式，在他

① 艾尔东·莫里斯，卡洛尔·麦克拉吉·缪勒. 社会运动理论的前沿领域 [M]. 刘能，译. 北京：北京大学出版社，2002：37-48.
② RH Turner, LM Killian. *Collective Behaviour* [M]. Englewood Cliffs：Prentice-Hall, 1958：65.
③ 唐颂. 百年经典中外哲理名篇 [M]. 兰州：甘肃文化出版社，2003：15.
④ 勒庞. 乌合之众——大众心理研究 [M]. 冯克利，译. 北京：中央编译出版社，2014：1.
⑤ 赵鼎新. 社会与政治运动讲义 [M]. 北京：社会科学文献出版社，2006：63.

看来，这一实践范式是造成社会运动参与者非理性行动的根本原因。[①]

西方社会运动研究中的情感逻辑主要包含两方面假设：第一，运动参与者呈现非理性特质；第二，情感流通在运动中发挥着关键作用。国内诸多学者的研究也表明，情感实践逻辑在转型期社会动员过程中的作用凸显。于建嵘认为，中国的群体性维权事件有时表征为发泄社会愤怒的群体性暴力，其没有明确的利益诉求，只是单纯的情感宣泄。[②] 王金红等认为情感抗争是弱者武器的新的表现形式，也是中国本土化社会抗争的典型。[③] 刘涛分析了中国维权抗争的情感运作逻辑和深层道德语法。[④] 在袁光锋看来，情感具有聚集性和抗争性特征，转型期的公共性实践尤为凸显。"聚集性"指涉情感作为黏合剂的功能，即有助于公众之间的连接和共同体的构建，而"抗争性"则强调情感蕴含的冲突性和破坏性因子，可能对现有的社会结构、政治秩序构成挑战。[⑤] 总的来说，情感所具有的社会文化属性、群体心理特性和个人认知成为解释当前中国环境维权网络动员的重要理论资源。通过情感视角切入，能更清晰地透视中国环境维权网络动员的生发和运行逻辑，对当前的环境维权行动和社会治理研究提供助益。

### 三、社会认同："行动的我们"

社会认同被视为集体行动演化的关键环节，即通过动员实现"自我"到"我们"的认知转换过程。[⑥] 人们参与集体行动的意愿、强度从根本上取决于人们对该行动的内心认可程度，即所谓的集体认同感。一般来讲，个人的集体认同感越强，其参与集体行动的积极性就越高，反之则越低。

① 赵鼎新. 社会与政治运动讲义 [M]. 北京：社会科学文献出版社，2006：66.

② 于建嵘. 当前我国群体性事件的主要类型及其基本特征 [J]. 中国政法大学学报，2009 (6)：114－120.

③ 王金红，黄振辉. 中国弱势群体的悲情抗争及其理论解释——以农民集体下跪事件为重点的实证分析 [J]. 中山大学学报（社会科学版），2012 (1)：152－164.

④ 刘涛. 情感抗争：表演式抗争的情感框架与道德语法 [J]. 武汉大学学报（人文科学版），2016 (9)：102－113.

⑤ 袁光锋. 公共舆论中的"同情"与"公共性"的构成——"夏俊峰案"再反思 [J]. 新闻记者，2015 (11)：31－43.

⑥ 徐祖迎. 网络动员及其管理 [D]. 天津：南开大学，2013.

20 世纪 60 年代后期，西方以女权运动、环境运动、和平运动以及同性恋运动为代表的新社会运动学者开始关注集体认同理论，该现象又被称为认同感政治。新社会运动的共性即成员参与的目的并非单纯地表达利益诉求，而从某种程度上是为自身行动身份的合法性正名，即希望社会或权力主体对他们认可的身份价值给予尊重和支持。① 梅卢西也表明，该时期新社会运动最核心的任务就是建构集体认同的意义空间，使集体行动的"我们"得以凸显。②

目前，社会认同视角在国内关于网络动员的研究中具有较强的解释力，并涌现出许多有价值的研究成果。③ 刘琼认为，敏感话题极易构建作为"我们"的社会动员心理。王英则以 2008 年江苏 N 大学反汉口路工程扩建为例，认为网友在网络维权抗争中主要通过制造热点话题以唤起社区对共同利益的广泛认同。④ 孙玮以厦门反 PX 事件为例，讨论包括互联网在内的大众媒体如何通过"我们是谁"建立集体认同，并达到预期的动员效果。⑤

集体行动的实践逻辑受多重因素的制约，其中工具理性、情感价值和社会认同也深刻影响以互联网为中介的网络动员形式。作为工具理性的行为动机是人们参与集体实践的直接驱动力，但工具理性的行为导向并不是基于纯粹理性的计算考量。它还受到情感、社会认同等多重因素的影响。正是在它们相互作用的过程中，促进了集体行动的产生、发展和演变。网络动员的这一理论逻辑为阐释中国环境维权行动提供了基础和参照。

---

① 赵鼎新. 社会与政治运动讲义 [M]. 北京：社会科学文献出版社，2006：151 - 152.

② 艾尔东·莫里斯，卡洛尔·麦克拉吉·缪勒. 社会运动理论的前沿领域 [M]. 刘能，译. 北京：北京大学出版社，2002：63 - 64.

③ 陈映芳. 行动力与制度限制：都市运动中的中产阶级 [J]. 社会学研究，2006（4）：1 - 20；翁定军. 冲突的策略——以 S 市三峡移民的生活适应为例 [J]. 社会，2005（2）：112 - 136；刘琼. 网络动员的作用机制与管理对策 [J]. 学术论坛，2010（8）：169 - 172；高恩新. 互联网公共事件的议题建构与共意动员——以几起网络公共事件为例 [J]. 公共管理学报，2009（4）：96 - 104；孙玮. "我们是谁"：大众媒介对于新社会运动的集体认同感建构——厦门 PX 项目事件大众媒介报道的个案研究 [J]. 新闻大学，2007（3）：140 - 148.

④ 王英. 网络事件中的符号运作技巧——以"小百合 BBS 汉口路西延事件"为例 [J]. 东南传播，2009（10）：48 - 50.

⑤ 孙玮. "我们是谁"：大众媒介对于新社会运动的集体认同感建构——厦门 PX 项目事件大众媒介报道的个案研究 [J]. 新闻大学，2007（3）：140 - 148.

## 第四节　研究方法与研究思路

在研究方法上，本书将定性研究与定量研究相结合，并综合了文献研究、文本分析、多案例比较研究等方法，对中国环境维权网络动员进行更全面和立体的学术透视。

第一，文献研究法。学者关于环境维权抗争的相关研究起步于20世纪60年代，与现代性发展、社会制度变革以及公民权利觉醒有着紧密关联，通过对已有文献的系统研究可以较为清晰地勾勒环境维权实践的"前世今生"，为本书提供语境"坐标"。虽然网络动员的研究起步较晚，但它与维权的集体行动和社会运动密切相关。系统梳理网络动员的发展演变以及网络动员与集体行动的关系，有助于拓宽本书的研究思路和理论视野。因此，文献分析成为本书的主要研究方法之一。

第二，文本分析法。主要搜集在网络论坛、微博、微信以及短视频APP等互联网平台上关于历年来环境维权事件的报道、文本表述、评论互动以及点赞转发等内容，对其进行归纳分析和话语解读，同时依托传统媒体的新闻报道、新闻评论以及百度搜索等平台对相关的内容文本进行补充，以期全面地呈现环境维权网络动员的实践过程。

第三，多案例比较分析。本书既立足于对环境维权动员进行宏观的历时性考察，也试图对其中的经典个案进行深描和比较分析。在对环境维权涉及的一些案例进行文献资料和网络文本资料搜集整理的基础上，重点透视动员主客体、话语、行动策略等环境维权中网络动员的过程性和关系性呈现，有助于更深层次地理解网络动员的形成机理和环境维权行动逻辑。

在具体的研究过程中，本书主要在考察2000—2022年环境维权事件基础上，分析环境维权网络动员的参与主体、话语建构以及环境维权动员与社会治理之间的逻辑关系，力图较为完整地呈现中国环境维权网络动员与社会治理的发展图景，主要内容安排如下：

第一章，对中国环境维权的时代语境进行系统分析，主要从转型期的环境风险、社会文化转型与认知觉醒以及网络技术与公民表达拓新三个层面进行考察，试图阐释中国环境维权的实践动因。

第二章，通过历时性地梳理中国环境维权的发展，以及网络动员在中国环境维权实践中的功能性展现，尤其第二个阶段主要通过典型的环境维权事件进行归纳和"厚重描写"（thick decription）[①]，为分析环境维权中网络动员的参与主体、网络动员的话语建构以及环境维权动员与社会治理之间的逻辑关系提供历史场景和情境基础。

第三章，首先，试图对环境维权网络动员的多元主体进行社会学层面的再细分；其次，在主体分类标准基础上对所选择的环境维权经典案例进行文本层面的话语深描，主要从环境维权的叙事逻辑、社会中层的话语实践、大众媒体的话语表征、权力主体的话语转向等四方面出发，分析环境维权网络动员主体的话语建构规律。

第四章，深入研究和剖析中国网络环境维权动员主体的行动策略，在此基础上总结其行动特征和社会治理层面的实践困境。

第五章，借鉴社会治理共同体理论，并从环境维权治理的制度转向、参与路径、行为优化等方面阐释中国环境维权网络动员的治理路径，为中国式现代化社会治理提供范式参考。

---

[①] 克利福德·格尔茨. 文化的解释 [M]. 韩莉，译. 南京：译林出版社，2008：6.

# 第一章  中国环境维权网络动员的时代语境

    环境既是国家和民族生存与发展的战略资源，同时也是个体行为实践的"生命容器"。① "人类既是他的环境的创造物，又是他的环境的塑造者，环境给予人以维持生存的东西"②，即马斯洛所谓的生理需要和安全需要③的重要载体。而近年来环境风险发生的绝对数量令人生畏：核电站事故频发与核废料辐射所造成的社会恐慌，海洋化学污染足以摧毁在大气中产生氧气的浮游植物，"温室效应"造成的臭氧层破坏、冰雪融化以及大面积土地被淹没。热带雨林遭到了大规模的破坏，人工化肥的广泛使用导致大量土壤丧失肥力。④ 环境维权正是人类为了应对当前环境问题主动或被动采取的一种应急举措。中国环境维权实践在进入 21 世纪以来呈现典型的高发、频发态势，从反核电站事件、反 PX 事件到反垃圾焚烧事件、反氧化铝项目以及日常性环保行动等，"中国环境维权事件正以年均 29％的速度递增"⑤。而在互联网技术日臻成熟的背景下，环境问题、环境维权以及借助网络技术的环境维权动员何以成为一个显性的社会议题？本章节试图将中国环境维权及其网络动员实践置于中国的现代化进程、公民认知觉醒以及互联网赋权三个现实维度中进行考察，探究社会秩序、文化和技术是如何影响中国环境维权事件的生发及其环境维权的网络动员实践的。

---

① 樊良树.环境维权：中国社会管理的新兴挑战及展望［J］.国家行政学院学报，2013（6）：69.
② 斯德哥尔摩人类环境宣言［J］.世界环境，1983（1）：4.
③ A.H.马斯洛.动机与人格［M］.许金声，程朝翔，译.北京：华夏出版社，1987：40-44.
④ 安东尼·吉登斯.现代性的后果［M］.田禾，译.南京：译林出版社，2000：111-112.
⑤ 樊良树.环境维权"中国式困境"的解决路径研究［J］.社会科学辑刊，2015（5）：50.

## 第一节　加速的现代化进程与转型中国的环境问题

美国比较现代化学者布莱克（C. E.）认为，人类历史的进化经历了三个重大的革命转折：第一次革命转折发生在 100 万年前，原始生命经历了数亿年的进化，人类出现；第二次革命转折点标志着人类由原始社会向文明社会的过渡；第三次革命是指世界各地不同地区、不同民族和不同国家从农业或游牧文明向工业文明的转变。人类真正意义上的现代化实践起源于第三次伟大的革命转型：社会发展的工业文明。以工业文明发端为标志的"现代化"依托"知识爆炸、科技进步和工业革命所提供的客观要素"①，使新经济秩序和生产力的运行具备了强大动力。马克思、恩格斯也高度评价了第三次革命转型对资本主义社会发展的卓越贡献：工业革命在近100 年的生产力比以往任何时代所创造的生产力都要多。② 以工业革命和生产力为先导的现代化实践正在深刻影响着人类社会的发展走向。中国的现代化实践犹然。

### 一、中国的现代化与社会转型

中国的现代化道路漫长而曲折。中国早期的现代化进程深受西方资本扩张和殖民入侵的影响。这主要体现在两方面：第一，西方贸易资本的发展使中国经济逐渐与资本主义国家的经济和世界市场相联系，使中国开始具备了现代化实践的经济环境和市场条件；第二，西方资本主义国家在进行殖民侵略的同时，也在中国建立了第一批以机械和机械动力为基础的现代工业企业。③ 此后，中国被迫卷入世界资本主义经济发展的旋涡中。可以说，中国早期的现代化反应类型和历史走向是中国历史的内部因素与西方现代化的示

---

① 许纪霖. 中国现代化史（1800—1949）（第 1 卷）[M]. 上海：生活·读书·新知三联书店，1995：2.
② 马克思，恩格斯. 马克思恩格斯选集（第 1 卷）[M]. 北京：人民出版社，1995：277.
③ 许纪霖. 中国现代化史（1800—1949）（第 1 卷）[M]. 上海：生活·读书·新知三联书店，1995：105.

范效应叠加在一起共同制约所形成的。[①] 因此，近代中国的现代化实践始终处在多方力量博弈的夹缝之中。

**（一）新中国成立初期的工业文明实践与现代化探索**

1949 年 10 月 1 日新中国成立，标志着中国现代化探索进入新阶段，有学者称之为"现代化事业的起步阶段"[②]。但新中国成立初期工业化水平落后，轻工业占多数，重工业仅占 30％，工业产品产量落后，钢材产量仅92.3 万吨，原煤 6 188 万吨，电力不足 60 亿千瓦时。[③] 为了实现工业化目标，中国依托官方话语指令和全民政治动员陆续开展了"一五"计划、社会主义改造、"大跃进"运动等探索性实践。到 1957 年，工业现代化取得重大成就，工业生产能力大大提高：生铁 401 万吨，钢铁 400 万吨，原煤 6 500万吨，发电 120 亿千瓦时，原油 102 万吨，水泥 400 万吨，14 300 套金屑切削机床，30 000 辆卡车，540 000 吨机制纸及纸板。[④] 第一个五年计划的顺利完成，奠定了中国工业化发展的基础和框架。[⑤]

**（二）改革开放以来的现代化进程与社会转型**

1978 年的改革开放奏响了中国现代化实践的新"乐章"。同年 3 月的全国科学大会上，邓小平重新确立了实现"四个现代化"的理想蓝图：在 20世纪全面实现农业、工业、国防和科技现代化，把我国建设成为社会主义现代化强国，是中国人民的伟大历史使命。[⑥] 为了配合上述战略重点的转移，分阶段进行现代化实践，邓小平确立了"三步走"的宏伟目标：第一，解决人民的温饱问题；第二，人民生活要达到小康水平；第三，人民生活相对富裕，基本实现现代化。[⑦] 1992 年市场化改革的启动进一步激活了现代化建设

---

① 许纪霖. 中国现代化史（1800—1949）（第 1 卷）[M]. 上海：生活·读书·新知三联书店，1995：3.

② 薛建明，仇桂且. 生态文明与中国现代化转型研究 [M]. 北京：光明日报出版社，2014：47.

③ 张奕曾，王玉玲. 新中国经济建设史（1949—1995）[M]. 哈尔滨：黑龙江人民出版社，1996：5.

④ 张奕曾，王玉玲. 新中国经济建设史（1949—1995）[M]. 哈尔滨：黑龙江人民出版社，1996：68.

⑤ 薛建明，仇桂且. 生态文明与中国现代化转型研究 [M]. 北京：光明日报出版社，2014：49.

⑥ 邓小平. 邓小平文选（第 2 卷）[M]. 北京：人民出版社，1994：85 - 86.

⑦ 沿着有中国特色的社会主义道路前进 [N]. 人民日报，1987 - 10 - 26 (1).

的主体能动性，并为现代化战略的有效运行提供了良好的经济环境。此后，中国在现代化建设目标的既有基础上不断深入推进，创造属于中国特色社会主义的"发展神话"。

改革开放以来的现代化实践使我国社会面貌在短时间内发生了深刻变革，"社会转型"成为阐释变革过程的一种流行概括。[①] 这一转型过程使中国突破了旧有经济体制和政治体制对现代化发展的桎梏：一方面表现在高速运转的社会模式，工业化、城市化、科技化和人民生活水平的飞速提升，教育水平、法治和公民意识以及政治参与积极性也有了极大改善；另一方面，社会转型的过程也不可避免地造成了工业污染、环境污染等环境风险议题。[②]

## 二、现代化进程中的环境问题

回溯西方的现代化进程，发展主义作为一种话语霸权统领着资本主义国家的社会实践活动，表现在对生产力飞速增长的盲目推崇。特别是 20 世纪 30 年代全球经济大萧条后，优先发展经济在国家战略中占据重要地位。[③] 然而，现代化进程中生产力的指数增长带来了前所未有的风险和潜在的自我威胁。[④] 最早在西方发起的"绿色"运动是对现代化问题的回应：它试图反对现代工业对传统生产模式和社会图景的影响。[⑤] 尤其第二次世界大战后，伴随资本主义发达国家工农业生产的迅猛发展，环境污染呈现大区域甚至全球性特征，人类生态系统、人类安全和社会经济发展受到严重威胁，许多环境污染纠纷频繁发生。据统计，1977 年，仅就死亡、疾病、材料等损失而言，美国空气污染的总成本就达 250 亿美元；1972 年，美国有 8 000 万人（占总人口的 40%）受到噪声的不利影响，另有 4 000 万人面临听力损失的风险；

---

① 陈娜. 转型中国多元利益主体的媒介表达 [J]. 南京社会科学，2013 (6)：108－114.

② 赵鼎新. 社会与政治运动讲义 [M]. 北京：社会科学文献出版社，2012：1.

③ 麦克尼尔. 阳光下的新事物：20 世纪世界环境史 [M]. 韩莉，韩晓雯，译. 北京：商务印书馆，2013：342－343.

④ 乌尔里希·贝克. 风险社会：新的现代性之路 [M]. 张文杰，何博闻，译. 南京：译林出版社，2018：3.

⑤ 安东尼·吉登斯. 现代性后果 [M]. 田禾，译. 南京：译林出版社，2011：141.

日本只在 1970 年接受的公害诉讼就多达 6 万起。[①] 中国早期现代化实践带有西方工业文明的典型烙印，因而也难逃生态环境恶化的"反噬"。

中国作为现代化进程中的"后起之秀"，对早期工业文明所涌现的环境问题并没有给予太多关注。1949 年新中国成立以前，工业文明长足发展的社会条件极其有限。尤其支撑国民经济建设的重工业发展严重不足，其仅占工业总产值的 26.4%，工业体系中占比较高的为污染较低的轻工业，其生产总值达 73.6%。因此，工业生产并未对整体环境造成危害，环境质量总体乐观。[②]而这一时期成长起来的有一定规模的民族资本主义工业企业则大多被寄予了救亡图存的历史使命。因此，象征"滚滚浓烟"的工业文明成为当时大多仁人志士的向往和追求。郭沫若在 1920 年年初赴日留学时，感受到了中国的落后，将日本工业生产的烟尘誉为"二十世纪的名花！近代文明的严母呀！"[③]

新中国成立后工业文明的发展获得了相对稳定的社会环境和政策支持，一时间全国上下掀起了集中力量发展重工业的热潮。这一时期的国民生产总值呈现迅速增长态势：由 1952 年的 697.1 亿元增长到 1976 年的 3 039.5 亿元。而该阶段的能源消耗总量（标煤）与国民生产总值的增长趋势呈现高度吻合：由新中国成立初期的 5 411 万吨增长到 1976 年的 47 831 万吨，翻了近 9 倍（如图 1-1）。[④]

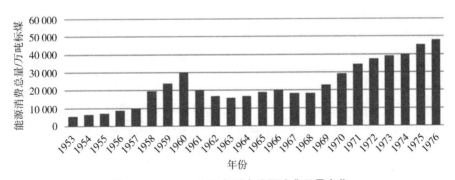

图 1-1　1953—1976 年国内能源消费总量变化

---

① 蔡守秋.环境权初探 [J].中国社会科学，1982 (3)：30.
② 曲格平.中国的工业化与环境保护 [J].战略与管理，1998 (2)：93-95.
③ 赵敏俐，吴思敬.中国诗歌通史：现代卷 [M].北京：人民文学出版社，2012：190.
④ 数据来源于中国统计年鉴.

这一趋势从侧面折射出经济增长与高能源消耗之间的内在关联，煤炭作为工业化实践中最先大规模使用的石化能源，在新中国成立初期至改革开放前中国现代化进程中发挥了重要作用。[①] 高能耗一方面使中国的工业体系在短时间内建成，另一方面则冲击着既有的生态环境秩序。此外，改革开放前建设的工业企业几乎没有污染治理设施，这也给社会发展带来了巨大问题隐患。[②]

针对这一时期逐渐显露的环境问题，环境领域的学者们最早给予了一定的学术观照，并通过译介的形式以期达到传播环境知识、科学认知环境污染的目的。如王菊凝等翻译的《大气污染测定法》（［苏］阿列克谢耶娃，M. B.）（1955）、黄正义等译的《空气污染法》（Henry C. Perkins）（1966）等开始介绍空气污染的危害及其测定标准。但由于追求工业发展的历史语境使得上述研究并没有付诸实践。中国官方层面开始关注环境问题大致始于1972年中国代表团参加的联合国人类环境会议。该会议使中国开始将环境问题纳入影响社会发展的重要因素进行考量。尽管这一时期环境污染及环境保护的政策理念已经出现在官方的话语实践中，但对本国工业化所造成的环境污染重视仍显不足。[③]

改革开放后，依托经济建设为中心的宏观目标导向，国民经济实现了指数式增长：国民生产总值从1978年的3 678.7亿元增加到2020年的1 015 986.2亿元，40多年的改革实践，国民生产总值翻了276倍，创造了现代化实践的"中国速度"。其中规模以上工业企业资产也呈现出骄人的增长势头，1978年中国规模以上工业企业资产仅为4 525亿元，截至2020年达到了1 267 550.2亿元（见图1-2）。然而中国的环境问题依然存在。环境问题不单单涉及环境自身的受破坏情况，更体现为环境与社会之间的互动、博弈与共生。

---

① 吕涛. 面向可持续性的煤炭消费革命探讨 [J]. 煤炭经济研究，2014，34（11）：58-62.
② 曲格平. 中国的工业化与环境保护 [J]. 战略与管理，1998（2）：93-95.
③ 凌相权. 公民应当享有环境权——关于环境、法律、公民权问题探讨 [J]. 湖北环境保护，1981（1）：30-32.

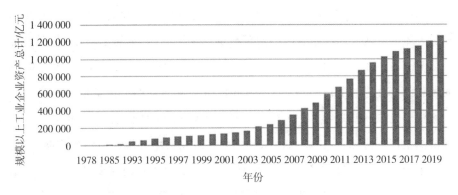

**图 1－2　1978—2019 年规模以上工业企业资产总计**

总体来看，改革开放以来我国环境污染与社会关系状态大致经历了四个阶段。

第一阶段，20 世纪 90 年代以前，环境污染呈现鲜明的东西差异和城乡差异，因而对于环境问题的关注主要集中于环境污染较严重的局部地区和一些工业污染源附近的居民。虽然从 1979 年《中华人民共和国环境保护法》试行到 1989 年 12 月 26 日正式通过和实施，期间国家开展了一系列环境保护的法律宣讲和社会动员活动，但公众整体上缺乏对环境问题和环境保护认知的法律意识和规范性常识，环境保护和治理的参与能力较低。

第二阶段，20 世纪 90 年代，特别是 90 年代中期以后，环境问题与社会关系发生了重大变化。环境污染的表现形式呈现多元分布和全面恶化的趋势，并逐渐影响到公众的日常生活。环境污染事故的处理也成为环境管理的重要议程。中国启动了一系列大规模的区域污染综合治理措施，其中包括零点行动①的实施和资源总量控制；推动环保教育宣传；不断完善环境信息公开制度，在此基础上公众环境参与能力和兴趣也得到提升。与此同时，这一时期《水污染防治法》《煤炭法》等环境污染防治的法律法规也相继颁布。

第三阶段，21 世纪初到 2012 年，中国环境污染及其环境权益维护事件呈现集中爆发态势。公众环境权益诉求增加，反映环境权益被侵害的信访数量也逐年递增：信访数量从"九五"期间的平均 44 000 万人次增加到"十

---

① 张巍，等 . 太湖零点行动前后水质状况对比分析 [J]. 农村生态环境，2001 (1)：44-47.

五"期间的 86 000 万人次。为了应对这一时期的环境问题，中国一方面不断加大环境治理投入：环境污染治理投资总额由 2000 年的 1 014.9 亿元增加到 2012 年的 8 253.46 亿元；工业污染治理投资总额由 2001 年的 1 745 280 万元增长到 2012 年的 5 004 572.67 万元。另一方面，环境污染治理与防范的法律法规也进一步完善：《中华人民共和国大气污染防治法》《中华人民共和国清洁生产促进法》《中华人民共和国固体废物污染环境防治法》相继颁布。

第四阶段，2012 年至今，中国环境污染治理和生态文明建设迎来了新时期。中共十八大以来，以习近平同志为核心的党中央将生态文明建设纳入治国理政的制度轨道中来。[①] 这期间，中共中央修订了《水污染防治法》(2017 年修订)、《环境影响评价法》(2018 年修订) 等环境治理法律法规，进一步明确环境影响评价对各级政府政策和规划、产业结构和产业布局的约束力，增强环境影响评价的独立性和科学性。公众和环保组织的环境参与能力也日益凸显。但不容忽视的是"局部有所改善，总体还在恶化"[②] 的"魔咒"仍困扰着中国的社会发展。

中国环境问题与中国的现代化实践相伴相生：一方面体现为对环境的治理、维护，即环境污染治理与生态环境保护；另一方面则主要涉及关于环境的社会风险应对，如环境维权实践中所关联的政府、企业、公众等多重社会主体间的互动与博弈。环境风险因此成为透视当前中国现代性实践的一种认知范式，即吉登斯所谓的现代化的"知识结果"[③]。

## 三、环境风险的问题审视

风险是现代化威胁力量所引发的后果，其不仅指涉作为自反性的现代化问题，更强调社会风险生产、分配和感知的内在运行逻辑。[④] 风险一定程度上遵循着社会分配秩序的基本规律——平衡与失衡/公正与非公正，环境风险

① 赵成. 改革开放以来中国生态文明制度建设的政治与立法实践 [J]. 哈尔滨工业大学学报（社会科学版），2020 (3)：137 - 142.

② 曲格平. 曲之求索：中国环境保护方略 [J]. 北京：中国环境科学出版社，2010：6.

③ 安东尼·吉登斯. 现代性后果 [M]. 田禾，译. 南京：译林出版社，2011：96.

④ 乌尔里希·贝克. 风险社会 [M]. 张文杰，何博闻，译. 北京：译林出版社，2018：3 - 40.

实践也在这一既定逻辑中运行。正如美国环境正义理论的代表人物罗伯特·布拉德认为的，环境风险存在的真正原因是社会关系与社会结构的非公正性。① 基于正义论视角的环境风险审视一方面为理解全球环境危机提供了重要切入点，另一方面也成为解析中国环境污染问题及其维权实践的理论"窗口"。

"正义是社会制度的首要价值，正像真理是思想体系的首要价值一样。"② 正义一般分为两类：一是分配正义，即强调正义作为财富和荣誉分配的一种程序规范，分配正义也通常指涉我们日常生活中公平分配的伦理基础；二是矫正正义，即提供对错评判的价值准则。显然，正义也可以理解成中庸之道，是社会平衡性的重要标尺。③ 美国著名伦理学家罗尔斯认为，正义实现的根本问题取决于社会的基本结构，更准确地说，应该是社会权利和义务分配的制度性安排，即权利和义务何以产生、何以分配的过程性与结果性要求，然而这一过程实践最终受不同社会阶层存在的经济机会和社会状况的影响。④ 尽管正义的分配具有一定的阶层差异，但罗尔斯强调，正义制度性准则应该保障所有个体自由发展的合法性，不能因满足一部分人的更大利益诉求而剥夺另一部分人的合法权益，正义保障的权利分配不能受政治安排和社会利益权衡的干扰。⑤ 罗尔斯关于正义论的阐发更偏向于一种"分配正义"，强调人作为正义的主体应该遵循社会结构中权利和义务分配的公正性程序，即权利行使和义务履行的内在统一性。环境正义理论是在正义论基础上的拓展和延伸：其强调每个人都应有权享受清洁的环境而不遭受不利的环境损害。同时，环境损害的责任与环境保护的义务应当是对称的。⑥

起源于西方的环境正义理论主要以公平分配、程序参与为核心追求。

---

① Bullard, R. D. *Solid Waste Sites and the Houston Black Community* [J]. Sociological Inquiry, 1983, 53: 273 - 288.

② 约翰·罗尔斯. 正义论 [M]. 何怀宏, 何包钢, 廖申白, 译. 北京: 中国社会科学出版社, 1988: 3.

③ 洋龙. 平等与公平、正义、公正之比较 [J]. 文史哲, 2004 (4): 147.

④ 约翰·罗尔斯. 正义论 [M]. 何怀宏, 何包钢, 廖申白, 译. 北京: 中国社会科学出版社, 1988: 7.

⑤ 约翰·罗尔斯. 正义论 [M]. 何怀宏, 何包钢, 廖申白, 译. 北京: 中国社会科学出版社, 1988: 27.

⑥ 洪大用. 环境公平: 环境问题的社会学视点 [J]. 浙江学刊, 2001 (4): 67 - 73.

1991 年 10 月，在华盛顿哥伦比亚特区召开的"有色人种环境领导峰会"上，会议代表们围绕"环境正义原则"达成了共识，它规定了一系列环境正义实践的权利和规则：环境公共政策的公正性、环境决策参与的平等性和开放性、工作环境健康的空间选择权、环境受害者的健康补偿及修复权、城市与乡村生态发展的公平公正等。该会议将新兴环境正义运动的不同力量汇聚在一起，借鉴了社会正义和环境保护领域的强大修辞，使用了全新的环境正义话语。① 伴随着环境危机的全球蔓延，环境正义正逐渐成为环境风险研究的重要理论工具，并有力地塑造着新兴环境实践的愿景，成为环境权益维护的重要合法性资源。

与西方国家较早开展的环境正义实践不同，中国早期关于环境正义的探讨并非强调西方环境运动中"公平分配"的政治参与诉求，而是着眼于集体经济发展与个人环境权益之间的互动与博弈。改革开放以来中国的经济发展是国家体制与市场经济双重作用的结果，集体主义发展观主导下的经济实践催生了一种"经济政治一体化"的发展格局。这一发展模式在一定程度上将个人的合法权益整合在集体经济的发展大潮中，政府规划与企业建设构成了经济增长的同质异构体：在缔造经济发展"奇迹"的同时，也成为同时期凸显社会和环境风险的主要根源。② 20 世纪末到 21 世纪初中国陆续涌现的环境群体性事件，如 20 世纪 90 年代因萧山 L 工业园区水污染造成的 W 村村民抗争事件、2002 年山西 L 企业污染引发群众抗议事件、2003 年广西 C 市抗议造纸厂污染事件等，无不体现了集体主义发展逻辑所造成的个人权益受损，其本质既是社会结构的非公正性，同时也是地方经济权力实践与环境治理责任失衡的重要表征。而环境正义所强调的"全人类有远离有毒物质和其他毒害品，以及让健康与福祉受到影响的人与社区参与到民主决策中去"③ 的基本权利在环境风险的生产、分配与治理中也始终处于被遮

---

① 罗伯特·考克斯. 假如自然不沉默：环境传播与公共领域（第三版）[M]. 纪莉，译. 北京：北京大学出版社，2016：275.

② 黄宗智. 改革中的国家体制：经济奇迹和社会危机的同一根源 [J]. 开放时代，2009（4）：75 - 82.

③ 罗伯特·考克斯. 假如自然不沉默：环境传播与公共领域（第三版）[M]. 纪莉，译. 北京：北京大学出版社，2016：55.

蔽的状态。

此后，伴随巨大社会转型而来的环境邻避运动逐渐成为 21 世纪环境风险的"实践景观"，如厦门反 PX 事件（2007）、四川 C 市 PX 事件（2008）、广东番禺垃圾焚烧事件（2009）、浙江 N 市反 PX 事件（2012）、内蒙古某工业园区污染抗争事件（2012）、广东茂名反 PX 项目（2014）等。环境邻避运动的爆发本质上是对既有宏观经济主导下环境风险分配模式的一种有力抵抗，强化了作为个体的环境正义诉求。这一中国新兴的"环境运动"模式一方面冲击着"一体化实践"的固有社会秩序，地方政府在进行市政建设规划时更加注重从社会发展的整体层面，尤其将人的发展作为考量的根本因素，试图扭转追逐经济增长的政绩观，同时，也不断敦促企业重视社会效益和社会责任；另一方面，也孕育着一种新的环境参与秩序，个体正当的环境决策、健康权益维护以及环境空间选择等权益在这一抗争过程中不断被凸显，公民逐渐成为环境治理的重要实践主体。

## 第二节　社会文化转型与认知觉醒

### 一、中国的现代文化转型与自我意识的觉醒

现代化实践既推动了中国经济发展的快速飞跃和社会秩序的深刻变革，同时也深层次影响了中国社会文化的不断转型。中国近代以来的文化转型是传统文化向现代文化转换的过程，具体体现在与经济基础相呼应的文化实践，即基于上层建筑的制度性文化转型，包括政治制度、法律制度、教育制度和文化制度等方面[1]；同时也涉及雷蒙德·威廉斯（Raymond Williams）强调的美学层面和日常生活方式上的文化意义[2]，这一概念划分偏向于大众层面的文本表征和"指意实践"，强化了人作为文化生产与消费的主体意识。

---

[1] 约翰·斯道雷. 文化理论与大众文化导论（第五版）[M]. 常江，译. 北京：北京大学出版社，2010：73.

[2] 约翰·斯道雷. 文化理论与大众文化导论（第五版）[M]. 常江，译. 北京：北京大学出版社，2010：2.

根据上述文化研究范畴的划分逻辑，中国的文化转型在探索实践中大致经历了四个关键时期。

第一，1842—1921 年，由传统封建儒家文化向西方资本主义文化的转型。这一时期得益于维新变法、辛亥革命、新文化运动和五四运动等诸多标志性事件的推动，西方民主、法治等制度性文化和自由、平等的个体意识开始萌发。尤其五四运动后近代中国的传统文化遭受了空前的挑战，打倒"孔家店"之声此起彼伏，西学思潮在军阀割据和战火硝烟中也艰难存续。而此时，马克思列宁主义的传入正孕育着一种改变中国的新的文化力量。

第二，1921—1949 年，新民主主义时期新文化理想的确立。1940 年1 月 9 日，毛泽东在陕甘宁边区文化协会上发表题为"新民主主义的政治与文化"的重要讲话，对新民主主义文化进行了深刻阐释。在毛泽东看来，新民主主义文化的根本是以人民为主体的反帝反封建文化，这场"新文化"的发动与领导需要由无产阶级文化思想或者说共产主义思想来完成，其他任何阶级的文化思想都不具备这一条件。① 这一时期的文化实践着重于"剔除封建文化糟粕，吸收西方民主文化精华"，并强化文化作为意识形态引领的重要功能。1942 年，中国共产党延安文化整风运动后，以马克思主义统领、以阶级斗争为纲的革命文化逐渐成为新民主主义时期的文化核心。其沉淀的红色文化传统成为日后中共开展社会整合和政治动员实践的重要合法性资源。

第三，1949—1978 年，新民主主义文化向社会主义文化的转型。在此所强调的社会主义文化的分期主要以新中国成立和改革开放作为划分依据。新中国成立后，随着社会主义体制的逐渐确立，以马克思列宁主义、毛泽东思想为指导建构起的新的观念文化、行为文化体系，完成了由新民主主义文化向社会主义文化的过渡。尽管 1956 年"双百"方针的提出明确了在人民内部发展社会主义艺术民主和学术民主的文化工作方向，但这一时期的文化转型仍落入了总体性革命文化的窠臼。尤其"文化大革命"时期，"革命文

---

① 毛泽东选集（第二卷）［M］. 北京：人民出版社，1991：663 - 665.

化"愈演愈烈从深层上遮蔽了自由自觉文化意识的发生与发展①，在一定程度上阻碍了中国文化的现代性转型。

第四，1978 年至今，传统社会主义文化向现代社会主义文化的转型。中国共产党第十一届三中全会的召开宣告了总体性社会发展的式微，尤其社会主义市场经济体制的确立，更引发了社会结构的根本转型：从总体性走向多元化。作为蕴含自主性实践基因的社会秩序，市场经济要求所有个体充分发挥主动性和创造性。在市场力量的驱动下，社会经济活动呈现出各自的相对独立性和功能上的独特性②，文化活动的独立性和自主性也得到了极大的释放，从而实现经济体制与文化现状的融合。现代社会主义的文化转型，一方面表现为制度文化的科学化、规范化、法治化转型，包括法制的不断完善、教育体制的改革和文化政策的推行；另一方面则表现出对以自我主体意识为核心的文化追求，市场力量把人从群体至上的桎梏中解放出来，催发了个体自我意识的生成与自觉。③ 简言之，现代文化转型是一种从集体文化向多元文化、从政治依附型文化向本体性文化的意义转换过程，其核心是以人的主体性实践为根本，即重塑新的人性规则和人格形象、新的伦理标准和新的道德规范、新的人与物质世界和文化实体世界的关系结构，从而形成了新的世界图景和新的社会理想。④

## 二、人本文化与公民的主体性实践

"人的本质不是由任何外在的先验的力量规定的，相反是由自己内在的规定性决定的。"⑤ 人本文化体现的则是将人的本质作为文化实践和文化观照的中心，凸显人的内在价值和尺度。正如普罗太戈拉所强调的："人是万物的尺度，是存在者存在的尺度，也是不存在者不存在的尺度。"⑥ 关于人的本质，马克思曾做了全面而科学的界定，即由作为劳动实践主体的类本

① 陈一放. 论当代中国的文化转型 [J]. 社会科学研究，1998 (3)：41-46.
② 王南湜. 探求公平与效率的具体关系 [J]. 哲学研究，1994 (6)：42-48.
③ 陈一放. 论当代中国的文化转型 [J]. 社会科学研究，1998 (3)：41-46.
④ 李鹏程. 论文化转型与人的自我意识 [J]. 哲学研究，1994 (6)：16-23.
⑤ 罗彬. 新闻传播的人本责任研究 [M]. 武汉：武汉大学出版社，2011：14.
⑥ 周辅成. 西方伦理学名著选辑（上卷）[M]. 北京：商务印书馆，1964：27.

质、作为社会关系总和的社会本质和作为个体需要满足的个体本质三者共同构成。马克思所阐释的人的本质强调人是社会中的人，人的活动构成了各种社会关系，人的存在和发展是在社会关系中实现的。而中国现代文化的转型正是不断凸显人的内在本质的过程。尤其从传统社会主义文化向现代社会主义文化的转型，人的本质在市场经济和中国特色社会主义制度的加持下展现出强大的内在张力。作为人的类本质在这一时期呈现出超越传统劳动层面的平等性、积极性和创造性。市场主体的经济活力赋予了人前所未有的劳动创造力，而制度性文化转型则提供了人健全的、平等的开展群体实践的合法性保障。此时，作为人类的群体实践开始突破单一政治统合下的"群众"概念，基于理性、正义、合法、有序的中层组织开始在群体实践中发挥重要作用。作为个体需要满足的个体本质则实现了从当家做主人的政治性解放到共同富裕的物质性满足再到美好生活向往的理想性追求的转变。这一过程既体现了人的个体权利的不断满足，同样也折射出中国特色社会主义制度的发展完善。与此同时，人作为社会关系总和的社会本质在现代社会主义的转型中也得到了极大发展。"以人为本"和"以人民为中心"的社会理念将人作为社会运行的关键节点和最终目的。科学正确把握人与人、人与社会、人与自然的关系，成为社会发展的核心。新时期社会的总关系构成了人存在发展的前提和基础。这一社会本质的内在特征也进一步明确了人作为社会参与和社会实践的功能价值。可以说，凸显人的本质的人本文化是当前社会发展的伦理基础，成为诠释"以人为本"的经济实践、制度实践和文化实践的关键概念，这一概念逻辑为中国公民的权利实践提供了重要依据。

当前关于公民的概念界定大致遵循制度文化和个体意识两种结构标准。第一个是制度文化层面：涉及公民概念及其在法律体系中的权利划分，1982年《中华人民共和国宪法》第三十三条规定：所有具有中华人民共和国国籍的人都是中华人民共和国公民。所有中华人民共和国公民在法律面前一律平等。所有公民都享有宪法和法律规定的权利，必须履行宪法和法律规定的义务。[①] 第

---

① 全国人大常委会办公厅. 中华人民共和国宪法（公报版）[M]. 北京：中国民主法制出版社，2018：14.

二种界定标准则主要强调个体的自我权利意识，即一方面强调个体权利实现的必要性，肯定公民对公权力开展监督和约束的合理性以及正当性；另一方面则着重强调公民作为社会参与主体所应具备的责任意识、文化素养和价值观念。两种公民逻辑概念的划分，在凸显"以人为本"的核心社会理念的同时，赋予公民主体实践的内生性价值。不同于西方自由主义的制度文化所培植的公民传统，中国的公民实践是在人的本质不断解放的过程中成长起来的，即体现在从突破传统臣民文化的束缚到现代公民文化的自觉建构和自我意识的彰显。这一变化也改变着公民的社会参与秩序，公民主体的实践潜力正深刻推动着中国的社会变革。

改革开放以来中国公民的主体性实践渐成气候，政府决策、城乡建设、环境保护等领域都带有公民实践的身影。尤其 21 世纪随着网络技术的飞速发展，互联网平台的低门槛以及"5G"时代的降费提速大大降低了公民主体实践的社会成本。此外，人本文化所培植的公民权利意识也日益提高，其正当性、合法性的权益诉求正倒逼体制机制的改革。公民开始关注与自身相关的食品、住房、医药和环境等领域，践行自身合法诉求的各类维权事件成为社会关注的焦点。一方面，公民积极维护自身的合法权益，力图实现个人利益的最大化，这是市场经济的内在特性所决定的。另一方面，作为社会本质的公民实践也开始积极投身公共决策和公益行动。正在崛起的中层组织在环保宣讲与治理、保障弱势群体权益、推动国家公益事业等方面发挥着重要作用，作为社会人的价值和意义在这一过程中得以体现。近年来如火如荼的环境维权正是公民主体性实践的现实表征，包括环境健康利益的个体诉求和生态保护与治理的社会要求。以人本文化为基础的公民实践成为正确审视环境维权目的及其内在动力机制的关键。

### 三、法治建设的推进与维权实践的合法性追求

中国法治建设的推进是制度性文化转型的基础，同时，也保障了人之为人的基本权利和尊严。中国法治建设建立和奠基的标志性事件，是 1949 年9 月 29 日全国政治协商会议通过的《中国人民政治协商会议共同纲领》。在中华人民共和国成立初期，从 1950 年《中华人民共和国婚姻法》《中华人民

共和国土地改革法》的通过，到 1954 年 9 月 20 日《中华人民共和国宪法》的正式制定和实施，中国的法治建设进入了快车道。1956 年党的八大进一步明确了法治建设之于社会主义发展的迫切性和重要性：我们国家工作的紧迫任务之一是系统地制定比较完整的法律，完善国家法律体系。① 然而伴随着 1957 年的"大跃进"运动，新中国的社会发展又被具有革命范式的群众运动所"笼罩"，群众运动全面取代了法制。② 此后，1966—1976"文化大革命"期间，新中国成立初期制定的宪法及其专门法被束之高阁。尽管 1975 年宪法被重新制定，但鉴于当时社会运行的非常态化，它在指导思想和基本规则上有许多严重错误和缺陷。③ 从新中国成立到"文化大革命"结束之前的近 30 年，法治建设"多数时间发展缓慢，甚至倒退"④，因此，也没有真正意义上保障人作为社会主体的基本权利。

1978 年，党的十一届三中全会使中国法治建设迎来了发展的"春天"。同年，邓小平在中央工作会议讲话中也重申了法治建设的重要性和必要性。在邓小平看来，中国彼时面临的基础性问题之一就是法律法规相当不完备，很多保障经济社会正常运转的法律还没有制定出来，所以应该集中力量制定各种必要的法律，如刑法、民法、诉讼法等，同时，强化检察机关和司法机关的法治实践职能，真正做到"有法可依，有法必依，执法必严，违法必究"⑤。伴随着 1982 年宪法的颁布和陆续制定的《中华人民共和国民法通则》《行政诉讼法》等一系列重要法律，中国特色社会主义的法律体系框架基本形成。此后，为了完善社会主义法制，巩固改革开放成果，既形成井然有序的社会生活规范，同时又形成将人民利益与公民合法权益互为兼顾的社会主义义利观。⑥ 1999 年 3 月，"中华人民共和国实行依法治国，建设社会

---

① 刘少奇. 中国共产党中央委员会向第八次全国代表大会的政治报告 [N]. 人民日报, 1956 - 09 - 15 (2).

② 陈颐. 新中国成立 70 年来法治建设历程 [J]. 人民论坛, 2019 (27)：110 - 112.

③ 张文显. 改革开放新时期的中国法治建设 [J]. 社会科学战线, 2008 (9)：6.

④ 阮洁. 现代化进程中的新中国法治建设 [J]. 理论视野, 2019 (8)：71.

⑤ 邓小平. 邓小平文选（第 2 卷）[M]. 北京：人民出版社, 1994：146 - 147.

⑥ 中共中央关于加强社会主义精神文明建设若干重要问题的决议 [N]. 人民日报, 1996 - 10 - 10 (8).

主义法治国家"被载入宪法。依法治国的实施为维护市场经济秩序中公民个人合法利益提供了根本保障。2004 年，在依法治国基本方略的指导下，宪法修正案将"促进物质文明、政治文明和精神文明协调发展"和"国家尊重和保护人权"写入宪法。到 2011 年 8 月，中国法律体系构架已基本健全，并涉及社会关系中的各个领域，其中现行宪法和有效法律共 240 部，部门行政法规和地方性法规总计 9 306 部之多。[①] 这一时期社会主义民主进一步扩大，"以人为本"的法治文化逐渐形成。

2012 年党的十八大以来，"全面推进依法治国"已成为完善和发展中国特色社会主义的必然要求。人民作为法治建设的主体和力量源泉，决定了中国的法治实践必须以保障人民的基本权益和美好生活为出发点和落脚点，即注重人文文化的现实追求，使立法质量的提高符合宪法精神，体现人民意愿，赢得人民支持，尊重和保护人权，维护社会公平正义。[②] 2020 年 5 月 28 日，新《民法典》的审议通过更进一步体现了坚持以人民为中心、保障人民权益实现和发展的必然要求，标志着推进全面依法治国、建设社会主义法治国家进入了新阶段。

一方面，中国法治建设的全面推进使中国特色社会主义法律体系不断完善，为中国特色社会主义的道路实践、制度实践、理论实践和文化实践提供了坚实基础和重要保障；另一方面，中国法治建设的核心即以保障人的根本利益为最终旨归。这一法理逻辑既为公民积极参与社会实践、维护自身合法权益提供了有力抓手，同时，也不断培植了公民的法治意识和法治思维。"良法善治"和依法治国与以德治国的全面推进，更彰显了法治建设中的道德理念和人文关怀。与此同时，法治环境的向好为公民维权行动的开展提供了合法性依据。维权在中国诞生的直接动力即现代法治所赋予公民社会生存和社会实践的正当性权益，包括物权、所有权、人格权、侵权责任等，其极大地拓展了公民维护自身权益的实践边界。近年来愈演愈烈的环境维权行动也正是在中国法治实践的背景下诞生的，并以维护公民适宜环境与合法权

① 陈颐. 新中国成立 70 年来法治建设历程 [J]. 人民论坛，2019（27）：112.
② 阮洁. 现代化进程中的新中国法治建设 [J]. 理论视野，2019（8）：72.

利[①]为最终目的。2020 年《民法典》规定的"民事主体从事民事活动，应当有利于节约资源、保护生态环境"的基本准则[②]，以及遭受环境污染侵害的生命权、身体权和健康权如何保障以及工业企业的环境污染和环境侵权责任如何规制，进一步保障了环境维权有效运行。

## 第三节　网络技术的发展与公民的话语表达

网络技术的诞生与发展本质上是技术现代化实践的重要产物。自 1969 年 10 月互联网的雏形——阿帕网在美国诞生以来[③]，到今天，网络技术已经走过了 50 多年风起云涌的行程。其发展大致经历了四个关键阶段：前 Web 时代的"终端网络"；Web1.0 时代的"内容网络"；Web2.0 时代的"关系网络"；Web3.0 时代的"万物互联"[④]。技术演进和社会变革的统一性构成了互联网发展的内在特征。作为中国媒体回应全球化挑战的一种方式[⑤]，互联网在中国的真正兴起肇始于 20 世纪 90 年代。1994 年，中美两国正式签署《国际互联网合作协议》，中国电信总局通过美国 Sprint 公司在上海和北京分别开通了 64K 专线，中国互联网开始全面接入。[⑥] 在此后近 30 年的发展轨迹中，互联网表现出了强大的技术张力，并深刻记录、见证、参与和改变着转型中国的社会发展。

### 一、"可见性"赋权：网络技术的演进与公共表达

20 世纪 90 年代，中国教育和科研网、中国科技网、中国金桥信息网以及中国公用互联网等四大骨干网络建设的逐步完成，标志着中国进入"第一

---

① 张金俊. 国内农民环境维权研究：回顾与前瞻 [J]. 天津行政学院学报，2012 (3)：44.

② 全国人大常委会办公厅. 中华人民共和国民法典（全国人民代表大会常务委员会公报版）[M]. 北京：中国民主法制出版社，2020：7.

③ 郭良. 网络创世纪——从阿帕网到互联网 [M]. 北京：中国人民大学出版社，1998：23.

④ 高钢. 物联网与 Web3.0：技术变革与社会变革的交叠演进 [J]. 国际新闻界，2010 (2)：68-73；彭兰. "连接"的演进——互联网进化的基本逻辑 [J]. 国际新闻界，2013 (12)：6-19.

⑤ 彭兰. 中国网络媒体的第一个十年 [M]. 北京：清华大学出版社，2005：10.

⑥ 孙卫华. 网络与网络公民文化——基于批判与建构的视角 [M]. 北京：中国社会科学出版社，2013：3.

代互联网时代"①。互联网逐渐进入大众传播领域，并经历着多重技术世代的演变。Web1.0 时代：以 WWW（万维网）网站为主体，信息的发布与接收仍延续传统大众传播的"点对面"模式。网站扮演着大众传播的启蒙角色，大多数网民处于信息接收终端，网站与网民呈现天然的不平等关系，其即时性、交互性和沟通性的信息生产能力并没有得到充分释放。Web1.0 时代的信息传播更偏向于传统意义上的"撒播"与宣讲。Web2.0 时代：以 P2P 对等网络（peer to peer）技术为核心的网络结构思想逐渐形成，并显现出去中心化、以个人用户为基础节点的互联网形态。网民在信息生产方面正日益发挥着不可替代的作用，尤其以用户生产为主的博客（Blog）、微博客（Micro-blogging）、维基百科（Rss）、社会化服务网络（SNS）等网络应用在拓展网民话语表达权利的同时，也重塑着现实世界的传播秩序：借助网络技术所构建的虚拟空间网民表达越来越呈现出平等、开放和自由的格局。Web3.0 时代：这一技术方向将使互联网超越信息仓库和机械搬运工的角色，成为更智能的信息解释者和管理者。② 正如尼古拉斯·克里斯塔斯基所强调的，"社会网络可以表现出一种智慧，它可以让个体更有智慧，或者成为对个体智慧的补充"③。可穿戴终端、个性化推荐平台、VR/AR/MR 沉浸式平台以及专业化服务平台正预示着网络智慧化实践逐渐走向成熟。智慧化媒体不但进一步拓展了人作为信息参与主体的功能，更将机器及万物整合进这一社会活动中。"万物皆媒"的时代即将到来。④ 互联网技术的演进正在"把反常的事情变成了正常的事情，把难以想象的事情变成了普普通通的事情"⑤。从 Web1.0 到 Web3.0 互联网世代的更迭与发展，其核心是"连接"，即内容与人的连接、人与人的连接、人与万物的连接。作为技术特性的"连接"本质上是人的社会主体性不断释放的过程，人借此获得信息的巨大增

① 彭兰．中国网络媒体的第一个十年［M］．北京：清华大学出版社，2005：20.

② 彭兰．"连接"的演进——互联网进化的基本逻辑［J］．国际新闻界，2013（12）：6-19.

③ 尼古拉斯·克里斯塔斯基，詹姆斯·富勒．大连接：社会网络是如何形成的以及对人类现实行为的影响［M］．简学，译．北京：中国人民大学出版社，2012：315.

④ 彭兰．新媒体用户研究：节点化、媒介化、赛博格化的人［M］．北京：中国人民大学出版社，2020：10.

⑤ 拉兹洛．进化：广义综合理论［M］．闵家胤，译．北京：北京社会科学出版社，1988：94.

量、与社会关联的强大资本以及社会表达和参与的巨大热情。

尤其 Web2.0 和 Web3.0 时代，网络用户被充分"赋权"，其公共表达和社会参与的能量也被进一步激活。网络公共表达即网民依托发达的信息、通信网络及相关技术为运作平台，"公开表达自身对公共事务的意见、看法、观点并进行交流和讨论"①。基于互联网空间及其传播技术的公共表达折射出公众在特定时期对自身关切的社会政策、社会事件、社会问题的要求、态度、情绪等社会心理，对公共决策具有重要的参考价值，具体体现在以网络空间为载体的舆论监督、公民维权以及决策参与等多元的政治实践形态。②从门户网站的商业化到用户平台的社交化，网民的公共表达正日益成为其参与社会行动的自觉意识。这一时期发生的一系列热点事件：孙志刚事件、安徽 F 劣质奶粉事件、厦门反 PX 环境维权事件、三鹿毒奶粉事件、广东乌坎事件、广东茂名抗建 PX 事件、山东"问题疫苗"事件、2018D&G 辱华事件、陕西奔驰女车主维权风波等，一方面展现着网民公共表达在社会政策议题、民生议题以及合法权益维护等方面发挥的关键作用；另一方面表明公共表达对传统话语管控和舆情引导提出了根本性的挑战：网络社会的扁平化，使得现实社会中以层级为特征的权力结构在互联网空间面临着严峻挑战。而与此同时，网民公共表达表现为一种鲜明的情感动员和民粹主义色彩，在实践公共决策、释放社会结构性压力的同时，也极易演变为网民个人的情感宣泄，造成网络群体极化和网络暴力。

## 二、"居间联络"：作为制度性沟通的互联网实践

互联网技术一方面拓展了公民社会表达渠道，塑造着新的社会参与秩序。另一方面也缔造了一种"居间联络"的"公共领域"。美国著名政治学家汉娜·阿伦特认为，公共领域是展示真实自我、实现个体性表达的不可替代性"空间"；正是这一"空间"的主体性赋权使公众或多或少都愿意分担

---

① 胡玲. 网络的公共表达与"话语民主"[J]. 当代传播，2009（5）：67.
② 孙卫华. 网络与网络公民文化——基于批判与建构的视角 [M]. 北京：中国社会科学出版社，2013：5.

司法、国防和公共事务管理的相关责任。① 哈贝马斯则强调公共领域是介于私人空间与政治权威的中间地带②，私人在该领域获得了与公权力主体就公共话题展开对话的机会③，非官方属性赋予公共领域存在的独立特征。不同于西方倡导的具有独立性和非官方性的"公共领域"，中国互联网发展所衍生出的"公共空间"呈现以权力秩序为主导多元主体竞相表达的网络话语格局。这一网络生态既折射出中国互联网技术与社会变迁之间的内在关联，同时也拓展了中国制度性沟通的实践空间。

制度性沟通一般意义上指涉基于政治体制结构的信息运行过程，包括信息的上下流通及其落实，也可理解为一种政治沟通模式，即政治信息通过一定渠道交换和传递的过程。④ 在前互联网时代，中国的制度性沟通受制于相对严密的组织化、制度化以及等级化的科层结构，呈现出以一体化政治动员为主的单向度沟通逻辑，郑永年在《中国模式：经验与困局》中写道：与西方现代民主国家通过自由媒体和定期选举方式的现代信息收集制度相较，中国主要依靠群众路线模式，寄希望于中央官员和地方官员的调查研究与群众反馈。⑤ 上述两种制度性沟通的实践方式极易造成马克斯·韦伯所隐忧的信息垄断和信息扭曲。互联网时代的到来则借助由"比特"组成的信息世界和符号化秩序构建了一个全新的"制度性沟通"空间。一方面公民借助互联网平台同公权力主体展开话语博弈和协商：维护个人合法权益、参与公共政策的制定、运行与监督；另一方面，公权力主体依托互联网的信息流通与汇集功能，在一定程度上突破了传统科层制所造成的政策落地与反馈的结构性弊端——变形与扭曲——实现了政治动员和政治沟通的高效运行状态。

互联网技术从商业网站向社会化平台的转型过程，其制度性实践的功能日益凸显，尤其以论坛、博客、微博等为主的政治表达、沟通与交流的互联网平台，在影响政治决策和行为活动方面发挥着重要作用。⑥ 2008 年 6 月

① 汉娜·阿伦特. 人的条件 [M]. 竺乾威，译. 上海：上海人民出版社，1999：32.
② 汪辉，陈燕谷. 文化与公共性 [M]. 上海：生活·读书·新知三联书店，1998：125.
③ 尤尔根·哈贝马斯. 公共领域的结构转型 [M]. 曹卫东，译. 上海：学林出版社，1999：32.
④ 谢岳. 当代中国政治沟通 [M]. 上海：上海人民出版社，2008：7.
⑤ 郑永年. 中国模式：经验与困局 [M]. 杭州：浙江人民出版社，2010：130.
⑥ 赵丽春. 网络政治参与协商民主的新形式 [J]. 中共天津市委党校学报，2007 (11)：88.

20 日胡锦涛同志通过强国论坛与网友的在线交流强化了互联网作为"制度性沟通"的功能地位。随着政务微博、政务微信、政务短视频、数字化政府建设等的不断推进，以及习近平总书记推行的"天朗气清"网络空间和网络文化共同体构建，借助互联网空间的"制度性"实践更加科学化和规范化。根据中国互联网络发展状况统计报告最新数据，我国在线政务用户规模达9.73 亿人，占网民整体的 89.1％；各级政府网站共有 13 925 个，包括政府门户网站和部门网站；经新浪平台认证的政务机构微博 146 638 个。[①] 上述政务新媒体实践为公权力主体的顶层设计和政策架构有效建构，以及体制外信息收集与获取提供了巨大支撑。公民在互联网"制度性沟通"的技术加持下也不断形塑着自身作为社会人和政治人的角色。近年来公民依托网络问政、网络听证等"制度性沟通"形式为公共议题建言献策，不断发挥着作为社会参与主体的功能特征。公民对于社会问题和社会决策的主动回应，一方面体现了其公共理性的渐趋成熟，另一方面也折射出公共决策从顶层构想逐渐内化为民众行动的自觉追求。

公共表达的自我赋权和作为"制度性沟通"的政务新媒体实践，使社会秩序运行呈现权力决策与公众参与并行不悖、理性发声与情感表达相互交织的基本样态。与此同时，上述互联网的技术特性也"孕育"了社会治理的"另类行动"：区别于传统意义上公权力主体所开展的自上而下的社会治理，其主要体现在公民以互联网为媒介的一种自下而上的网络动员行动。网络动员的产生既是互联网技术加持的结果，同时也是对转型期社会矛盾的一种有力回应。尤其改革开放以来现代化实践所累积的社会问题成为 21 世纪网络动员不断生发的内在诱因。诸多重大社会议题的爆发、沉淀及其最终推动的一系列变革无一不带有网络动员的鲜明烙印，其逐渐演变为个体层面实践利益诉求和国家层面制度改革的重要方式。通过宏观描摹互联网的发展历程和技术特征，较为清晰地厘清了社会变迁和互联网技术勾连的内在机理，这也为审视环境维权中的网络动员实践提供了技术路径和理论视角。

---

① 中国互联网信息中心．第 53 次中国互联网络发展状况统计报告［R/OL］．2024－03－22. https：//www.cnnic.net.cn/n4/2024/0322/c88-10964.html.

通过对现代化实践、社会文化转型、网络技术变革三个关键命题宏观性与历时性考察，基本上厘清了环境维权网络动员生发的结构性动因。其中涉及作为客观存在的环境问题、作为主观认知的环境风险意识以及作为参与表达的环境权益等因素的相互交织与多元并存。由此引出关于环境维权行动及其网络动员更深层次的社会探讨。

作为客观存在的环境问题是现代化实践不断"异化"的产物，也是环境维权网络动员产生的"元问题"。以人类工业文明转向为标志的现代化实践带来巨大经济增长和社会变革的同时，蕴含着对环境极具破坏性的因子，也正因为如此，人类正在承受着环境污染和生态恶化所带来的强大"反噬"。中国的现代化实践也不外如是。从新中国成立初期的"一化三改""大跃进"运动时期的工业化运动一直到改革开放以来"以经济建设为中心"的三步走战略，中国经历了从"四个现代化"到"中国式现代化"再到"国家治理现代化"的发展过程。① 但中国的现代化实践在相当长的一段时间内主要以粗放型的工业化生产和地方性 GDP 增长为先导，直接造成了中国 21 世纪以来巨大的环境压力、环境正义失衡以及由此引发的社会秩序紧张。尤其"四个现代化"和"中国式现代化"的实践阶段，环境问题的集中爆发和不断加剧，使环境污染及其危害成为社会普遍关切的焦点。而 2012 年党的十八大以来，中国步入了"国家治理现代化"的重要阶段，这一时期所构建的一系列环境治理和生态保护的切实举措，有望解决此前初级工业化阶段所遗留的诸多环境问题。

作为主观认知的环境风险实践是公民对于环境污染和环境危害主动感知、自我觉醒和积极抗争的过程。而推动该过程实现的正是中国社会文化的内在转型，即从"人治"的革命性文化到"法治"的制度性文化、从集体性文化到多元文化的转变。社会文化的结构性转型本质释放了人的自我主体性，保障人的合法权利，同时赋予公民积极维护自身环境权益以及参与环境治理的内在动力。在环境维权网络动员实践中，公民自下而上的角色权转换与现代化治理的基本逻辑有着相对一致性，尤其吻合了"国家治理现代化"

---

① 段妍. 中国式现代化道路及其实践的世界意义 [J]. 思想理论教育，2021（8）：38.

阶段所强调的多元主体协同参与的社会治理路径。但由于环境风险的主观认知并非完全按照制度性文化所规设的程序理性和人的自我层面的价值理性展开行动，其往往伴随着较高的情感能量和非秩序化的道义实践，这也成为摆在当权者面前的一道治理难题。

作为参与表达的环境权益是表达即权益的现实隐喻。现代化实践以及社会文化转型赋予人基本权利实现的合法性依据，尤其法治建设的不断完善和优化，更提供了一整套权利实践的程序性规范。关于环境权益维护的要求也早在 20 世纪 80 年代末就逐渐进入法治建设的结构层面。如何将一系列制度层面的知识性权利转化为现实层面人的权利实践过程？传统意义上这一过程的转换是以法律秩序的权利实践和科层制结构下的信访制度两方面为主的。但上述权利的实践渠道有着各自的实践困境：法律程序层面的权利实践往往面临着参与成本高、周期长的弊端；信访制度下的权利表达则极易涉及参与冲突化的升级，并非真正实践政治参与和利益表达的诉求。网络技术所构建的个人表达空间以及作为制度性沟通的场域在一定程度上弥补了传统程序性实践所面临的困境，同时为人的权利表达和社会参与提供了更为多元、便捷的资源渠道。借助网络的资本聚合优势，环境权益实践在新世纪以来逐渐演变为公民自我表达和社会参与的"新景观"。尤其近年来飞速崛起的政务网络应用和数字化政府建设正推动环境维权的网络动员向社会治理参与转变。

# 第二章　中国环境维权网络动员的历史演进

现代化进程、社会文化转型和网络技术发展使改革开放以来中国的发展格局和社会生态发生了变化，人与人、人与社会、人与自然的关系面临新的机遇和挑战，环境问题以及由此引发的人类关于环境权益的关系重构和自我觉醒也逐渐演变为当前中国社会实践的重要课题。从人类发展的角度来看，环境在任何时候都有特殊的价值：无论是人工环境还是自然环境都是传承人类历史文明的空间载体，蕴含着人类物质文明和精神文明的精髓，在启迪智识、净化心灵、陶冶情感等方面发挥着重要功能。[①] 伴随现代化赋予的自我主体性的解放，人的环境意识和表现出的对美好生存环境的追求达到了前所未有的程度。人类的环境权益实践开始成为展现自我社会价值的重要表征，其既有享受自由、平等和适宜生活条件的基本权利，同时也应该肩负保护和改善当前以及未来环境的责任和义务。[②] 其中以维护人类免受环境问题侵害和保障人类自主参与环境权益实践构成了环境维权的最终旨归。

20 世纪 60 年代，西方爆发的"绿色"运动最先开启了世界范围内的环境维权实践，并推动了环境权以及环境权保障的相关理论向纵深发展，以环境立法的"二元论""可持续发展论"以及"自然物权利论"[③] 等为代表的西方环境权益理论深刻影响着当代人类环境价值的实践转向。中国早期的环保运动深受西方环境权益理论的影响。20 世纪 70 年代，因工业化进程而逐渐显露的环境问题，加之世界范围内环保主义思潮的影响（以 1972 年联合

① 杜群. 论环境权益及其基本权能 [J]. 环境保护，2002（5）：9-11.
② 斯德哥尔摩人类环境宣言 [J]. 世界环境，1983（1）：4-6.
③ 汪劲. 论现代西方环境权益理论中的若干新理念 [J]. 中外法学，1999（4）：29-38.

国人类环境会议召开为代表），中国开始将环境保护和环境污染治理作为治国理政的重要内容，并依托群众路线开展了全国范围内的环境政治运动。改革开放后，中国的环境维权逐渐从作为政治动员的权益实践向法治建设、个体维权、媒体监督以及环境 NGO 公益实践等多元化转变，21 世纪网络技术的崛起更拓展了中国环境维权的行动路径和实践场域。而上述维权实践的转换有着怎样的行动轨迹和演变逻辑则是本章亟待考察的重点。同时，在此基础上需要进一步厘清中国环境维权网络动员实践的正当化过程，即前网络动员时期环境维权何以从政治性母题演变为公民主体性权利的实践方式，而网络动员时期环境维权又何以从网络喧嚣的环境抗争逐渐成长为中国式现代化社会治理的关键力量。

## 第一节　前网络动员时期的环境维权实践：萌芽与勃兴

　　"维权"这一概念作为中国改革开放的内生性产物，在 2000 年逐渐成为表征社会发展议题的流行热词。根据主流媒体的内容报道，"维权"从 20 世纪 90 年代初便开始作为指涉公民权益实践的话语表述。1992 年 4 月 23 日《人民日报》的报道《各级团组织代表和维护青少年权益 促进社会主义民主政治建设进程》最早通过阐释青少年的合法权益保护以凸显维权实践的重要性：共青团维权工作极大地激发了共青团成员参与社会生活的积极性，提高了他们的参与能力，对推动我国社会主义民主政治建设进程发挥了积极作用。[1] 该论述为我们阐释环境维权作为维护公民合法权益和强化公民社会参与的本质特征提供了有力依据。与此同时，环境维权也是制度性层面对环境权益的合法性召唤，即自然和法律所赋予公民环境权的实践张力。公民环境权强调自然人应该依法享有环境资源，同时防止其生存环境、身心健康以及合法财产遭受环境污染的侵害。[2] 一般而言，环境权具有伦理价值和法理价值的双重规约，具体体现在事前、事后、宏观、微观四方面：

　　① 唐维红. 各级团组织代表和维护青少年权益 促进社会主义民主政治建设进程 [N]. 人民日报，1992 - 04 - 23（3）.
　　② 杜群. 论环境权益及其基本权能 [J]. 环境保护，2002（5）：9 - 11.

"就事前而言，环境权保护人的宜居和繁衍利益免受因自然环境破坏而遭受妨害；就事后而言，环境权可以弥补因自然环境遭到破坏而导致的人的宜居和繁衍所遭受的损失；从宏观层面来说，保证人作为主体在地球上基本生存所必需的环境条件是环境权的基本目的；从微观分析，环境权的目的在于提高人作为主体的日常生活质量。"[①] 因此，环境维权实践的真正开展既依托于公民自主性的社会参与和环境认知，同时体现在制度性伦理建设对于环境权益的合法性确证，即环境权在法理层面和程序层面的规范化和有效性运行。

### 一、环境维权萌芽：环境权的制度性建构与多元主体的维权实践（1978—1992）

20 世纪 60 年代前后因环境污染泛滥造成的公害病多发和环境主义示威游行频频上演深刻危及西方国家既定的社会结构秩序。西方国家为了化解环境污染引发的风险冲突、保障公民的环境权益，在吸收既有公共卫生保护法的理念基础上逐步形成了以保护人群健康权为最终实践目的的环境保护法。在此之后，为了破解经济社会发展与生命健康权保障之间的矛盾，最初以保障生命健康权为主导的环境法制度逐渐拓展为首先保障人的生命健康权，其次推动经济社会的可持续发展。[②] 兼顾生命健康与经济发展的环保思想从 20 世纪 70 年代以来成为指导西方国家环境立法的重要参照，此后，逐渐演变为世界各国环境法治建设的基本原则之一。[③] 环境法的确立为环境权益运动的开展提供了正当性和合法性依据，环境维权实践和环境立法不断推进，二者互为补充也构成了西方国家环境治理和环境保护的关键力量。

与西方国家较早开启的环境权益运动相比，中国的环境保护实践起步稍晚，且早期呈现自上而下的政治运动特征。1972 年，中国代表团出席了第一次联合国环境大会，并做主题发言。其中，处理好经济发展、人口增长与环境保护之间的关系问题，战争与环境保护、资源保护、抗击公害以及在保

---

① 郭杰，张桂芝. 生态文明视域下环境权的内涵拓展 [J]. 东岳论丛，2020 (10)：184.
② 金瑞林. 环境法学 [M]. 北京：北京大学出版社，1990：34.
③ 汪劲. 论现代西方环境权益理论中的若干新理念 [J]. 中外法学，1999 (4)：29 - 38.

护人类环境方面的国际合作问题等成为中国代表团关注的焦点。[①] 与此同时，中国代表也阐明了关于环境治理应该坚持一律平等的基本主张。此后，由周恩来总理直接牵头，国务院在 1973 年 8 月 5 日召开了首次全国环保工作会议，会议审议并通过了《关于保护和改善环境的若干规定（试行）》，明确了"全面规划、合理布局、综合利用、化害为利、依靠群众、各司其职、保护环境、造福人民"的环境保护工作方针。[②] 该规定也是我国首部关于环境保护的综合性法规。为了有效贯彻第一次环保会议的政策规定，中央到地方都陆续出台了相关法律法规以更好地践行这场全国性的"环保运动"，如《工业三废排放试行标准（1973）》《中华人民共和国防止沿海水域污染暂行规定（1974）》《食品卫生标准（1974）》等。在环境保护政策的推动下：先进环境监测设备的引进、水质污染的净化、钢铁厂烟雾问题的有效治理、城市环保基础设施的重新设计[③]……一场自上而下的"环境运动"拉开了帷幕。改善环境、消除工业"三废"污染一度上升到"保护人民健康、巩固工农联盟、更快更好地发展工农业生产的重大问题，也是在经济工作中贯彻落实毛主席革命路线的重要方面"[④]。但遗憾的是，受"文化大革命"影响，环境权益实践逐渐演化为一种阶级斗争色彩浓厚的环境政治运动，相关环境法规也并未发挥其环境权益保障的基本效能。

直到 1978 年改革开放，以环境权益保障和环境保护立法为核心的环境维权实践才重新被提上议事日程。为了有效解决工业化实践中日益凸显的环境问题，及时保障人民群众的生命健康权，中国加快了环境立法进程。《中华人民共和国环境保护法（试行）》（1979）的颁布实施，开启了改革开放后中国环境立法的先河。此后，《中国海洋环境法》《水污染防治法》等相关环境专门法和《国务院关于环境保护工作的决定》等行政规定相继颁布实施，到 1992 年中国市场化改革，中国环境保护和环境维权的政策法规已渐趋完

---

① 新华社. 我出席联合国人类环境会议代表团发言人发表谈话 阐述修改"人类环境宣言"十个主要原则 [N]. 人民日报，1972 - 06 - 17 (6).

② 中国环境科学学会. 中国环境科学学会史 [M]. 上海：上海交通大学出版社，2008：4.

③ 周恩来生平和思想研讨会组织委员会. 周恩来百年纪念 [M]. 北京：中央文献出版社，1999：589.

④ 郭寰. 重视环境保护工作 [N]. 人民日报，1974 - 09 - 17 (2).

善。这一时期中国逐渐建立的环境法规体系一方面使中国环境治理和环境保护有了更为规范的判定依据，环境权益行动逐渐由带有典型革命色彩的政治运动、群众运动转变为国家层面规范化和法治化的现代治理实践；另一方面也保障了公民环境参与的主体功能。通过对该时间段环境法和环境政策的整体梳理发现，公民在环境权益实践中被赋予了重要功能，既体现在对环境污染治理拥有主动监督权、检举权和控告权，同时又被整合进了提高人民整体生活水平和实现"四个现代化"的宏观社会目标之中。

一方面，中国环境立法以及环境政策的制定使中国环境维权的开展具有了合法性依据，维护合法的环境权益逐渐沉淀为法治伦理的基础；另一方面，在环境法和环保教育加持下多元社会主体开始上升为环境维权实践的生力军，其中主要包括公民自下而上的权益信访与权益诉讼、主流媒体的环境监督报道与宣传以及环保组织的理性教育与科学引导。

首先，伴随着法治建设和民主政治改革的推进，以"环境信访"为主的公民环境维权成为环境治理的重要构成。信访根源于中国共产党群众路线实践的政治传统，即作为与群众沟通的"桥梁"和中介。国务院1995年颁布的《信访工作条例》将其界定为"公民、法人和其他组织采用书信、电话、走访等形式，向各级人民政府、县级以上各级人民政府所属部门（以下简称各级行政机关）反映情况，提出意见、建议和要求，依法应当由有关行政机关处理的活动"[1]。有学者指出，信访在中国政治实践中具有解决冲突和社会动员的双重作用：前者致力于从个人利益出发，解决人民群众的不满和纠纷，消除社会矛盾的隐患；后者热衷于围绕国家工作安排动员民众参与相关公共事务。[2] 环境信访因此在中国环境权益实践中也具备了"制度性沟通"的强大优势。1975年，北京环境保护办公室的成立为环境信访开辟了实践通道，环境信访一度成为群众反映环境污染问题和建言献策的重要手段。据统计，从环境办公室成立以来，每年关于环境问题的来信来访多达200多封（次），其内容涉及群众自身受环境污染侵害的具体事实、对忽视环境保护的

---

① 中纪委控告申诉室. 信访条例及相关法规 [M]. 北京：中国方正出版社，1999：2.
② 张翼. 当代中国社会结构变迁与社会治理 [M]. 北京：经济管理出版社，2016：310.

工厂提出批评、呼吁政府和企业重视环境保护工作等。[①] 改革开放后，各地方环保局和信访局的设立使环境信访工作的开展更加便捷。从部分地区年鉴报告的统计数据中也可见一斑，例如，鞍山市岫岩县自环保工作开展以来至1990 年累计处理来信来访 223 件，解决和处理问题 154 个[②]；仅 1992 年，郑州市环保局就接受了省、市人大、政协提出的 25 项环境提案和问题建议，群众来信 112 封，电话 231 次，接待群众来访 309 人次。[③] 上述县市关于环境信访的个案数据在一定程度上折射出公民早期环境维权的实践特征。作为环境问题反馈和权益实现的环境信访制度也成为官方环境政策制定的重要参照。与早期频发的环境信访维权相比，改革开放初期基于环境诉讼的维权实践尚不多见，主要原因在于我国环境法建设刚刚起步，公民环境维权的法治意识相对薄弱，而其中环境责任举证、因果关系判定困难[④]以及科学上的不确定性[⑤]等成了阻碍环境诉讼广泛开展的关键性问题。信"访"不信"法"的环境维权困境在这一时期已经开始显露。直到 20 世纪 90 年代左右，《环境保护法》的重新修订和各地环境普法教育的开展[⑥]，在一定程度上提高了公民的环境法治素养，基于程序诉讼的规范化环境维权逐渐打破了上述环境权益实现的行动困境。

其次，主流媒体的环境报道在环境维权实践中也发挥着重要作用。一方面，以《人民日报》和《光明日报》为代表的主流媒体关于环境法、环境治理的相关报道为在环境权益实现提供了动员性话语，例如，1979 年《中华人民共和国环境保护法（试行）》颁布实施后，《人民日报》刊发了多篇环保法解读、环保法教育推广以及环保法工作实施答记者问等文章，为环境立法及其实践营造了良好的舆论氛围。与此同时，《人民日报》和《光明日报》也揭露了多起环境污染事件，如包头市的"三废污染"[⑦]、南京电机二厂污

---

① 徐耀中 . 北京市群众希望消除环境污染 [N]. 人民日报，1978 - 04 - 19 (4).
② 岫岩县志编纂委员会 . 岫岩年鉴（1985—1990）[Z]. 沈阳：沈阳出版社，1991.
③ 《郑州便览》编辑部 . 郑州年鉴 [Z]. 1993.
④ 徐焕茹 . 关于环境诉讼的几个问题 [J]. 重庆环境保护，1987 (3)：42 - 45.
⑤ 顾小峰 . 环境诉讼："科学上的不确定性因素" [J]. 法学，1991 (6)：42 - 43.
⑥ 杜明概 . 富宁县将《环境保护法》编入普法教学大纲 [J]. 云南保护，1990 (1)：45.
⑦ 刘云山 . 包头市"三废"污染何时了？[N]. 人民日报，1979 - 09 - 19 (3).

染问题①、邯郸洗选厂污染滏阳河事件②、烟台海湾水污染事件③、贵阳 33 中环境污染事件④等。主流媒体对上述环境污染事件的报道在一定程度上加速了环境污染问题的解决。新闻宣传报道通过"揭露那些污染环境、破坏生态的行为,使那些丑恶行为置于人民群众的监督之下"⑤。而另一方面,为了适应改革开放后中国环境权益实践的信息诉求,1984 年由中国环境生态部主办的《中国环境报》诞生。该报成立之初便以系统宣传我国环境保护基本国策和环境法规、环保科技成果以及强化环保教育为目的,并力图在提高环境监督意识、强化公众环境参与能力基础上,实现环境权益维护与经济统筹发展的有机结合。《中国环境报》的话语实践"一直将'传播生态文明 守望美丽中国'作为职责和使命"⑥。主流媒体在这一时期的环境报道宣传和媒介话语动员,逐渐将环境维权从官方的政治实践转换成了更广泛意义上的社会讨论和个体维权参与。

最后,环保组织的诞生和发展对环境维权实践产生了重要影响。1978 年改革开放前"国家基本覆盖了社会生活的所有领域"⑦,社会组织的"生存"空间非常有限,其更多地呈现出以血缘、地缘为纽带的关系联结,即包括由家族、乡邻等构成的非结构化的初级群体。⑧ 这一时期非结构化的社会组织模式在一定程度上造成了公民自主参与和社会治理功能的弱化,因此无法具备如美国大自然保护协会(1951 年成立)、加拿大绿色和平组织(1970 年成立)等西方环保公益组织形成的基本条件。由政治体制主导的环境权益运动成为该时期环境保护实践的唯一路径。而改革开放后,以"经济建设为中心"的现代化目标的确立以及民主体制改革的推进使社会主体的活力逐渐得到释放,不同领域的社会组织开始登上历史舞台,并承载着促进中国现代

---

① 佚名.要求解决南京电机二厂的污染问题 [N].人民日报,1979 - 10 - 25 (3).

② 佚名.邯郸洗选厂污染滏阳河 邯郸市革委通报批评 [N].人民日报,1980 - 04 - 10 (2).

③ 吴国光,王钧田.烟台地区环境污染严重 [N].1980 - 03 - 06 (2);群声.烟台海湾变成大污水池了! [N].人民日报,1983 - 08 - 17 (8).

④ 何惠铭.贵阳市 33 中环境污染严重 [N].光明日报,1987 - 01 - 09 (2).

⑤ 杨兆波.向环境污染宣战——专家治理污染的建议 [N].人民日报,1989 - 12 - 30 (5).

⑥ 李瑞农.生态文明建设中的媒体责任与担当 [J].传媒,2021 (4):15 - 17.

⑦ 熊清华,聂元飞.中国市场化改革的社会学底蕴 [J].管理世界,1998 (4):25 - 28.

⑧ 郑杭生.社会学 [M].北京:学术期刊出版社,1989:133.

化建设、参与现代化治理的重要使命。基于这一时代背景，环保组织实践应运而生。1978 年 5 月 5 日，由中国科学技术协会发起的中国环境科学学会成立，标志着中国第一个环境保护组织的诞生。中国环境科学学会成立之初便拥有了声学、海洋学、医学、环境工程学、地质学等专业学者构成的强大阵容，并具备了专业化的组织运行机构和章程规范，促进了其环保实践的有序化开展。[①] 从 1979 年 3 月第一次代表大会闭幕，中国环境科学学会开始走向快速发展的道路，并在"国内学术活动、环境教育、环境科普宣传、国际交流、编辑出版工作、环境科技咨询服务"[②] 等的事业开展方面功不可没。该学会主办的《中国环境科学》（中英文版）、《中国环境管理》、《环境化学》、《环境工程》等学术刊物，一度引领中国环境保护和环境治理的研究方向。尽管这一时期环保组织刚刚起步，但以中国环境科学学会为代表的环保组织已经奠定了中国环保组织实践的基本架构，并日益在中国环境权益维护和环境治理中扮演宣传与参与的角色。

中国环境维权实践在 1978 年改革开放到 1992 年市场化转轨这一时期经历了制度性层面和主体实践层面的重要转向。一方面体现在环境法治建设的逐步完善，环境污染治理具备了可依循的规范化路径，同时奠定了中国环境权益保障和环境维权实践的合法性框架；另一方面，以公民维权、媒体监督和环保公益为代表的社会多元主体的环境实践路径也成为环境保护和环境治理的补充性力量。但难以避免的是，这一时期的环境维权实践仍存在诸多程序性的弊端，如法治意识缺失和法治建设不完善造成的"信访不信法"的行动困境，这也对此后中国环境治理提出了挑战。

## 二、环境维权的勃兴：市场化转型与社会维权渠道的开放性（1992—2000）

1992 年，中国经济体制的市场化改革开始全面深入，市场调节逐渐成为中国现代化建设中资源配置和利益重组的基础性要素。一方面，市场化转

---

① 杨经纬，王燕清.中国环境科学学会［M］.北京：中国环境科学出版社，1992：3-4.
② 杨经纬，王燕清.中国环境科学学会［M］.北京：中国环境科学出版社，1992：50-97.

型"为个人的独立性地位提供了坚实的基础"①，"个体参与、平等交换、自由经营"等市场化秩序使多元主体的社会参与能力得到了进一步释放，相较于以往的政府主导型国家体制模式而言，公民个体、群体以及组织的社会功能性实践越来越占据重要位置；另一方面，不同于"利他"行为的计划经济，市场经济更多地体现出"利己"性特征②，即追求市场竞争中自我利益的最大化。以"利己"为导向的市场化体制试图在提高自身利益行动的同时增加全社会的利益和福利。③而这其中，"资本逐利性"所隐匿的社会发展悖论也逐渐显露，恶性竞争、诚信危机、环境污染进一步加剧等不一而足。尤其以利益导向为最终目的的粗放型经济导致生态环境承受着巨大负担。市场化改革中个体性地位的逐渐确立和生态环境的不可承受之重使这一时期环境维权出现新的实践特征。

首先，环境维权实践的法治环境更加成熟。市场化改革在社会系统中引致的较为深刻的变化之一就是社会的法治化。市场经济与法治化之间是必要不充分关系：市场经济的运行需要法治化的加持，即法制化作为市场经济的前提和保障而存在，这一逻辑隐喻由市场经济的本质特征所决定。④尤其为了适应市场化经济运行中利益分化的需要，法制化的一个典型特征即以法律法规的形式赋予公众政治参与的权利，以满足公众自我表达的诉求。该时期的环境法制化建设也试图在保障公众环境参与权利的同时，满足公众环境利益表达的自我需求和社会愿景。在《中华人民共和国环境保护法》（1989年12月26日实施）基础上，《中华人民共和国固体废物污染环境防治法》（1996年4月1日实施）、《中华人民共和国海洋环境保护法（1999年修订）》（2000年4月1日实施）等相继颁布实施，进一步细化了公众环境参与治理的权利阈限；同时，该时期连续推出的《国务院关于环境保护若干问题的决定》（1996年8月3日实施）、《国务院关于国家环境保护"九五"计划和2010年远景目标的

---

① 熊清华，聂元飞.中国市场化改革的社会学底蕴 [J].管理世界，1998（4）：25-28.

② 吕金波，何海鹰.市场化改革中的利益重组与社会结构变迁 [J].当代世界与社会主义，1998（2）：22-25.

③ 吕金波，何海鹰.市场化改革中的利益重组与社会结构变迁 [J].当代世界与社会主义，1998（2）：24.

④ 熊清华，聂元飞.中国市场化改革的社会学底蕴 [J].管理世界，1998（4）：25-28.

批复》（1996 年 9 月 3 日实施）、《建设项目环境保护管理条例》（1998 年 11 月 29 日实施）等环境行政法规也为公众参与机制的建立和环保组织的作用发挥提供了可供性支撑。可以说，这一时期环境法律法规的不断完善在优化法治环境建设路径的基础上，进一步拓宽了环境参与主体的权利边界，公众、社团组织、大众媒体等在环境权益实践中更加"活跃"。而此时，"初出茅庐"的互联网技术也开始在环境维权运行中"崭露头角"。

其次，这一时期公众环境权益表达呈现多元化趋势，具体包括公众信访反馈的激增、依托程序正义的环境诉讼维权开始涌现、群体性环境事件零星散发等三方面。第一，公众信访反馈的激增。自 1995 年以来，全国的信访总数一直呈上升趋势。从 1995—2000 年，全国县级以上党政机关受理的信访总数由 479 万件增长至 1 024 万件；而这一时间段内，中央信访机关受理信访事项也比 1995 年增长了 1.46 倍。[①] 1992 年以来公众环境信访的频次和规模呈现逐年增长，仅 1992 年全国因环境污染的来信总数为 55 340 封，因环境污染的来访人次和来访问题总数则分别为 79 112 次和 39 969 项之多[②]，到 2000 年全国环境信访总数增长到 138 406 件，人民来访也达 25 326 批，上访人数达十万人次之多[③]。公众环境信访频次的急速增长一方面折射出中国环境污染问题的日益严峻，另一方面也反映了公众环境保护意识和自我主体意识的明显提高。第二，公众环境诉讼维权的发展。以 1998 年山西省运城市某文化用纸厂特大环境污染案判决为标志，我国新《刑法》实施以来的首例涉嫌"破坏环境资源保护罪"案引起了社会各界的高度重视[④]，其为环境诉讼维权提供了典型的案例参照。此后，以环境法推广和环境诉讼援助为目的的专业组织也陆续成立，特别是中国政法大学环境资源法学研究与服务中心于 1998 年 10 月成立，在为污染受害者提供法律援助、维护污染受害者的环境权益等方面发挥了重要作用。但遗憾的是，由于环境法宣传和普及的

---

① 应星. 作为特殊行政救济的信访救济 [J]. 法学研究，2004 (3)：58 - 71.

② 《中国环境年鉴》编辑委员会. 中国环境年鉴 (1993) [Z]. 北京：中国环境出版社，1993：420 - 421.

③ 《中国环境年鉴》编辑委员会. 中国环境年鉴 (2001) [Z]. 北京：中国环境出版社，2001：301 - 380.

④ 刘绍仁. 首例环境污染案判决 [N]. 人民日报，1998 - 10 - 06 (11).

滞后性，部分法官环境法知识的不足以及环境损害赔偿的制度性缺陷，造成我国每年环境纠纷案真正告到法院的不足1%。[①] 第三，1992年以来，随着环境污染的加剧，由重大环境污染事故所造成的"环境群体性事件"[②] 呈现零星散发趋势。例如，1993年甘肃某化工厂污染造成的化工厂职工与村民械斗事件[③]、1994年福建P县抗议化工厂事件、1995年湖南X市砷中毒事故[④]、1997年山东省青岛市某化工厂发生液氯泄漏事件[⑤]、1998年重庆市长寿县T镇溴液泄漏事故等，尤其1994年福建P县抗议化工厂事件成为早期群体性环境维权的一次"预演"。这一时期的群体性环境抗争主要是以权益补偿为最终目标，并始终游走在制度性实践的边缘。1992—2000年间的公众环境维权行动主要借助行政救济和非制度性的群体优势以实践自身的权益诉求，而法治化环境参与表达的实现或将成为"新千年的重要任务"[⑥]。

再次，大众媒体的市场化改革为环境维权实践提供助力。20世纪90年代初期市场化机制的引入，"促进了传媒单位的经济独立，也使其获得了更多自主权"[⑦]。大众媒体发生着由偏重于单一政治性主导的价值取向向商业性和公共性转变。"在这一过程中，官方意识形态赋予其合法性基础，民间观念意识则提供经验知识与可选方案。"[⑧] 该时期为了适应市场化改革的浪潮，大众媒体开始从节目版式和节目内容上进行自我拓新，这也间接推动了媒体环境维权实践的发展。

一方面，以《人民日报》为代表的主流报纸通过扩版和内容设置以增加其公共服务和舆论宣传的社会性功能：1995年元旦，《人民日报》由8版扩至12版，增设了社会、建言和读者来信等专栏，以期更为及时准确地反映

① 黄哲雯. 你有权对环境污染说"不"[N]. 人民日报，2000 - 04 - 19（9）.
② 张玉林. 环境抗争的中国经验[J]. 学海，2010（2）：66 - 68.
③ 《中国环境年鉴》编辑委员会. 中国环境年鉴（1994）[Z]. 北京：中国环境出版社，1994：232.
④ 《中国环境年鉴》编辑委员会. 中国环境年鉴（1996）[Z]. 北京：中国环境出版社，1996：250.
⑤ 《中国环境年鉴》编辑委员会. 中国环境年鉴（1998）[Z]. 北京：中国环境出版社，1998：330.
⑥ 黄哲雯. 你有权对环境污染说"不"[N]. 人民日报，2000 - 04 - 19（9）.
⑦ 殷琦. 1978年以来中国传媒体制改革观念演进的过程与机制——以"市场化"为中心的考察[J]. 新闻与传播研究，2017（2）：108.
⑧ 殷琦. 1978年以来中国传媒体制改革观念演进的过程与机制——以"市场化"为中心的考察[J]. 新闻与传播研究，2017（2）：104.

群众普遍关心的改革动向和社会问题。关于环保宣传、污染治理以及群众环境权益建言等社会议题成为《人民日报》普遍关切的重要内容；作为环境话语实践的专业性报纸，《中国环境报》在坚持正面报道的同时，也推出了一批带有典型意义的批评性报道，不断增强新闻报道的社会性，增加对读者共同关心的生活环境和生态环境的报道，使报纸更贴近读者和生活。① 此外，一系列环境保护刊物的创办也成为环境动员话语实践的重要载体，如1991年年底由中国环境文化促进会主办的综合性环境保护刊物《绿叶》，其在追踪环境保护热点、捕捉重大环境事件、提升公众环境保护意识、揭露环境污染和生态破坏问题等方面发挥着重要功能。②

另一方面，电视媒体在社会新闻实践中优势凸显，尤其调查性报道模式的引入和发展，更赋予了电视节目舆论监督和社会参与的强大功能。这一时期央视创办的《东方时空》（1993）、《焦点访谈》（1994）、《新闻调查》（1996）、《今日说法》（1999）等节目成为践行中国调查性报道的有力代表。而其中环境类议题也成为调查性新闻的重要内容之一，如焦点访谈推出的《洋河污染导致大片农田绝收》③、《山绿了，眼红了》④、《今天连着未来》⑤以及新闻调查栏目所做的《厂长被捕的背后》⑥、《迎战二噁英》⑦ 等多期环境深度报道节目都产生了广泛的舆论影响力。这一时期公民也借助媒体舆论保护自身的环境权益，参与政府的环境决策。在中央电视台"焦点"类新闻节目的示范影响下，各省、市电视台也积极筹备力量，推出了一系列涉及社会民生的新闻节目，如辽宁电视台1994年1月推出的《新闻观察》、南京电视台1994年2月推出的《社会广角》、江苏有线电视台1994年12月推出的《公众视线》、江苏电视台1995年1月开办的《大写真》、福建电视台1996年9月开办的《新闻观察》、上海有线台1997年12月开办的《百姓话题》、

---

① 《中国环境年鉴》编辑委员会. 中国环境年鉴（1992）[Z]. 北京：中国环境出版社，1992：216.
② 《中国环境年鉴》编辑委员会. 中国环境年鉴（1992）[Z]. 北京：中国环境出版社，1992：217.
③ 袁正明，梁建增. 聚焦焦点访谈 [M]. 北京：中国大百科全书出版社，1999：258-259.
④ 袁正明，梁建增. 聚焦焦点访谈 [M]. 北京：中国大百科全书出版社，1999：151.
⑤ 袁正明，梁建增. 聚焦焦点访谈 [M]. 北京：中国大百科全书出版社，1999：135.
⑥ 夏骏，王坚平. 目击历史《新闻调查》幕后的故事 [M]. 北京：文化艺术出版社，1999：210.
⑦ 中央电视台新闻评论部. 第一现场 新闻调查·1999 [M]. 广州：南方日报出版社，2000：343.

河北电视台 1998 年 3 月开办的《新闻广角》、山西电视台 1998 年 8 月开办的《记者观察》等。① 上述地方性调查新闻节目的开办一方面完善了电视新闻节目的内容生态，突破了传统政治新闻主导的话语桎梏；另一方面也拓宽了公众的认知视野，尤其涉及公共利益的环境污染、食品安全、医疗保障等话题伴随着电视新闻的放大效应逐渐成为公众关注和讨论的焦点。这一时期大众传媒节目形态和节目内容的丰富，尤其调查性报道的应用，使环境类新闻的内容呈现越来越满足多元主体的利益诉求，民众的环境认知体验成为环境报道考量的重要标准。媒介的环境维权实践逐渐从环境权益维护的宣传性引导向环境治理的监督式参与转变。

最后，中国民间环保组织正在成为促进中国环境保护和环境权益实践的重要力量。20 世纪 90 年代以前，中国的环保组织绝大多数属于自上而下的半官方社团，如中国环境科学学会，其内容实践主要以交流、会议、宣传等事务性活动为主，本质上是政府开展环境动员的重要工具。而 20 世纪 90 年代以来，纯民间性质的环保组织或环境志愿者团体开始在全国各地大量出现，并呈现逐年上升趋势。仅以北京为例，环保组织数量从 1992 年的 4 个增长到 1999 年的 28 个，社团成员人数也从最初的 170 人增加到 5 000 人之多（见表 2-1），这与 20 世纪 90 年代以前社团数量仅为两家、成员总共 60 人的环保组织体量相较有了显著变化。

表 2-1　1992—1999 年北京市民间环保组织数量与人数增长情况

| 年份 | 1992 | 1994 | 1995 | 1996 | 1997 | 1998 | 1999 |
|---|---|---|---|---|---|---|---|
| 组织数量（个） | 4 | 7 | 9 | 18 | 22 | 26 | 28 |
| 成员人数（人） | 170 | 500 | 900 | 2 800 | 4 000 | 4 500 | 5 000 |

其中比较有代表性的环保组织主要包括自然之友（1994）、北京地球村环境文化中心（1996）、绿色家园志愿者（1996）、绿色大学生论坛（1996）、大学生绿色营（1996）、绿色北京（1998）等。这一时期带有群众性、自发性特征的民间环保组织将主要精力投身于积极参与野生动植物保护、推动环境教育和环保意识提高、参与环境污染治理决策、推动公众社区环境参与机

---

① 刘习良. 中国电视史［M］. 北京：中国广播电视出版社，2007：330.

制的建立、倡导可持续发展的绿色消费理念、维护环境事件中的弱势群体等①环境权益实践活动中。作为公众环保运动参与的代言人、政府环境政策运行的监督者、社会环境理念的培植者，环保组织逐渐成长为彼时中国环境保护和环境治理的重要力量。但环保组织活动经费筹集困难、组织管理运行的"力不从心"②、对民间环保团体的误解③等因素，在一定程度上限制了民间环保组织的实践效能和活动影响力。

1992—2000 年间，中国环境维权实践呈现多元化发展的趋势，以大众媒体、公众和环保组织为代表的多元社会主体逐渐成长为环境保护和环境治理的中坚力量：大众媒体以日渐成熟的专业主义话语塑造着环境权益维护和环境政策施行的舆论空间；公众的环境权益实践则开始呈现制度性和非制度性实践的双重特征，尤其借助群"势"力量的非制度性环境维权成为公众突破程序性实践困境的重要路径；而作为发展强势的环保组织在体量及实践领域都有着长足进步，其在环境保护活动、环境政策参与、环境教育宣传以及环境素养培植等方面作用凸显。很显然，这一时期的环境维权实践已经在权益补偿和环境保护等权利救济与公益救济中发挥着重要力量。

诚然，从 1978 年改革开放到 2000 年中国社会的急速转型期间，环境维权行动在环境事业发展中扮演着关键性角色，但不可回避的是环境维权实践参与的高成本性、自我表达渠道的有限性以及权益救济的非规范化特征仍是摆在中国环境治理中的结构性鸿沟。相较这一时期日益加剧的环境问题而言，基于公众信访、媒介动员以及环保公益等的"环境补偿性"行为在环境权益实践中的力量仍显薄弱。而此时，基于互联网发展的技术逻辑正悄然改变着中国环境维权的实践空间和行动路径：网络技术所激发的个体低成本的信息获取、话语扩散和机会表达的潜能正在实现广泛意义上环境权益间的社会交往和资本联结。

---

① 肖广岭，赵秀梅. 北京环境非政府组织研究 [M]. 北京：北京出版社，2002：76-98.
② 黄勇. 民间环保：小荷已露尖尖角 [N]. 中国环境报，1997-05-24 (5).
③ 肖广岭，赵秀梅. 北京环境非政府组织研究 [M]. 北京：北京出版社，2002：106.

## 第二节　新时期中国环境维权网络动员实践：多元表达

21世纪以来，中国加速的工业化和现代化所"沉积"的环境风险问题开始呈现集中爆发态势，互联网技术在其中的意义凸显。自出现以来，互联网一直被视为改变现有社会关系、培育新社会关系的革命性动力。[①] 基于此，这一时期中国典型环境维权事件的萌生、发展与推进大多带有互联网技术的鲜明烙印。尤其互联网作为广泛意义上的弱连接属性拓展了多元环境主体间的意义共享和权利转换。正如美国社会学者曼纽尔·卡斯特所认为的，互联网的优势即弱连接功能，该功能使具有不同社会特征的人群聚合起来，从而扩张人的社会交往边界。[②] 借助网络技术，环境维权行动中不同主体实现了有效关联，使一般意义的环境权益实践演变为现象级的环境维权景观。在互联网技术的迅猛发展与作为结构秩序的网络社会生态的加持下，一种全新的环境维权参与模式成为新时期中国环境治理的变革性力量。

### 一、"星星之火"：环境维权与早期网络动员实践（2000—2007）

互联网技术在中国环境维权行动的应用始于20世纪90年代末。以"绿色北京"为代表，是最早诞生于互联网的环保组织（1998），其借助网络环保宣传与线下志愿活动相结合的方式，积极开展绿色文化推广和对环境弱势群体的帮扶。同一时期，以环境权益实践为主的互联网门户网站也逐渐兴起。环保网、"东方环境"网等融合了环境问题留言与反馈、环境政务沟通、环保产业服务等多重功能板块，力图发挥社会效益和经济效益并重的内在价值。进入21世纪以来，互联网技术的发展逐渐开始打破Web1.0时代信息传播的"单向度"特征，基于"共享性"和"社会化"技术逻辑的Web2.0时代，为人们通过互联网表达诉求和参与政治实践提供了

---

① Tai Zixue. The Internet in China：Cyberspace and Civil Society [M]. New York：Routledge，2006：205.

② 曼纽尔·卡斯特. 网络社会的崛起 [M]. 夏铸九，王志弘，等，译. 北京：社会科学文献出版社，2001：444-445.

更便捷的方式。① 日渐成熟的"社会交往"技术进一步拓宽了环境维权的行动场域和实践边界，与此同时，与上述网络技术更迭相呼应的制度化变革也在深入影响着公众环境表达与参与的结构化转型，并构成了这一时期典型环境维权事件借以生发的逻辑动因。

首先，互联网技术的动员逻辑与环境维权行动的新空间拓展。一方面，新时期以电子公告板、在线论坛、贴吧为主导的互联网平台所创造的"新的社会融合、群体景观和社会联系"②，打破了传统社会基于地域、职业、身份和地位的社会分工，它为环境保护行动中的资源整合和情感认同的实现提供了技术支持。尤其互联网具有的话语权再分配与社会再结构化的增益潜质，极大延展了不同社会主体间关系联结和权利实现的可能空间，并缔造着一种新的社会动员模式。该过程往往会促进网络信息的传播、情绪的渲染、评价的趋同和共同意志的形成。③ 这种基于利益诉求、情感观照和价值共鸣的网络环境维权在维权主体的信息共享和权益实现的认同层面，具有环境信访式维权、环境诉讼和群体性环境抗争不可逾越的优势。而另一方面，互联网技术的飞速发展也推动着传统媒体环境报道的转变，传统媒体在坚持环境舆论监督和环保话语宣传的同时，开始积极回应网络空间中的多元环境权益诉求，并试图实现主流媒体的舆论引导与网络公共表达间的有机统一。传统媒体的环境动员在互联网技术逻辑中面临着新的挑战和被解构的风险。与媒体环境监督、环保组织参与、群众信访、环境诉讼等传统环境维权相比，互联网技术的动员逻辑对中国环境维权实践的结构化转型产生了深远影响，基于互联网的社会动员模式逐渐内化为新时期环境维权实践的行动隐喻。

其次，关于环境权益和公众参与的政策规范为环境维权的网络动员实践提供了基本依据。环境维权实践本质上是一种环境利益关系网中的博弈与共生，即以环境权益实现为中心的多元主体间的冲突、协商与合作，尤其在互

---

① 周葆华. 突发公共事件中的媒体接触、公众参与与政治效能——以"厦门 PX 事件"为例的经验研究 [M]. 开放时代，2011 (5)：123 - 140.

② 孙卫华. 网络与网络公民文化——基于批判与建构的视角 [M]. 北京：中国社会科学出版社，2013：220.

③ 徐祖迎. 网络动员及其管理 [D]. 天津：南开大学，2013.

联网空间，表达与参与的技术性赋权使多元主体间的关系联结更加复杂多变。因此，如何保障网络表达参与的制度性规范成为当务之急。这一时期，为了保障环境权益表达和中国环境治理参与的有序开展，中央陆续推出了《中华人民共和国环境影响评价法》《环境信息公开办法（试行）》等环境法律法规，既强化了环境权益实践的程序性规范，又满足了互联网公共表达和信息共享的基本需求。尤其 2007 年公众环境评价参与暂行办法和《环境信息公开办法（试行）》以公众环境参与实践的合法性、必要性和可行性为基本标准，从公众环境座谈会、论证会和听证会等制度实践形式出发保证了公众环境参与程序和环境权实现的最终抵达。这一时期环境权益的结构化转型一方面维护了环境程序参与的正义制度，并肯定了公众参与的社会意义；另一方面，也为互联网技术场域下的环境表达和社会参与构建了合法性的话语秩序。

2000—2007 年"交互版"网络动员逻辑的升维、网络普及率的不断提高以及中国环境参与制度的转型，使得诸多个体性、区域性的环境维权事件转变成了民众普遍关注的社会焦点，网络在环境权益表达和民意诉求实现方面发挥的作用更是得到了极大彰显。尤其以 2003 年中国网络媒体发展史上的分水岭①为标志，中国进入了公民维权时代。而具体到环境维权的行动层面：这一时期浙江东阳 H 镇工业污染事件（2005）、山东 R 市反核事件（2006）、厦门抗建 PX 事件（2007）等一系列典型环境维权事件的生发预示着中国环境维权实践的网络动员转向。2005 年浙江东阳 H 镇因工业污染问题造成的环境群体性事件和 2006 年的反山东乳山核电站建设事件在一定程度上都引发了网络舆论的关注，部分环境维权行动者也借助舆论声势表达对上述环境议题的建议。在乳山反核电站事件中，维权者通过线下"签名抗议"和借助"大海环保公社"网站的签名公示②、网络留言质疑等途径表达利益诉求，其核心聚焦于"万一核电厂出事怎么办？他们主要认为核电厂不

---

① 彭兰. 中国网络媒体的第一个十年［M］. 北京：清华大学出版社，2005：122.

② 郑燕峰. 乳山核电项目利益博弈［N/OL］. 中国青年报，2007 - 12 - 12. http：//zqb. cy-ol. com/content/2007 - 12/12/content _ 1991916. htm.

能和环境友好相融"①。上述环境维权的网络动员形式尽管没有形成大范围的网络资源整合，却推动着环境影响评估朝真实性、有效性和参与性方向转变。

这一时期，依托互联网的技术赋权和参与制度的转型，中国环境维权实践的结构关系正在发生改变。具体体现在：第一，公众逐渐成为中国环境维权行动的深度参与者，厦门反 PX 维权中的公众参与最具代表性。因此，2007 年中国环境文化促进会报告指出，中国的环境和社会关系正在从"冷漠和无知"演变为"维权和参与"。② 第二，互联网作为公共表达和"居间沟通"的中介不仅释放了公众环境参与的动能，同时也实现了多元主体的有效联动，环保参与、媒体监督和政府沟通被整合进环境维权的网络动员实践中。厦门 PX 事件中网民表达、名人博客、媒体监督、环保组织以及政府回应构成了环境维权动员的社会资源。③ 第三，环境维权的网络动员逐渐开始打破传统环境维权实践的结构逻辑，公开透明、良性互动的环境维权交流机制初步形成。

## 二、"众声喧哗"：网络环境维权的多元表达（2008—2012）

2008 年年底，中国网民数量达到 2.98 亿，互联网普及率达到 22.6%。在 2008 年 6 月中国互联网用户数量超过美国并成为世界第一后，中国的互联网普及率再次跃升，赶上并超过了全球平均水平（21.9%）。④ 网络技术的日益普及也提升了公民社会交往和社会参与的价值观念：根据 2008—2009 年中国新网民行为调查报告显示，网民对社会参与，尤其互联网意见表达和对社会事件关注的总体认同度高达 41.9% 和 76.9%。⑤ 此后，"基于

---

① 郑燕峰. 乳山核电项目利益博弈［N/OL］. 中国青年报，2007 - 12 - 12. http：//zqb. cyol. com/content/2007 - 12/12/content _ 1991916. htm.

② 章轲. 2007：公众环境意识"觉醒年"［N］. 第一财经日报，2008 - 02 - 01（A09）.

③ 邱鸿峰. 环境风险的社会放大与政府传播：再认识厦门 PX 事件［J］. 新闻与传播研究，2013（8）：105 - 117.

④ 中国互联网络信息中心. 第 23 次中国互联网络发展状况调查统计报告［R/OL］. 2009 - 01 - 22. https：//www. cnnic. net. cn/n4/2022/0401/c88-800. html.

⑤ 中国互联网络信息中心. 第 23 次中国互联网络发展状况调查统计报告［R/OL］. 2009 - 01 - 22. https：//www. cnnic. net. cn/n4/2022/0401/c88-800. html.

互联网的、建立在 Web2.0 思想与技术基础上的、并允许用户生成内容"①
的社会化媒体应用程序开始走向成熟，2009 年新浪微博的推出成为社会化
媒体应用的典型，其特征体现在"信息采集点的大大增加、信息制作门槛的
降低、信息发布的即时性更高、信息的模糊化呈现以及改变了原有的单向的
垄断的信息传播结构"②。显然，这一时期互联网技术的发展一方面强化了
传播技术"中介化的类交往"③ 功能，即"允许公民同身体上缺场的行为主
体和社会过程建立某种程度的连接，通过这种连接，他们的体验和行为选择
被重新结构化"④；另一方面，也正在实践其作为"新的治理工具"⑤ 的技术
去蔽过程。而环境维权的网络动员实践也借助技术转型的东风呈现出"燎原
之势"。

### （一）互联网应用的普及与典型环境维权事件的频发

社会化媒体应用的逐渐"下沉"，日益扩大的网民参与基数使得网民随
时随地的网络化生存逐渐成为可能，并重新结构着公民生存发展的社会形
态。这也成为该时期社会集体行动产生的技术性背景因素。以 2008 年为例，
北京奥运会、5·12 汶川地震、华南虎事件、三鹿奶粉事件、拉萨 3·14 事
件、贵州瓮安事件、上海磁悬浮事件等一系列典型议题的发生发展无一不凸
显着网络媒体和网络社会化实践的强大影响力。因此，一项研究称：2008
年，网络媒体在许多社会性议题的影响力已超过传统媒体，成为议题扩散的
主导力量。网络媒体的发展已上升到一个新阶段。这也预示着互联网正在成
为中国社会转型实践的先导。具体到环境维权行动中，这一时期由于中国社
会转型期和公民表达参与的开放性使涉及环境维权实践呈现井喷式增长。一
方面是传统环境信访维权的持续攀升，根据有关统计数据显示，从 2008 年

---

① Kaplan，AM.，Haenlein，M. *User of the world，unite*！*The challenges and opportunities of social media* [J]. Business Horizons，2010，1：59 - 68.

② 曹峰，李海明，彭宗超. 社会媒体的政治力量——集体行动理论的视角 [J]. 经济社会体制比较，2012（6）：152 - 153.

③ Thompson，John B. *Ideology and Modern Culture：Critical Theory in the Era of Mass Communication* [M]. Cambridge：Polity，1990：228.

④ 胡泳. 众声喧哗：网络时代的个人表达与公共讨论 [M]. 桂林：广西师范大学出版社，2008：76.

⑤ 如何做一个网络时代的好公民 [N]. 南方都市报，2008 - 03 - 28（特 A24）.

开始中国整体的信访维权数量以每年 10％的速度递减，环境信访数量却以每年 29％①的比率高速增长；另一方面，规模型的、引发广泛舆论关注的典型环境维权事件集中爆发，南京大学"中国社会抗议数据库"显示仅 2008—2013 年间中国爆发的典型环境维权事件达 88 起之多，是 2008 年以前的 4 倍。其中以北京市民抗议 G 垃圾焚烧厂事件（2008）、广州番禺垃圾焚烧事件（2009）、上海 J 垃圾焚烧事件（2009）、广东 D 市垃圾焚烧事件（2010）、大连反 PX 项目（2011）、宁波反 PX 项目（2012）、什邡事件（2012）、广州 H 反垃圾焚烧事件（2013）、云南昆明抵制千万吨炼油项目事件（2013）等为典型代表。上述环境维权事件的生发大多围绕环境项目运行的在地化风险为讨论中心，并借助互联网空间强化个体的利益诉求、"作为我们"的集体认同，最终影响环境政策实践和社会治理方向。因此，有研究者也将网络媒体视为环境维权引发政策议程设置的必要条件。②

**（二）参与的激增：环境维权网络动员的实践特征**

在上述典型环境维权行动中，借助互联网及其社会化应用平台展开的利益表达、讨论及行动参与异常火爆。其中有环境权益受损者——公民群体——的利益诉求表达、对环境政策实践风险的讨论以及企业环保项目的监督。有研究者将环境权益的受损群体归入弱势群体。在互联网实践中，环境"弱势群体"的参与表达天然被赋予了正义性和合法性特征③，易获得道义情感的增援。例如，2011 年长江大学师生反钢铁厂污染事件中依托"下跪"这一表征权利弱者进行利益抗争的方式引爆了网络舆论空间，其中网民褒贬不一，既有对权益受损主体维权行为方式的同情，也有对该举动的批判与质疑，更有对公权力主体的反思。

1. 同情与尊重的声音

胡玲（网友）：如果不是因为这一跪，会有人关注这件事吗？钢铁厂会

---

① 樊良树. 环境维权：中国社会管理的新兴挑战及展望 [J]. 国家行政学院报，2013（6）：69－73.

② 杨立华，李志刚，朱利平. 环境抗争引发政策议程设置：组合路径、模式归纳与耦合机制——基于 36 起案例的模糊集定性比较分析 [J]. 南京社会科学，2021（6）：86－96.

③ 曹洵，崔璨. 中国网络抗争性话语研究的学术图景（2005—2015）[J]. 国际新闻界，2017（1）：120.

停产吗？教授们能够为环保不惜放下自己的尊严，应该被尊重！①

2. 批判与质疑

@兔子华华：教授下跪其实策划得不错，大大刺激了公众神经……②

3. 公权力的反思

空空如也（网友）：在维权难的现实背景下，出现种种"悖论"现象，启示着我们的领导干部在提高管理能力的同时更要改变执政观念。③

而在公民环境维权的网络动员实践中，传统媒体也扮演着重要角色。尤其在涉及环境维权的舆论引导、环境污染危害性的科普宣传等方面不可或缺。上述一系列反 PX 项目的环境维权行动中，关于 PX 污染的危害程度始终是舆论论争的焦点，这也决定了该项目的未来发展和民众对于风险的基本感知。传统媒体在报道该议题时一方面力图还原 PX 维权行动的整体因果逻辑，并及时披露信息消解公众情绪；另一方面，则希冀于通过 PX 项目发展的科普性报道，构建公众科学、理性的认知范式。但在具体实践中，传统媒体信息发布大多滞后于网络表达，两者在舆论共振中存在明显的节奏错置和信息对冲。

此外，政府回应也成为环境动员实践中的关键环节，其决定着公民权益维护和环境治理实践的基本路径。这一时期的政府回应主要体现在"为了推动项目的实施，政府主动开展社会稳定风险评估，响应群众需求，组织各方动员，引导群众接受项目"④。如 2009 年广州番禺反建垃圾焚烧厂事件中政府一方面通过新闻发布会或座谈会与公众代表进行沟通，并组织多名人大代表外出考察体验。另一方面，当反建维权行动在网络空间展开，最终形成上万人规模的环境信访阵容时，当地政府积极回应：在这个关键时刻，政府将征求公众、媒体和专家的意见，听取各方意见，借鉴国内外垃圾处理的成功经验，邀请专家设计适合番禺的无害化处理方法，为番禺生活垃圾找到科学

① 佚名. 教授下跪维权，值不值？[N]. 长江晚报，2011 - 11 - 14（A11）.
② V 话题：教授"跪求"政府取缔小钢厂[N]. 晋江经济报，2011 - 11 - 05（3）.
③ 佚名. 教授下跪维权，值不值？[N]. 长江晚报，2011 - 11 - 14（A11）.
④ 杨立华，李志刚，朱利平. 环境抗争引发政策议程设置：组合路径、模式归纳与耦合机制——基于 36 起案例的模糊集定性比较分析[J]. 南京社会科学，2021（6）：86 - 96.

合理的出路。并表示："以前我们说过，项目环评不通过，绝不动工，现在再加一句，绝大多数群众反映强烈，也绝不动工。"① 但如果政府回应不当便陷于环境维权治理的发展"悖论"②，给地方政府带来治理危机，对公众而言也付出了极大的行动成本。③

通过对 2008—2012 年间环境维权的社会语境和典型案例的整体性考察发现，这一时期互联网空间中环境维权主体间的相互交织构成了纷繁复杂的动员网络，并塑造着中国环境保护和环境治理优化的实践方向。但维权动员中公共表达的异化也使潜在的社会风险逐渐显露，构成了环境维权冲突爆发的常态化因子，影响社会秩序运行和社会治理进程的良性建构。

## 三、"一体多元"：环境维权动员的实践转向（2013—2020）

通过慧科搜索、新浪微博、百度指数等平台，作者获取了这一时期相对全面的环境维权典型事件样本。从宏观样本数量的变化可以发现：一方面，这一时期因环境污染、环境项目建设引发的环境维权动员实践仍备受网络舆论关注，尤其 2013 年的广州 H 市反垃圾焚烧、云南 K 市抵制千万吨炼油项目以及 2014 年的广东茂名抗建 PX 项目、杭州 Y 区反垃圾焚烧等环境维权事件经过网络空间的动员发酵和议题渲染最终导致了大规模群众参与和群体性冲突；而另一方面，带有抗争性和冲突性的环境维权动员事件整体呈现递减趋势，从 2015 年起规模性的环境维权事件逐渐由此前高发期的每年 10 起左右降至每年 2 起左右，因极端化维权所引发的群体性冲突也有所减少。其中既体现了中国环境治理的卓有成效，又体现了网络空间的规范化表达以及公众环境意识的逐渐提高。与此同时，政务新媒体的崛起也促成了政府环境问政的实践转型，党和政府在网络环境动员中的角色扮演开始从被动回应向主动引导、规范和协商转变。2015 年实施的《环境保护公众参与办法》体现了新时期我国环境行政管理的实践理念：在坚持通过行政强制手段履行环

---

① 李立志，赖伟行. 广东番禺将就垃圾处理问题开展半年全民大讨论 [EB/OL]. [2021 - 08 - 31]. http://news.sohu.com/20091124/n268411104.shtml.
② 张海波，童星. 社会管理创新与信访制度改革 [J]. 天津社会科学，2012 (3)：58 - 63.
③ 王华薇. 环境维权升级下的地方政府治理困境与改善 [J]. 理论探讨，2018 (6)：174 - 179.

境监督职能的同时，要注意运用行政引导手段，加强与公众的互动与沟通，顺利实现环境监督的目标。①

尽管这一时期国家已经开始着手构建制度、法治和理念层面的生态文明发展体系，在一定程度上也扭转了此前环境问题所带来的诸多社会风险，但要想从根本上解决工业化和城市化所沉积的环境风险问题并非一蹴而就。环境维权行动，尤其环境维权的非制度化实践或将在相当一段时间内成为社会风险实践的重要表征。"环境制度供给不足""现实环境司法与行政影响力不够"②"公民的风险感知与环境正义诉求"等都将导致公众环境维权的非制度化实践。网络空间在非制度化实践中仍发挥着强大的催化作用。③上海抗议某电厂、广东茂名反PX项目、上海J区反PX项目、广东Z市反垃圾焚烧项目、广东Q市反建筑垃圾焚烧项目、辽宁反建氧化铝项目等环境维权事件也印证了这一时期环境维权动员中非制度性实践与程序协商的融合与摩擦。其中广东茂名抗建PX事件作为典型个案更诠释了网络资源动员与生态治理的逻辑转向：一方面广东茂名事件中的网络动员延续了此前厦门PX环境维权的动员模式，并借助环境权益实践的正义诉求和道德情感（动员话语中的"天理"道义），进行资源动员和信息扩散，以实现广泛的民意聚合和网络抗争。据社会舆情监测预警系统（X-GOT）统计，2014年3月29日至4月24日，与广东茂名PX事件有关的新闻文章9 558篇（含新闻网站转载）、论坛帖子43 150篇、博客文章7 622篇和微博主帖826 844篇（不包括其他博客评论和互动讨论）④；另一方面，广东茂名反PX维权实践中政府治理也发生了鲜明转向：在反PX项目维权行动爆发前，当地政府为了破解"PX项目一建就反"的魔咒做了大量前期工作：PX项目的网络知识普及与

---

① 中华人民共和国环境保护部令第35号.环境保护公众参与办法［EB/OL］. http：//iffga6ae4bfbcde7b499cso9f0kqbwbbxx60ow. ffhi. libproxy. ruc. edu. cn/chl/3099ac3ce4583c59bdfb. html? keyword＝％E3％80％8A％E7％8E％AF％E5％A2％83％E4％BF％9D％E6％8A％A4％E5％85％AC％E4％BC％97％E5％8F％82％E4％B8％8E％E5％8A％9E％E6％B3％95％E3％80％8B.

② 徐伟.民众环境维权意识高涨但实际行动有限［N］.法制日报，2013－01－25（4）.

③ 毛春梅，蔡阿婷.邻避运动中的风险感知、利益结构分布与嵌入式治理［J］.治理研究，2020，36（2）：81－89.

④ 源清智库.广东茂名PX事件舆情分析［J］.经济导刊，2014（6）：37－42.

媒体宣传、组织群众现场体验以及动员签订"PX项目同意书";反PX冲突性事件爆发后,政府相关部门则试图以权益补偿方案进行协商化解。地方政府的上述举措实则是环境治理实践在地化应用的一种体现,但在具体操作中仍存在着指令性动员以及信息沟通不畅等问题。

通过考察2013—2022年间环境维权动员实践的典型案例以及这一时期宏观社会语境的转变发现,这一时期环境维权网络动员实践呈现制度性规范与非制度性表达之间互动式前进,即冲突性和情感化的动员秩序逐渐被纳入以公权力主导、多元主体协同参与的现代化治理格局中来。尽管非制度性实践中的诸多风险性因素难以在短时间的环境治理实践中被消解,但制度性规范的介入或将逐渐重塑环境维权的话语模式,即遵循秩序、呼吁理性、寻求正义。

中国的环境风险问题不单单是当下性的社会问题,更是一种历史问题的沉积与回应,环境维权的网络动员实践亦然。通过对环境维权实践的历史性回溯和当下性探讨可以发现以下问题:

1. 环境维权实践在中国经历了从政治性母题的群众运动和国家层面的意识形态建构,到作为个体权益诉求的实现路径再到转型社会多元主体关系互动的重要实现维度。尤其依托互联网技术,环境维权行动所潜闭的诸多社会结构问题被极大释放,其已经成为考量当前社会发展的关键性议题。

2. 环境维权行动的本质没有发生改变。无论是早期环境权益实践的群众运动,还是改革开放后个体/群体环境信访、媒体监督以及环保公益性实践等,或是进入21世纪以互联网为中介和资源的环境维权动员,环境维权始终以维护环境权益、参与环境保护与社会治理为最终目标。

3. 环境维权行动的非制度性特征。环境维权动员始终与非程序性的行动路径相伴相生,并成为社会风险频发的诱因。有学者评价,新时期的环境权益保护已成为继非法征地拆迁和劳动争议之后的第三大群体性事件。[①] 而高情感和非理性等非制度性实践所伴生的行动特征,也成为困扰社会治理良性建构的"魔咒"。其中作为博弈工具的互联网,则见证了原本需要依据制

---

① 周强. 环境维权如何化解"邻避效应"? [N]. 新华每日电讯,2013-05-07(5).

度程序解决的问题，却不得不经过一场场非制度性实践的"网络动员"或者"互联网声讨"才能"定分止争"。①

4. 环境维权行动的未来。互联网技术的"智能化、平台化、参与化和全民化"发展趋势，为中国构建多元主体协同参与的环境维权体系提供了现实条件和技术保障，这或许会成为未来中国环境治理以及消解环境维权行动异化风险的重要路径。

---

① 熊培云. 如何做一个网络时代的好公民 [N]. 南方都市报，2008 - 03 - 28（特 A24）.

# 第三章 中国环境维权网络动员的 主体及话语表征

通过对中国环境维权实践的历时性梳理，尤其对 2000 年以来伴随互联网发展的环境维权"活跃期"的全景式考察，可以清晰地发现，环境权益实践并非单一主体的权益维护，而是多元主体话语互动、利益协商的行动过程。关于环境权益实践中的多元主体，曾任中华人民共和国生态环境部副部长的潘岳指出，"环境保护执法、舆论监督和公众参与一直是推动环境保护的三大支柱"[①]。这一论述大体指涉了作为国家公权力的推动、传媒实践以及公民行动参与，但环境动员主体若套用上述逻辑标准不免将陷入具体研究中角色泛化和行为边界模糊的沉疴。因此，本书为了研究的进一步深入，在环境权益实践纵向发展的历史与现实基础上，将环境维权网络动员主体的基本构成进行了再细分，具体包括：第一，环境权益相对受损的公众。这里需要解释的是，有学者曾将环境维权的主体界定为一种底层的利益抗争，但随着环境风险实践的全球化趋势，底层这一概念已经难以完全涵盖维权行动的群体边界。因此，作者试图借鉴陆学艺提出的利益分层[②]的概念范畴进行框定。第二，维权行动参与的社会中层，体现在环保组织、环境领域内的专家学者、网络大 V 为主的意见领袖等。第三，基于大众媒体实践的环境报道、环境法宣传、环境知识科普以及环境舆论引导。第四，权力主体的环境权益实践，主要以各级党委和政府为主导的环境法制定、环境政策实施以及环境

---

① 国家环保总局立即将对厦门市全区域进行规划环评 [N/OL]. [2007 - 06 - 07]. https://www.chinanews.com/gn/news/2007/06 - 07/952509. shtml.

② 陆学艺. 当代中国社会阶层研究报告 [M]. 北京：社会科学文献出版社，2002：4.

权益监督。上述主体划分可以囊括环境维权动员实践中的多方利益代表。这一划分逻辑隐喻着不同主体间行动特征与利益指向的差异性。因此，要想真正实现多元环境主体间利益共识和社会治理效果的有效抵达，则需要重视权益动员实践的主体间性，即"找寻"多元主体间利益协商的中间地带，构建环境权益表达的共通意义空间。

在环境维权网络动员实践中，共通意义空间的形成过程本质上是环境话语建构基础上的社会交往与意义竞争过程，并最终影响环境权益的有效协商与环境治理的现代化转向。话语作为涵盖意义、符号和修辞的庞大理论范畴，"建构了意义与关系，从而帮助人们界定常识和合理认识"①，使现状不断合法化②，进而实现福柯所阐释的知识表征和权力意指的深层内涵。话语所具备的建构意义空间与认知模式的理论潜质为解释环境维权动员主体的意义实践与行为过程提供了重要的依据。为了深层次理解不同主体话语实践的同质性与异质性特征，消弭环境维权异化所造成的社会风险因子，本章试图对环境维权行动个案进行话语解构与批判性分析。在宏观考察基础上，作者选择 2000—2022 年间环境维权典型案例作为研究对象。从应然层面来看，环境维权案例选择主要依据社会影响力和社会参与度两个标准；而考虑实然层面受事件发生时间和文本检索实现程度的制约，需要对难以检索的数据案例进行剔除，最终保证文本的有效性和研究的可操作性。

首先，作者以"环境维权""环境抗争""环境保护"为关键词，借助百度指数、新浪微博等平台进行检索，同时以南京大学中国大陆环境抗争案例库（1970—2014）和中国互联网舆情分析报告中的网络热点事件（2007—2021）作为参照，初次筛选出环境维权案例 157 个。其次，将初筛的维权案例借助慧科搜索进行二次复筛和对比，以获取具有可操作性的分析样本，最终整理出 44 个典型环境维权个案。因 2000—2004 年的几起典型环境维权事

---

① 约翰·德赖泽克. 地球政治学：环境话语 [M]. 蔺雪春，郭晨星，译. 济南：山东大学出版社，2012：8.

② 刘涛. 环境传播的九大研究领域（1938—2007）：话语、权力与政治的解读视角 [J]. 新闻大学，2009（4）：97-104.

件，如 2002 年山西临汾企业污染引发群众抗议事件、2003 年云南怒江水电站事件、2003 年广西岑溪市抗议造纸厂污染事件、2004 年四川汉源瀑布沟水电站事件等，无法在慧科数据库检索到相关有效文本，所以未将其纳入本研究的分析范畴。与此同时，2020 年、2021 年、2022 年近三年内也未检索到经网络空间发酵的典型环境维权案例。因此，案例文本截止到 2019 年的李思侠举报陕西 S 县石料厂污染事件（见表 3 - 1）。

表 3 - 1  2005—2019 年中国典型环境维权案例汇总

| 编号 | 案例名称 | 编号 | 案例名称 |
|------|---------|------|---------|
| 1 | 2005 年浙江东阳 H 镇污染事件 | 23 | 2012 年四川什邡抗建某钼铜项目事件 |
| 2 | 2006 年山东乳山反核事件 | 24 | 2012 年天津滨海新区反 PC 项目事件 |
| 3 | 2007 年北京六里屯垃圾焚烧事件 | 25 | 2012 年镇江水污染事件 |
| 4 | 2007 年厦门反 PX 项目事件 | 26 | 2013 年广州 H 市反垃圾焚烧事件 |
| 5 | 2008 年北京反高安屯垃圾焚烧事件 | 27 | 2013 年黄浦江死猪事件 |
| 6 | 2008 年云南 L 市环保纠纷事件 | 28 | 2013 年上海抗议某电厂事件 |
| 7 | 2008 年四川彭州石化事件 | 29 | 2013 年云南昆明抵制千万吨炼油项目事件 |
| 8 | 2008 年上海磁悬浮事件 | 30 | 2014 年广东茂名抗建 PX 项目事件 |
| 9 | 2008 年深圳 N 市垃圾焚烧事件 | 31 | 2014 年杭州余杭区反 Z 垃圾焚烧事件 |
| 10 | 2009 年广州番禺垃圾焚烧事件 | 32 | 2014 年广东博罗反垃圾焚烧事件 |
| 11 | 2009 年浏阳镉污染事件 | 33 | 2015 年上海金山区抗建 PX 项目事件 |
| 12 | 2009 年陕西 F 市血铅事件 | 34 | 2015 年广东抗建某火电厂项目事件 |
| 13 | 2009 年上海垃圾焚烧事件 | 35 | 2016 年广东肇庆反垃圾焚烧事件 |
| 14 | 2009 年吴江垃圾焚烧事件 | 36 | 2016 年广西南宁抗建高铁改线事件 |
| 15 | 2010 年广东 D 市垃圾焚烧事件 | 37 | 2016 年湖北仙桃反垃圾焚烧事件 |
| 16 | 2010 年广州垃圾焚烧事件 | 38 | 2016 年浙江海盐反垃圾焚烧事件 |
| 17 | 2011 年安徽望江反核电站事件 | 39 | 2017 年广东清远抗建垃圾焚烧事件 |
| 18 | 2011 年大连抗建 PX 项目事件 | 40 | 2017 年云南怒江垃圾污染事件 |
| 19 | 2011 年长江大学师生反钢厂污染事件 | 41 | 2018 年江西九江抗建垃圾焚烧厂事件 |
| 20 | 2011 年浙江海宁某能源公司污染事件 | 42 | 2018 年辽宁反对建设氧化铝项目事件 |
| 21 | 2012 年京沈高铁邻避事件 | 43 | 2019 年武汉阳逻抗建垃圾焚烧厂事件 |
| 22 | 2012 年浙江宁波反 PX 事件 | 44 | 2019 年李思侠举报陕西 S 县石料厂事件 |

与此前学者们采用的个案深度阐释①、模糊集定性分析②等研究方法不同，本章节试图在细读所搜集到的文本基础上，对不同环境动员主体进行话语深描，在此基础上勾勒中国环境维权网络动员的典型特征，揭示基于假设、判断、争论③的环境话语模式，从而搭建多元主体意义共享的有效区间。话语既是一种认识论，又是一种权力表征。正如社会学家布迪厄在《语言意味着什么：语言交换的经济》一书中指出的那样，语言不仅是一种表达工具，也是一种文化和象征力量。一个社会阶层通过对修辞或符号的占有、控制和不断创新，不断增强其话语权。④ 因此，本章在借助话语的认识论基础上，尝试对背后意指化的知识权力层面进行一定的批判性分析，以突出社会背景影响环境话语产生和维持的方式。⑤

# 第一节　环境维权网络动员的主体分析

## 一、环境权益相对受损的公众

根据现有文献研究来看，公众环境维权实践蕴含着社会层化的内在特征。社会学者李强在其《当代中国社会分层》中认为"当社会资源极为有限

---

① 张虎彪. 环境维权的合法性困境及其超越——以厦门 PX 事件为例 [J]. 兰州学刊，2010 (9)：115 - 118；俞雪霞. 公民维权抗争研究——以大连 PX 事件为案例 [J]. 重庆科技学院学报 (社会科学版)，2012 (10)：45 - 47；沙勇忠，曾小芳. 基于扎根理论的环境维权类群体性事件演化过程分析——以厦门 PX 事件为例 [J]. 兰州大学学报 (社会科学版)，2013 (4)：94 - 101；沈承诚. 环境维权的二元形态差异：生活的政治与对话的政治——基于癌症村和厦门 PX 项目的案例 [J]. 江苏社会科学，2017 (6)：143 - 151. 相关研究文献还有很多，在此不一一列举。

② 樊攀，郎劲松. 媒介化视域下环境维权事件的传播机理研究——基于 2007 年—2016 年的环境维权事件的定性比较分析 (QCA) [J]. 国际新闻界，2019 (11)：115 - 126；杨立华，李志刚，朱利平. 环境抗争引发政策议程设置：组合路径、模式归纳与耦合机制——基于 36 起案例的模糊集定性比较分析 [J]. 南京社会科学，2021 (6)：86 - 93.

③ 约翰·德赖泽克. 地球政治学：环境话语 [M]. 蔺雪春，郭晨星，译. 济南：山东大学出版社，2012：8.

④ 刘涛. 环境传播的九大研究领域 (1938—2007)：话语、权力与政治的解读视角 [J]. 新闻大学，2009 (4)：97 - 104.

⑤ 保罗·罗宾斯，约翰·欣茨，萨拉·A. 摩尔. 环境与社会：批判性导论 [M]. 居方，译. 南京：江苏人民出版社，2020：173.

时，社会各群体之间的关系就比较紧张，这往往导致不平等程度的提高"①。依据社会分层的逻辑架构，李强将利益群体分为四类：特殊受益人、普通受益人、相对受损利益群体和社会底层。环境维权实践中的公众基本上可以归入后两类利益群体。这一划分标准与国外经典环境话语、环境正义理论的研究侧重基本一致，同时反映了当前社会层面对公众环境权益实践的固有认知模式。基于上述利益身份的边界设定，公众在环境维权实践中天然地充当弱势一方，这使其在多元主体的利益竞合中往往占据舆论制高点。"强—弱"对立的标签化记忆也成为公众道德实践和情感抗争的重要话语标识。

此外，有学者从公众环境参与实践的功能出发进行界定：国外研究将公众环境参与定义为独立个体与群体通过知情权、评论权和诉讼权影响环境决策的能力，并将其视为民主的核心特征："知情权反映了透明度原则，或者政府行为公开接受公民审查的原则；评论权反映了民主决策的直接参与原则；诉讼权则体现了一种问责原则，也就是要求政治权威机构遵守已经协商好的标准和规则"②；国内学者则认为"公众作为政府行政行为的相对人，需要承受政府对于环保工作认识态度与实际行动的直接后果，他们的敏感和参与，能够成为制约政府片面追求经济增长而忽视环境保护的一支重要力量……"③

回溯中国环境维权实践的历史演进，公众从未缺席。从 1972 年中国官方层面的环保运动开始，公众便隐匿于群众路线的泛政治身份之中，成为被官方主导的内嵌于环境政治实践中的整体性存在。高参与和高情感成为这一时期公众环境运动的典型特征。改革开放后，公民主体性的释放、中国现代化转型的加剧以及技术居于主位的互联网时代、大数据时代的到来，使普罗大众"获得前所未有的表达权利、资源和通路，仿佛挺进了柏拉图应许的真理之路和自由之地"④。公众在环境维权实践中的角色也发生鲜明转向，具体体现在政治统合型的环境权益模型被打破，公众环境参与的实践张力得到

① 李强. 当代中国社会分层 [M]. 北京：生活·读书·新知三联书店，2019：117.

② 罗伯特·考克斯. 假如自然不沉默：环境传播与公共领域（第三版）[M]. 纪莉，译. 北京：北京大学出版社，2016：92.

③ 魏文彪. 环保事业进步需要公众参与 [N]. 华夏时报，2007 - 06 - 08.

④ 胡百精. 公共协商与偏好转换：作为国家和社会治理实验的公共传播 [J]. 新闻与传播研究，2020（4）：21 - 38.

了极大释放，有学者评价这一时期基于网络传播和动员的公民环境维权实践：虽然有被动、临时的缺点，却也有随时启动、灵活简省的优势，更为重要的是，这种参与形态适合中国当下的社会环境，具有长期存在的能力和不断生长的潜力。[①] 然而，一如现代性转型过程中的每一个阶段，进步的希望与风险的隐忧并行不悖。伴随中国现代化进程的环境污染逐渐成为继违法征地拆迁、劳资纠纷之后造成群体性事件的第三驾马车。[②] 其中群体性"环境参与"有时极易走向权力实践的对立面，呈现分化与对抗的冲突化特征。在这一行动过程中，地方政府大多将带有抗争色彩的环境维权视作阻碍地方经济发展的绊脚石。公众环境参与同样面临着被异化的风险。此后，随着中共十八大以来现代化治理的推进，公众被纳入构建"共建共治共享"的社会治理格局中来。这一治理模式的转换，一方面将使环境风险分配和环境风险治理突破传统意义上阶层利益的二元对冲，弥合"强—弱"划分所造成的社会性紧张；另一方面公众环境参与的主体性和正当性被重新赋权，或将赋予公众环境维权实践新的社会动能。

无论是社会分层视野中的公众权益分化还是历史语境中的公众身份转换，公众在环境维权行动中始终扮演着关键性角色。对公众环境维权动员实践的深层次考察一方面可以厘清公众环境维权的话语模式及行为特征，用语言和其他符号构建我们的理解框架，形成价值判断，"并将一个更广阔的世界带到更多人的眼前"[③]；另一方面则可以为中国环境治理的政策实践提供依据。

## 二、维权行动参与的社会中层

社会中层在这里主要统摄参与环境维权行动的环保组织、某一领域的专家学者、网络大 V 等占有一定社会资本的个人或组织，不带有精英主义和阶层偏向论的划分取向。与公众环境参与转型的背景相一致，社会中层的维

---

① 佚名. 行动者有希望［N］. 南方都市报，2007－12－20（A2）.
② 周强. 环境维权如何化解"邻避效应"？［N］. 新华每日电讯，2013－05－07（5）.
③ 罗伯特·考克斯. 假如自然不沉默：环境传播与公共领域（第三版）［M］. 纪莉，译. 北京：北京大学出版社，2016：26.

权行动参与也深受中国现代化实践的影响。以环保组织为例，从 20 世纪 80 年代官方主导的环保组织萌芽，到 20 世纪 90 年代以来民间环保组织的日益崛起再到今天环保组织在社会治理实践中的方兴未艾。环保组织在"影响和督促政府重视维护环境权益的重要性；揭露环境污染事件，监督企业依法排污，维护社会和公众的环境权益；推进环境法治建设，为维护公众环境权益提供法律保障"① 等方面实践着自身的行动追求。对健康和社会正义问题的关注往往是环保组织聚集在一起的重要价值目标。② 在当前中国，知识分子、城市中产等主要构成的社会中层成为环境参与的生力军。网络大 V 则因其具备信息资本整合的潜质——尤其吸附的庞大粉丝数量——成为信息扩散与聚合的中心。

兼具知识精英与意见领袖身份的社会中层，在环境维权的网络动员实践中充当着"鼓与呼"的重要角色，并在大多数时候依托专业和理性的组织实践与意见表达发挥降低社会风险、强化社会治理的建设性功能。康豪瑟在《大众社会政治》中也阐释了社会中层在现代社会转型的重要性：它可以提供一个交流和讨论的平台，从而使人们对现实的感知更加真实……以减少人们被动员到同一运动中的可能性。换句话说，发达的中层组织可以减少社会中发生大规模社会运动和革命的可能性。相反，当中产阶级在社会中的参与实践相对薄弱时，极易发生极端民粹主义，导致所谓的"大众社会"中存在许多冲突和分化的风险。③ 鉴于中西方中层实践文化语境的差异，本研究更关注其"对话与协调的功能取向"④。

## 三、作为引导整合者的大众媒体

媒介本体、媒介技术、媒介环境、媒介功能等视角历来是观照大众媒体理论与实践的重要切入点，围绕上述视角展开的相关研究构成了纷繁复杂的

---

① 佚名. 共同推进环境维权 [N]. 贵阳日报，2011 - 07 - 17（B13）.

② 罗伯特·考克斯. 假如自然不沉默：环境传播与公共领域（第三版）[M]. 纪莉，译. 北京：北京大学出版社，2016：32.

③ 赵鼎新. 社会与政治运动讲义 [M]. 北京：社会科学文献出版社，2012：89.

④ 郑素侠. 传媒在弱势群体利益表达中的角色与责任——基于中层组织理论的视角 [J]. 新闻爱好者，2012（24）：1 - 3.

媒介理论地图。其积淀的理论资源延续至今，成为表征媒体与经济、政治、文化等社会结构的关系隐喻。尤其近年来与大众媒体研究密切勾连的议程设置、社会建构、社会表达、舆论监督、社会治理等关键概念更诠释了社会化转型与媒介化实践的如影随形。而在环境维权的实践进程中，大众媒体也与其相伴相生。20 世纪 70 年代伴随环保实践、环境政治运动和城市健康运动的兴起，大众媒体在其中发挥着"鼓风机"的强大政治动员功能，由此奠定了环境宣传的政治底色。改革开放后，大众媒体在环境维权行动中的功能实践发生了鲜明变化：从单一的环境宣传（1972—1978）到信息传播基础上的环境新闻报道、环境宣传、舆论监督与环境科普（1978—2012），再到环境传播的社会治理实践（2012 年至今），大众媒体逐渐由浓厚的工具论向本体论、建构论与建设性①的功能实践转变。因而考察大众媒体在环境维权网络动员中的话语实践正是为了厘清其如何借助媒介文本、符号修辞、隐喻等凸显自身意义特质，以及如何借助话语表征搭建多元主体认同的利益空间。

## 四、作为风险治理者的权力主体

在中国的政治语境中，权力主体一般包括党权、国家公权力和社会公权力三类，党的权力属于执政党的领导权。中国宪法赋予中国共产党对国家权力机关、行政机关、司法机关、大众媒体、军队和合法存在的社会组织的领导权，"各国家机构都必须接受中国共产党的领导，无条件地贯彻和执行党的路线、方针和政策"②；国家公权力是国家组织和管理国家事务、维护公共秩序、保护人民福祉的公共权力③，一般包括立法权、行政权和司法权；

---

① 关于建设性新闻的学理探讨成为近年来新闻理论研究的一大热点，代表性研究有：晏青，凯伦·麦金泰尔. 建设性新闻：一种正在崛起的新闻形式——对凯伦·麦金泰尔的学术访谈 [J]. 编辑之友，2017（8）：5-8；史安斌，王沛楠. 建设性新闻：历史溯源、理念演进与全球实践 [J]. 新闻记者，2019（8）：32-39；蔡雯，凌昱. "建设性新闻"的主要实践特征及社会影响 [J]. 新闻与写作，2020（2）：5-12；漆亚林. 建设性新闻的中国范式——基于中国媒体实践路向的考察 [J]. 编辑之友，2020（3）：12-21；常江，田浩. 建设性新闻生产实践体系：以介入性取代客观性 [J]. 中国出版，2020（8）：8-14.

② 胡伟. 政府过程 [M]. 杭州：浙江人民出版社，1998：100.

③ 杨解君. 全面深化改革背景下的国家公权力监督体系重构 [J]. 武汉大学学报（哲学社会科学版），2017（3）：36-45.

而社会公权力则主要指涉一些社会团体所行使的权力。[①]

在既有的环境维权行动及其相关研究中，国家公权力，尤其政府行政权在应对环境风险与社会治理中发挥着强大的社会效能。政府的权力实践一般被置于环境维权行动的中观效果层面进行观照，主要涉及政府组织之于环境治理实践的结构化探讨[②]，一度成为检验政府公信力的重要指标。但上述研究一般将权力主体实践简化为单一政府层面的"问题—对策"的二元治理模式，而环境维权实践中基于党权层面的生态文明构建与宏观环境政策推行、立法权层面的环境法治建设以及司法权层面环境诉讼与环保监管却往往被遮蔽，或成为动员过程中被"束之高阁"的宣传口号，以"问题—对策"为主导的治理路径将不利于环境治理的良性建构。一方面，这一现象反映了当前环境权益实践以及社会治理中权力主体之间边界模糊、合作不力的问题；另一方面，其暗含了各权力主体在环境维权实践中的话语失衡。因此，本章节试图打破政府"问题—反应"论的单一维权动员模式，拓展以往环境维权研究的权力主体范畴。同时，通过考察各权力主体在维权典型案例中的话语实践，进一步凸显党权与国家公权力实践背后的强大意指内涵。

中国环境维权网络动员中的多元主体各自扮演着不同的角色功能，并影响着我国环境治理及生态文明建构的未来走向。但既有研究中，多元主体的关系连接主要停留在集体逻辑、过程反应等中观模糊的行动框架中，缺乏对各主体行动特征的深层考察。而通过对各主体行为实践的话语深描，或将厘清主体间关系协同、利益联盟与行为抵抗的意义表征，并为构建多元主体意义互动与实践的中间地带提供理论参照。

---

① 鉴于本节第二部分将社会团体纳入社会中层范畴进行考察，在此不就社会公权力进行延展。
② 孙壮珍，史海霞．新媒体时代公众环境抗争及政府应对研究［J］．当代传播，2016（1）：78-81；沈毅，刘俊雅．"韧武器抗争"与"差序政府信任"的解构——以 H 村机场噪声环境抗争为个案［J］．南京农业大学学报（社会科学版），2017（3）：9-20；王华薇．环境维权升级下的地方政府治理困境与改善［J］．理论探讨，2018（6）：174-179；樊良树．环境污染型工程项目建设难点及治理机制——基于三起"反 PX 行动"的分析［J］．国家行政学院学报，2018（6）：171-175；高新宇．"政治过程"视域下邻避运动的发生逻辑及治理策略——基于双案例的比较研究［J］．学海，2019（3）：100-106；张明皓，叶敬忠．权威分化、行政吸纳与基层政府环境治理实践研究［J］．北京社会科学，2020（4）：35-43.

## 第二节　公众环境维权动员的话语建构

公众在环境维权网络动员实践过程中发挥着重要功能。为了深刻诠释公众在维权行动中的话语表征及其意指内涵，本节在对 44 个典型环境维权案例文本的细读过程中，将涉及公众意见表达、情感偏向以及行为特征等方面的内容文本进行抽离，共得到 233 个有效句段，其中句段内容主要来源于大众媒介报道，网站内容，博客、微博、微信等社交媒体文本。在此基础上，本书对关键句段进行主题归纳与概念总结，并结合既有研究中对公众维权实践、行动抗争等的角色界定，最终将公众环境维权网络动员的话语特征划分为悲情叙事、弱者身份、道德正义、知识理性四个概念维度。

### 一、公众环境维权动员的悲情叙事

情感社会学家乔纳森·特纳认为："情感是把人们联系在一起的'黏合剂'，可生成对广义的社会与文化结构的承诺……人类的独特特征之一就是在形成社会纽带和建构复杂社会结构时对情感的依赖。"[1] 情感的社会建构属性突破了心理层面。情感作为个体对客观事物的私人体验，"处于社会生活各个层面的中心，即微观、宏观、个人、组织、政治、经济、文化和宗教"[2]，已成为社会行动的直接驱动力。也正因为情感作为联结中介，我们才能"将自己置于受难者的立场"[3]，对他者的愤怒、苦难、悲情等"感同身受"。

情感所具有的强大实践张力，使得承载情感表达的叙事文本构成了维权动员的重要话语模式。维权者借助悲情叙事塑造人物命运：情感经历与不公平遭遇，"使维权行动本身承携着更多的情感力量"[4]。悲情叙事因此成为环境维权动员得以实现的重要一环。在对上述 44 个经典案例文本的研读过程

---

① 乔纳森·特纳，简·斯戴兹.情感社会学 [M].孙俊才，文军，译.上海：上海人民出版社，2007：1.

② 丹森.情感论 [M].魏中军，孙安迹，译.沈阳：辽宁人民出版社，1989：1.

③ 亚当·斯密.道德情操论 [M].李嘉俊，译.北京：台海出版社，2016：4.

④ 孙卫华，咸玉柱.同情与共意：网络维权行动中的情感化表达与动员 [J].当代传播，2020（3）：93-97.

中，我们发现公众的悲情叙事话语主要呈现以下几个特征：

其一，故事化讲述。故事的目的不仅可以唤起情感，更可以传递力量[1]，讲故事成为情感诉求满足的重要路径。在上述维权案例中，故事化讲述主要包括他者化的故事描述和自主性的故事建构两种，其中主要注重故事细节以凸显维权者的悲情与无奈。2005 年浙江东阳 H 镇老人与化工厂对抗的细节描述："井水有难闻的味道，还有颜色，很难喝，条件好的就买矿泉水，不好的只能继续喝""说着，老王的眼中已经充满了泪水"；2012 年四川什邡事件中的故事化回忆："那时河水清亮，放眼就看得到梭边鱼……到现在，我直逼苍孙，斑鸠河一带沿岸有很多生态居住的广告，可只见泥沙俱下，河蟹、斑鸠和野鸭几乎绝迹"；2019 年李思侠案："年近九十的老母亲每天茶饭不思，孤守老宅，望眼欲穿就盼着女儿回家，眼看着又一年春节将至，不知今年又该怎么过！"几起典型案例中的故事化片段并没有直接"引证"悲情相关的词语，而是基于故事中维权主体的情感动作、情感记忆以及情感纽带来映照公众环境维权动员中的悲情话语。

其二，悲情化的修辞表达。在情感叙事的语句文本中，以"噩耗""哭泣""痛心""怒吼""悲伤""苦难""救救孩子"为主的词语构成了悲情话语表达的基本语簇。此外，悲情化的修辞实践还体现在标点符号的使用特质上，如"！""？"的使用，网民对于"！"的运用尤其热衷。在 2011 年长江大学师生反钢厂污染事件中，网友的一段评论："就是今天！今天！！长江大学！长江大学！数十名教授博士！看清楚了，是数十名！数十名！！博士！！教授！！！……"连续使用了十几个"！"。感叹号的使用本质上具有语气强化的修辞功能[2]，而环境维权文本中重复化使用"！"更加凸显了其强烈的悲情意蕴。

其三，符号化隐喻。隐喻作为概念意指的变体，是客观世界与人的经验与思维相互作用、建立联系的结果。[3] 隐喻的符号认知与文化阐释功能，也

---

① 荀凯东，王紫月. 情感化表达与建设性叙事——央视抗"疫"专题报道《战疫情》的讲故事策略 [J]. 电视研究，2020（4）：25－27.

② 仲伟芸. 句号、叹号的用法和句号、叹号的定义 [J]. 语文建设，1998（7）：41.

③ 张蓓. 试论隐喻的认知力和文化阐释功能 [J]. 外语教学（西安外国语学院学报），1998（2）：14－16.

进一步拓展了情感表达的话语张力。在上述话语文本中，喻体资源"原子弹""保卫家园"等在公众环境维权网络动员的话语实践中被反复征用。"这座剧毒化工厂一旦建成，就相当于在成都放置了一颗原子弹……人民以后的生活将在白血病、畸形儿中度过""剧毒致癌，可致不孕不育、新生儿畸变，一旦泄漏或爆炸，将如原子弹般秒杀一切"等一系列话语表述将相对复杂陌生的环境项目 PX、PC、垃圾焚烧及其负面影响隐喻为公众易于理解的"原子弹爆炸"等词语。这一相对通俗的表述在一定程度上简化了原有的规范科学的知识范畴，而话语表达的夸张性在激发公众恐惧与愤怒的同时，极易造成谣言盛行与情感扭曲。但公众借助"保卫家园""家乡""子孙后代""为子孙造福"等带有文化意指的符号话语也隐喻着其环境维权的朴素情感，一种对美好生存环境及未来发展的希冀。

## 二、公众环境维权动员的"弱者武器"

美国社会学家詹姆斯·斯科特最早提出了"弱者武器"的概念，并用其指涉无权群体的日常抗争策略：拖延、装糊涂、虚假顺从、小偷小摸、诽谤、纵火、故意破坏……它们几乎不需要协调或规划，通常采取个人自助的形式，避免与官员或精英制定的规范直接、象征性的对抗。[①] 有学者结合中国语境下的农民抗争特点，提出了"作为武器的弱者身份"，认为弱者的身份本身就构成了中国农民进行社会抗争时的有力武器，是维权行动的另一种政治机制。[②] 尽管"弱者武器"和"作为武器的弱者身份"等概念的提出主要基于对农民阶层的考察，但随着"弱者"概念外延的扩大，其逐渐延伸至社会结构中处于劣势地位的一类人，包括利益分配中的弱势一方。在中国环境维权的行动语境中，权力主体与维权公众在利益协商与博弈过程中的强弱对比显而易见，因强弱格局所附着的身份优势也使得公众环境维权动员的话语实践呈现出仪式展演（具身抗争）与网络恶搞的典型特征。

一方面，公众在环境维权行动中依托其弱者身份建构了一套以行为象征

---

① 詹姆斯·斯科特. 弱者的武器 [M]. 郑广怀，张敏，何江穗，译. 南京：译林出版社，2011：29.

② 董海军. "作为武器的弱者身份"：农民维权抗争的底层政治 [J]. 社会，2008（4）：34-58.

符号和感觉象征符号为主导的仪式话语体系。①公众行为象征符号的运用。行为象征符号作为仪式活动中的行为表现方式，一般包括规范化和非规范化两种：规范化行为主要倾向于程式化的、结构化的仪式活动；非规范化行为则带有去结构化、无组织性等特征。公众环境维权中的"网络签名""散步""晒太阳"等行为呈现出仪式话语典型的非规范、去结构化特质，是对权力主体表达不满的弱抵抗方式。2007 年的厦门反 PX 事件，象征"公共领域"的"广场"符号与市民"集体散步"的非规范行为在一定程度上构成了对传统程序性权力的解构。②感觉象征符号的运用及其意指功能。感觉象征符号主要指仪式活动中书面语和非书面语的信息传递方式，包括颜色、数字、图案、口语、文字符号等。公众环境维权行动中感觉符号的运用尤为凸显。例如，黑白色的"横幅""头缠白布带"等具有较强的感官冲击力，其色彩隐喻着道德和不道德之间的冲突①。横幅的语言文字符号则以宣示利益诉求和社会价值理念为主，如"抵制垃圾焚烧，保护绿色家园""不要恶臭，更不要癌症""还我世代美好家园"等内容。以身体作为展演载体的环境维权行为也是感官象征符号的重要表征之一，主要体现在：一是以哭诉、下跪等牺牲尊严甚至生命为表现形式②；二是艺术性的身体展演③，穿戴印有环境标语的文化衫、口罩、防毒面具等。作为身体的感觉象征符号拓展了人的知觉判断，更容易引发网民对环境问题的深层关切。

另一方面，网络恶搞的运用也成为建构公众弱者身份的重要话语标识。作为文化抵抗的网络恶搞兴起于 2006 年，"复制""拼贴""挪用"是其惯用的文本策略。④ 网民在环境维权动员过程中也延续了网络恶搞的话语实践模式，主要表现在对经典文本的"拼贴"和"挪用"，如戏谑版《北京欢迎你》：

① 殷融，叶浩生. 道德概念的黑白隐喻表征及其对道德认知的影响 [J]. 心理学报，2014 (9)：1331 - 1346.

② 王金红，黄振辉. 中国弱势群体的悲情抗争及其理论解释——以农民集体下跪事件为重点的实证分析 [J]. 中山大学学报（社会科学版），2012 (1)：152 - 164.

③ 郭小安. 艺术家群体的身体抗争与符号建构：策略及效果 [J]. 新闻与传播评论，2019 (2)：97 - 107.

④ 孙卫华. 网络与网络公民文化——基于批判与建构的视角 [M]. 北京：中国社会科学出版社，2013：95 - 96.

"不管远近都是客人/请不用客气/相约好了在一起/大口呼吸'毒'气/我家对着垃圾电厂/开放每段传奇/为传统的土壤播毒/为你留下病引……"① 恶搞版《红灯记》："临行喝大家一碗酒，浑身是胆雄赳赳。鸠山设宴和我交朋友，千杯万盏会应酬。时令不好，阿苏卫垃圾臭，乡亲们要把门窗关紧喽。……"② 上述文本以"解构"与"反讽"经典文本为载体表达公众强烈的环境权益诉求，与此同时，对作为欠缺"话语权"的维权公众而言，网络恶搞也成为公众对抗权力主体的一种重要文化游击战略，在一定程度上展现了其现实和人文关怀。此外，网络谣言在环境维权行动中也时有发生，成为公众抗争的重要载体。例如，网络空间关于 PX 项目的谣言："PX 具有高度致癌性""PX 毒性高""PX 将渗入土壤并毒害几代人"，以及一系列具有扭曲、反常识和反理性特征的表达提供了与官方话语和科学话语相悖的信息。环境维权动员的网络谣言本质上仍是对公权力主体的信息解构，正如卡普费雷所强调的谣言是对权威的一种返还，并对"权威性消息来源的地位提出异议"③。

作为"弱者武器"的维权仪式展演、网络恶搞以及网络谣言成为公众环境维权抗争及其动员实践的重要话语表征，既反映出环境污染所造成的社会性紧张，又折射出极具中国本土性色彩的社会行动模式。

## 三、公众环境维权动员的朴素正义话语

在社会结构中，正义不仅是维持现有社会关系的价值手段，也是社会发展的价值追求。正义作为社会制度的价值标准成为调停社会结构中利益冲突与失衡的重要尺度。在中国传统文化中，正义也是重要的德性文化，是中国人普遍遵循的"天理"与道义。这种文化逻辑在一定程度上构成了中国社会行动的价值基础，深刻影响着公众环境维权动员的话语实践。④

研究发现，价值叩问、道德捆绑与话语动员、社会主流意识形态话语的

---

① 杨晓红. 垃圾"风暴"背后的利益格局 [N]. 南方都市报，2009 - 11 - 11（A2）.

② 汤涌. 垃圾焚烧项目屡遭抵制 政府民众缺乏对话渠道 [N]. 中国新闻周刊，2010 - 03 - 18.

③ 让-诺埃尔·卡普费雷. 谣言：世界最古老的传媒 [M]. 郑若麟，译. 上海：上海人民出版社，2018：16.

④ 童星. 中国社会治理 [M]. 北京：中国人民大学出版社，2018：97.

征用等构成了公众环境维权动员的朴素正义特征。第一，在环境维权动员过程中，蕴含着中国传统朴素正义的"天理何在""呼唤正义""天地良心""天理道义""伸张正义""浩然正气""环保义士"等词语被公众广泛征用。该类话语文本所表征的正义内涵不同于权力秩序实践中的法治正义，是一种典型的基于道德层面的价值叩问，带有对现存环境秩序及其社会关系处置的不满。例如，针对2019年的李思侠案，公众纷纷在网上发出道德质问："何罪之有？？？？……天理难容！"显然，基于道义层面的环境发问也是公众宣泄不满情感的重要路径，但其非理性的价值取向，或将妨碍社会治理的正向建构。第二，道德捆绑式文本在环境维权的网络动员过程中大受欢迎，成为朴素正义得以流通的一种话语形态。例如，"猴子这个删帖干吗？要有良心啊！""为了我们的子孙后代，在看到这篇帖子后，我希望所有有良知的朋友都能把它转发到所有你能发到的地方！！！""天理何在……希望转发拯救我的家乡""请转发……为了善良的老百姓"等话语将吁请公众转发分享的直接呼告与"良心""善良""为了子孙后代"等道德词语捆绑在一起，形成一种道德捆绑式的环境动员话语。此类文本向公众提示相应的社会道德关注点，并借助道德情感所激发的公众对公共议题的"关切"①和正义召唤以获得广泛的社会支援。②第三，公众环境维权动员中的朴素正义还表现在对社会主流意识形态话语的征用。主流意识形态话语主要以中国特色社会主义核心价值理念为主导，以中华优秀传统文化和人类文明成果为基础所凝练的"标识性话语"③，并成为引领社会价值的文化先导。在公众环境维权的网络动员话语中，"和谐社会""环保至上""安定团结""绿水青山就是金山银山""以人民为中心"等主流意识形态话语成为其权益抗争的标识性话语，如"当下宣传和谐社会、安定团结、环保至上……还我净土，保卫家园，刻不容缓了！加入！加入！加入！一起来维护和创建美好家园！！""保护生态环

---

① 莎伦·R.克劳斯.公民的激情：道德情感与民主商议［M］.谭安奎，译.南京：译林出版社，2015：153.

② 范明献.道德召唤与情绪刺激：道德捆绑式转发呼告微信帖文的话语策略分析［J］.新闻大学，2019（8）：77-90.

③ 何小勇.媒体融合背景下主流意识形态话语权的提升［J］.东岳论丛，2018（8）：39-47.

境，是我国的一项基本国策。每个公民都有监督和举报一切污染、破坏生态环境的违法行为的权利、义务和责任！"主流意识形态话语的征用无疑为公众环境维权动员提供了正当的合法性资源。

公众环境维权动员中的朴素正义话语既折射出中国传统文化中的道义伦理，同时又反映了当前中国主流意识形态的价值取向。朴素正义内含的情感土壤也使其在环境维权中更具社会动员力。因此，在中国式的环境维权实践中，公众更愿意从"道德伦理""社会主义传统和话语体系"的价值观中寻求庇护。[①]

### 四、公众环境维权动员的行动理性话语

在环境维权的网络动员过程中，公众表达一方面呈现出悲情叙事、弱者实践以及朴素正义的话语表征；另一方面也蕴含着行动理性的话语特质，其主要包括知识性表达与建设性参与两个层面。

其一，知识性表达构成了行动理性话语的逻辑起点。根据我国学术界的一般看法，"知识是在实践基础上产生并经过实践检验的认知结果，这种认知结果是客观事物在人脑中固有属性或内在联系的主观反映"[②]。这一定义类似于西方的"知识是有客观基础和充分证据的真实信仰"[③]的观点。二者都强调其客观现实性，即它不同于没有证据支持的个人观点或主观信念，也不同于毫无根据的幻想、猜测、迷信或毫无根据的假设。[④] 公众环境维权动员中的知识性表达主要借助科学话语和政治合法性话语得以实现。科学话语具体体现在依据专业的规范标准和专业知识界定开展话语动员，如关于 PX 的危害性界定："第一，PX 是国际公认的第三类致癌物质。第二，PX 被医学证明会导致月经不调，因此 PX 生产线的所有一线操作人员都是男性。第三，在实验中，长期摄入 PX 103 周的动物没有发现任何损伤或异常……"；关于

---

① 罗伯特·考克斯. 假如自然不沉默：环境传播与公共领域（第三版）[M]. 纪莉，译. 北京：北京大学出版社，2016：45.

② 夏正江. 论知识的性质与教学 [J]. 华东师范大学学报（教育科学版），2000（2）：1-11.

③ See F. Watson（ed.）. *Encyclopedia and Dictionary of Education* [J]. Akashdeep Publishing House，1993，2：937.

④ 夏正江. 论知识的性质与教学 [J]. 华东师范大学学报（教育科学版），2000（2）：1-11.

石化生产的数据佐证:"一个人一辈子平均要'穿'掉 290 千克石油,'住'掉 3 790 千克石油,出行消耗 3 838 千克石油,加上其他方面,平均就要消耗掉 8 469 千克石油……"上述表述重点突出了其话语引证的来源,如"国际公认""医学证明""实验中"等,在一定程度上强化了其知识的科学性及传播的可信度,这与带有幻想、猜测的"PX 能造成男性不育""一旦 PX 泄漏,方圆一百千米都无人幸免"等网络谣言形成鲜明对照。而政治合法性话语则主要将环境政策与法治规范作为话语实践的依据,例如,"国家早就发出和谐社会、服务型政府、科学发展的号召……希望部分地方政府多思考如何以民为本,为民服务!""习近平总书记强调,'必须始终把人民利益摆在至高无上的地位'""生态文明建设,已写入了我国宪法"……在公众看来,遵循政治合法性的理念维权就"不会犯'出格'的错误,既保护了自己,又能将问题反映上去"。

其二,建设性参与构成了行动理性话语的目标归宿。如果以重视"解构"的批判性话语作为参照,建设性强调话语及其实践的"建构性"特质。具体到环境维权动员过程中,建设性体现在积极的行动呼吁:"为减少垃圾产生,推动垃圾分类和垃圾的循环利用贡献我们的力量和智慧……关爱环境,关爱地球。""我们既要有信心又要有使命感……把自己的行动升华到为中国的环保事业和可持续发展做贡献的高度。"与权力主体的积极沟通:"我希望政府能保护大众的利益,既关注发展又关注环境保护""帮助政府'想对策、找出路',解决'垃圾围城'困境"……公众环境维权动员的建设性话语是我们找寻权力主体与公众意义共享的重要话语地带,也是社会治理优化的切入点。

情感抗争与理性参与的并行不悖构成了公众环境维权动员的话语景观:一方面,以悲情叙事、弱者武器、朴素正义为主导的维权话语既折射出中国传统的文化和社会心理因素,而其非规范化、非程序化、高情感等特质也蕴含着异常紧张的风险因子,一度成为舆论抗争与群体极化的重要诱因;另一方面,基于行动理性的环境维权话语既彰显了科学知识、政策规范、法治建设对于引导、规训维权行动的重要性,同时也预设了中国社会治理转向的发展逻辑。公众环境维权的网络动员话语在一定程度上为透视中国当前的环境问题及其社会治理提供了价值参照。

# 第三节　社会中层环境维权动员的话语表征

通过文本细读，作者从 44 个环境维权典型案例中筛选出 116 个涉及社会中层话语实践的有效句段，在结合既有关于社会中层的功能论、角色论、关系论等①研究理论基础上，将社会中层的环境维权动员话语归纳为三方面的话语范畴，即科学性、反思性、建设性。

## 一、"联盟"与分歧：社会中层环境维权动员的科学性话语

基于环保组织、专家学者、网络大 V 等社会中层，在环境维权网络动员实践中呈现独特的话语表征，尤其以环保组织、环境领域专家学者为主导的专业精英试图塑造环境权益实践的科学话语空间。研究发现，这一科学话语的塑造过程呈现出以下几方面的特征：

首先，作为修辞实践的科学话语。"科学体现出一种对真理的追求。科学的目标就是清晰地反映自然，而且最好是不受任何社会的或主观的可能扭曲'事实'的影响。"②然而正相反，科学话语的组合高度依靠于主张提出的过程，并需要语言修辞得以呈现。自库恩知识社会学背景确立以来，修辞逐渐成为理解科学、科学知识的认知范式，尤其修辞的逻辑推理、诉诸权威等言语行为衍生为科学话语的制式化标准。依托修辞实践，科学话语得以实现交流、论争，并最终走向库恩所谓的科学共同体的范式统一。③在环境维权动员中，各高校环境领域学者、相关环境企业人士扮演着环境科学话语阐

---

① 何平立，沈瑞英. 资源、体制与行动：当前中国环境保护社会运动析论 [J]. 上海大学学报（社会科学版），2012（1）：119－130；张萍，丁倩倩. 环保组织在我国环境事件中的介入模式及角色定位——近 10 年来的典型案例分析 [J]. 思想战线，2014（4）：92－95；任丙强. 环保领域群体参与模式比较研究 [J]. 学习与探索，2014（5）：53－57；谭爽. "缺席"抑或"在场"？我国邻避抗争中的环境 NGO——以垃圾焚烧厂反建事件为切片的观察 [J]. 吉首大学学报（社会科学版），2018（2）：64－72.

② 约翰·汉尼根. 环境社会学 [M]. 洪大用，等，译. 北京：中国人民大学出版社，2009：99－100.

③ 托马斯·库恩. 科学革命的结构 [M]. 金吾伦，胡新和，译. 北京：北京大学出版社，2003：157.

释的主导性角色，其科学文本的使用、诉诸权威的话语表达以及借助例证的深描等构建了环境科学话语的基本逻辑体系。科学文本的使用主要体现在对相关概念的符号化书写，如关于垃圾焚烧的污染物——二噁英、石油化工产物——PX（二甲苯）、PC（非光气法生产）等科学名词和学术用语的使用，不仅建构了环境污染衡量的专业性维度，更建构了知识的理解系统。诉诸权威的科学性话语则包括技术性权威和政策性权威两类：以"国外先进水平""国际通行的标准""国际先进成熟工艺设备""技术上讲""欧盟标准""业界公认"等表述作为技术权威的话语范式，为建构话语科学性提供主要依据，如厦门大学教授赵玉芬从专业论证出发为反 PX 行动辩护："从专业的角度说，我更清楚其中的严重性。反映出来的数据和观点，都是以学术的态度进行了专业的论证……"① 而政策性权威话语则主要从官方政策的制式规定中寻找合法性，如"国家环境保护政策""国家技术和监督标准"等内容引证。第三方面，关于例证的运用则主要借助数据、典型案例等证实或证伪某一科学话语，实现说服、达成共识的过程，区别于非理性的感染和欺骗。其中主要以欧美、日本、新加坡等国家的环境技术实践及其标准为参照坐标。社会中层的科学化修辞一方面可以促进环境科学的普及与发展，但另一方面，"科技性"话语使用的过度专业化，如专家口中过度抽象化或计量化表达："通过空气进入人体的量通常不到人体摄入二噁英总量的 2% 到 3%，最高的时候也不过 10%"；环境机构的官方话术："在技术上，与国际石化行业技术发展同步，具有自主创新和发展能力；设备方面，通过优化设计生产设备和管理设备的组合，提高自动化、智能化、集成化、高效化水平"等。上述类似的专业表述也有可能造成社会中层表达的"自说自话"，不利于科学共同体的下沉与意义流通。

其次，作为利益联盟的科学话语。科学话语的书写除作为修辞实践的结构化模式，更呈现出作为利益联盟的话语表征。从人口社会学视角来看，上述社会中层的部分代表，如"研究所副所长""副总工程师""石化公司副总

---

① 厦门 PX 项目事件始末：化学科学家推动 PX 迁址 [EB/OL]. [2007-12-28]. http://if-fcb86dbade6c8a74de5h96u0qkb05fkb60xp. fgag. libproxy. ruc. edu. cn/eastday/06news/china/c/20071228/u1a3315772. html.

经理""中国工程院院士""大学教授""总工程师"等附着典型的体制性色彩，部分专家更兼具体制性、企业性和专业性等多重身份。该职业特征致使社会中层的话语表达往往需要考量多方主体的利益权重。在上述环境项目中，专家观点基本上与地方政府的环评报告、企业主体标准保持一致："一个设计和操作良好的现代垃圾焚烧厂可以实现二噁英的低排放""这是我见过的技术最先进、设备最齐全的石化项目""只要环境设施到位，措施得当，污染可控"等话语表述力图为环境项目的科学性、安全性和稳定性做注脚。但这一话语联盟在强化舆论导向的同时，也极易陷入被网友所批评的"为权力背书"的伪科学状态。因此，南方都市报记者曾建议："专家要有专业精神，要对利益合谋有免疫能力"①。

最后，作为意义之争的科学话语。"正是因为科学不能通过明白无误的安全性证据给出绝对的证明，由此开启了创造和争论环境问题的大门。"②科学话语的论争是不同科学观念的交流、互动与博弈的过程，具体体现在借助话语修辞的说服与被说服之间的较量。而从科学观念史的角度来看，科学话语的论争将有利于廓清科学共同体的规范边界，并进一步促进知识的传播。科学话语在环境维权动员的流通过程中也存在观念、技术标准等的巨大分歧，关于PX的低毒与剧毒、二噁英的可控与不可控等问题一度成为科学话语论争的焦点。其中对于技术标准的可控性期待与不可抗力隐忧、环境监管层面的有序性与无序性等构成了科学话语论争的关键因素。

社会中层环境维权动员的科学性话语一方面试图以专业术语和制式规范构建环境维权实践的知识性空间，进而为理性认知的培育与社会性紧张的消解提供有效方案；另一方面，社会中层职业身份的特殊性以及权力的有限性，使其需要考量权力主体的政策实践与企业主体的利益诉求。调查发现，以环保组织为代表的社会中层与权力主体间的关系一般遵循着"帮忙不添乱，参与不干预，监督不代替，办事不违法"的原则，并尽力得到政府的支

---

① 中国政法大学污染受害者法律援助中心主任王灿发：有多少污染要原原本本告诉老百姓 [N]. 南方都市报，2007 - 11 - 30（6）.

② 约翰·汉尼根. 环境社会学 [M]. 洪大用，等，译. 北京：中国人民大学出版社，2009：102.

持、帮助与合作。这也导致其科学话语极易与权力话语"联盟",致使科学实践的主体性丧失。

## 二、问题归因:社会中层环境维权动员的反思性话语

针对环境污染的加剧以及环境维权行动的迭代频发,反思这一现象背后的诸多社会性动因也成为社会中层环境动员话语实践的重要表征。在环境维权行动中,反思性话语是基于社会中层个人体验与现象观察基础上的意见表达,主要围绕公众参与、技术实践、程序运行等方面的现存问题展开。

关于公众参与的反思性话语。社会化转型和政治制度改革的优化,使公众参与逐渐在环境权益运行中占据重要位置。其中公众"知情权""表达权""健康权"等话题,成为社会中层反思公众参与效能的焦点。在涉及公众"知情权"方面,社会中层的反思声"不绝于耳":"剥夺民众的知情权是为了将它换成钱""相关部门不能遮遮掩掩,应该采取更为透明的方式来主动披露信息"等。关于公众知情权的批评性言论则主要聚焦知情权是否正常行使及其与权力主体间的有效互动。在涉及公众表达权方面,社会中层主要关注环境决策参与中公众的表达渠道及其利益表达程度:"不说话的稳定是假稳定,各方利益应该得到充分表达""民众无法参与开发项目的公平博弈,其利益得不到主张"。也有学者认为环境参与的表达权本质是公众有说"不"的权利:"如果公民没有说'不'的权利,公众仍然很难对专家关于'科学'的说法有信心。"而对于健康权的关注则被置于人本价值的责任伦理中进行观照:"如果我们不认真考虑村民的生命和健康,吸引投资确实可能造成伤害""要把生命健康放在更高的位置,这符合以人为本的基本理念"……

关于技术实践的反思性话语。这一话语特征主要体现在对于技术"乌托邦"的隐忧与批判,其中主要涉及技术发展与技术安全之争。在涉及反垃圾焚烧运动中,部分学者始终对所谓的国外先进标准秉持批判态度,并坚持从环境项目运行的实然层面衡量技术的安全性能:"垃圾焚烧厂计划招标,选用国际先进成熟的工艺设备,所有污染物均达到排放标准,其中二噁英排放达到欧盟标准。这完全是纸上谈兵。"针对垃圾资源化的构想,也有专家质疑:"垃圾全部资源化是我们追求的目标,但现在就实施,那就好比实施

'乌托邦'社会，结果是可想而知的。"[①] 技术性话语反思并非单一就科学层面的技术运行质疑，本质是对其背后权力实践的一种批判与深思。

关于程序运行的反思性话语。在社会中层的认知视野中，当前环境维权中的程序性问题是造成利益难以调和的关键症候。因此，就环境程序问题及其正义实践的讨论在网络空间异常火爆。有学者从现行决策机制、资源开发利用机制、环评机制、维稳体制等方面对程序性缺陷展开的话语反思可谓十分精当：决策程序中民众参与或民意吸纳环节的相对薄弱，造成地方权力主体的"自我言说"；资源开发程序中民众无法参与开发项目的公平博弈，其利益得不到主张；环评程序中环评机构受多重权力身份制约，难以实现真正意义上学术评价的客观、中正，极易陷入"为权力背书"的窘境；维稳程序中刚性维稳所造成的冲突化升级。中国政法大学环境资源法研究所所长王灿发也强调：某些地方政府仍然缺乏应对环境突发事件的能力，缺乏相应的程序和规则。社会中层关于环境维权的程序性反思最终一般指向地方权力主体的不作为和法治正义的缺失。当然，也不乏正向鼓励式的反思性话语，主要将现存环境问题归因于社会发展的必然：一个超级大国在社会转型、经济发展和产业升级过程中遇到这样那样的问题是很正常的，这也是任何国家都无法避免的规律。

关于社会中层在环境维权动员的反思与批判也容易陷入情感正义的道德呐喊之中，尤其以带有平民作家、草根明星标签的网络大 V，鼓吹以传统天理正义来"丈量"现行的程序体制。这一话语逻辑有时因"毫无建设性的一面倒指责"而饱受诟病。

### 三、程序优化与法治完善：社会中层环境维权动员的建设性话语

社会中层作为现代性发展的重要产物，在推动社会发展过程中发挥着重要的建设性功能，即通过科学话语的传播与对问题的反思性批判建构认知世界的意义维度，进而为社会的良性运行提供对策参照。研究发现，社会中层在环境维权动员中的建设性话语主要集中在两方面：环境程序运行与环境法

---

① 杨晓红. 垃圾"风暴"背后的利益格局 [N]. 南方都市报，2009 – 11 – 11（A2）.

治完善的深刻探讨。

其一，关于环境程序运行的建设性话语。在这一方面部分专家学者试图从环评公信力塑造、环境权益补偿、权力主体的职能转换等视角缔造话语共识。大多数中层学者强调要"维护环境影响评价的中立性和权威性，甚至让人们自己寻找环境影响评价机构"，以确保环境影响评价公信力话语的有效构建。关于建立环境权益补偿机制的建设性思考则主要来源于国外相关成熟经验的移植。即依据环境正义话语的分配方案，专家的普遍建议是："民众因为建垃圾焚烧厂的这种公共服务给他人带来了便利，其他人则可以为这种便利进行一定的环境补偿""要积极回馈周边环境，为当地居民铺路、修桥，多做些公益"……更有专家希望通过实施垃圾分类奖励制度，激励市民自觉进行垃圾分类。[①] 该话语逻辑将环境权益问题转换为一种环境福利问题。而关于权力主体的职能转换，社会中层的建设性话语主要集中在"政府信息公开""政府服务""政府沟通互动""政府监管""扩大公众参与"等方面，这一话语实践本质上是对公众参与问题的有力回应。

其二，关于环境法治完善的建设性话语。作为与程序优化互为补充的法治建设，在环境权益实践和社会治理中发挥着基础性作用。法治建设的根本即在宪法和法律的框架下管理国家和社会事务，培育和提升公共理性。[②] 因此，在社会中层的话语实践中，法治建设被赋予了多重价值维度：作为维护被侵害者环境权益的法律武器，即"为环境权益受到侵害的公民、法人和其他组织……提供有效的法律帮助和协助"；作为程序正义的制度建构，即推行公益诉讼制度以解决执法不力；作为法治意识的理念培植，即"通过帮助污染受害者和向法院提起诉讼，提高公众的环境意识、法律意识和权利保护意识……促进中国环境法的实施和遵守"。关于环境法治完善的建设性话语既是推动中国环境治理的重要利器，也是法治社会发展的未来方向。

纵观由中产阶级精英主导的社会中层的环保话语建构，从某种意义上说，它是对现代工业文明的科学实践、价值观、程序结构和生态环境的深刻反思，

---

① 袁丁. 垃圾处理民意征集 首日有些冷 [N]. 南方日报（全国版），2010 - 01 - 15（A2）.
② 江必新，王红霞. 法治社会建设论纲 [J]. 中国社会科学，2014（1）：140 - 157.

这在一定程度上有利于我国转型社会的创新发展和社会治理的良性建设。其以程序优化和法治完善为主导的生态价值观建设将"涉及物质文明、精神文明和制度文明的整个社会文明形态的改革，预示着未来的一些革命性变化"①。

## 第四节　大众媒体环境维权的动员话语

媒体是环境话语的表达者和环境风险的呈现者②，在环境维权的议题扩散及其公共性转向过程中扮演着重要角色。既有关于媒介环境动员的相关研究，主要将大众媒体与新媒体的动员实践相结合③，即沿用麦克卢汉媒介技术学的分析视角。但鉴于本章节重点考察各动员主体的话语实践特征，即对网络动员背后的各利益主体进行静态深描，因此就网络新媒体的动员机理问题本书将在第五章着重探讨。

经过统计，大众媒体关于上述环境维权典型案例的报道文本总计 2 517 篇，其中核心主流媒体的报道文章为 1 112 篇、次级主流媒体的报道文章为 1 405 篇。核心主流媒体与次级主流媒体的划分主要依据李良荣媒介"圈子理论"的逻辑范畴：以中央级党媒为代表的新华社、《人民日报》、《光明日报》、中央广播电视总台和以省市级党媒为主体的地方党报党刊、广播电视台等构成了核心主流媒体的实践圈层；而次级主流媒体则主要包含各省市都市类、生活类报纸杂志，此外，还涉及省市电台、电视台的非新闻频道等。④ 而本章节所选取的报道文本主要依据其在网络空间的流通程度，具体指在网站、论坛、博客、社交媒体等被转发和"初级加工"的文章，共获得核心主流媒体文章 136 篇、次级主流媒体文章 218 篇。经过概率比对

① 何平立，沈瑞英．资源、体制与行动：当前中国环境保护社会运动析论［J］．上海大学学报（社会科学版），2012（1）：119-130．

② 白贵，韩韶君．从雾霾风险议题处理看主流媒体环境议题的建构原则及定位——基于《河北日报》与《新京报》的比较研究［J］．新闻大学，2018（3）：53-59．

③ 陈甜甜．环境传播中的媒介动员——以我国雾霾事件为例（2000—2017）［D］．南京：南京师范大学，2018．

④ 白贵，韩韶君．从雾霾风险议题处理看主流媒体环境议题的建构原则及定位——基于《河北日报》与《新京报》的比较研究［J］．新闻大学，2018（3）：53-59．

（1.3∶1.6）和随机抽检的信度验证（0.8）可以推测，网络空间流通的报道文本与大众媒介的主体文本内容覆盖范围基本吻合。因此，本节试图在对354篇媒介文本中观和微观分析的基础上，探究大众媒介环境维权动员的话语特征。

## 一、大众媒体环境维权动员的报道文本研究

根据 Ortwin Renn 提出的环境风险事实议题、环境风险控制议题、环境风险反思议题等环境风险议题划分的三种类型[①]，并借鉴盖默森和莫迪里阿尼的三种辩论策略：根源（原因分析）、后果（效果类型）、诉求原则（道德主张）[②]，本研究将大众媒体环境维权动员的话语文本划分为环境维权的事实议题、治理议题、科普议题、行动归因和社会影响等5个子类目，报道体裁包括消息、评论、通讯、记者特稿（深度报道）、图片新闻等5个子类目，报道信源包括政府、企业、专家、媒体、公众等5个子类目，报道的情感偏向正面宣传、中立叙述、批评性报道等3个子类目。通过上述报道文本的子类目建构，力图从中观层面呈现环境维权报道的整体样貌。

表 3-2　大众媒体关于环境维权报道的类目

| 类目名称 | 内容编码 | 频率（篇数） | 百分比（%） |
|---|---|---|---|
| 报道主题 | 事实议题 | 110 | 31.1 |
| | 治理议题 | 115 | 32.5 |
| | 科普议题 | 11 | 3.1 |
| | 行动归因 | 48 | 13.6 |
| | 社会影响 | 70 | 19.7 |
| 报道体裁 | 消息 | 149 | 42.1 |
| | 评论 | 65 | 18.4 |
| | 通讯 | 113 | 31.9 |
| | 深度报道 | 26 | 7.3 |
| | 图片新闻 | 1 | 0.3 |

① N Chomsky. *What makes mainstream media mainstream* [J]. Z Magazine, 2015, 10.
② 约翰·汉尼根. 环境社会学 [M]. 洪大用，等，译. 北京：中国人民大学出版社，2009：86.

| 类目名称 | 内容编码 | 频率（篇数） | 百分比（%） |
|---|---|---|---|
| 报道信源 | 媒体 | 146 | 41.2 |
| | 政府 | 123 | 34.7 |
| | 专家 | 44 | 12.5 |
| | 公众 | 31 | 8.8 |
| | 企业 | 10 | 2.8 |
| 情感偏向 | 正面宣传 | 30 | 8.5 |
| | 中立叙述 | 239 | 67.5 |
| | 批评性报道 | 85 | 24 |

根据表 3-2 中的数据，大众媒体在环境维权报道的宏观层面呈现如下特征：

第一，在报道主题方面，"事实议题"和"治理议题"在大众媒体环境维权报道中备受关注，其报道数量分别为 110 篇、115 篇，占比分别为 31.1％、32.5％。事实议题主要包括对环境维权行动"是什么"的整体性描述，治理议题则涉及从法治、政府、企业、公众参与等方面开展的对策性实践。"行动归因"和"社会影响"的主题分别涉及环境维权生发的根源问题和环境维权行动对于环境观念、公民意识以及社会稳定等的影响，其报道数量分别为 48 篇、70 篇，占比分别为 13.6％、19.7％。科普议题在环境维权报道中篇数最少，仅为 11 篇，占比 3.1％。

根据数据分析可以发现：首先，大众媒体主要以事实呈现和官方治理等文本内容为主。例如，《新京报》在 2007 年 1 月 31 日报道《六里屯垃圾焚烧电厂圈定隔离带》，其内容主要介绍应对垃圾焚烧问题的具体措施；中国新闻社 2009 年 12 月 23 日的报道文章《广州番禺垃圾焚烧项目搁浅 彰显政府观念转变》，重点介绍了广州政府在应对反垃圾焚烧运动中治理理念的转变。其次，从报道主题的数量分布来看，大众媒介试图在报道文本中淡化该类议题的行动归因和社会影响，并通过弱化冲突性，以凸显社会认同的媒介功能实践。

第二，在报道体裁方面，消息是大众媒体环境报道使用最多的新闻体裁，数量为 149 篇，占比 42.1％，接下来依次是通讯、评论、深度报道，数量分别为 113 篇、65 篇、26 篇，占比分别为 31.9%、18.4%、7.3%，图片报道使用最少，仅有 1 篇，占比为 0.3%。消息作为新闻体裁中最简洁、最直接的信息传递方式，在大众媒介环境维权报道中主要体现在对环境维权事件情况、地方政府应对环境问题及其环境风险治理的政策和措施。与消息体裁相比，通讯以多种描写手法相结合的方式，更能具体、全面、生动地诠释上述典型环境维权案例的基本特征及其参与环境维权的相关典型人物。评论的使用则体现了大众媒体在环境维权报道中鲜明的价值取向和舆论引导，如《让科学与民意"绿化"项目》①《千万别让人觉得"下跪有用"》②《从"什邡事件"看政府信息公开》③ 等文章力图构建环境维权的理性话语空间。此外，鉴于环境维权行动中带有的冲突性，大众媒体一般忌于具有视觉冲击力的表达符号——图片新闻——以呈维权事件。

第三，在报道信源方面，排在前三的维权报道信源为媒体、政府和专家，报道数量分别为 146 篇、123 篇、44 篇，占比为 41.2%、34.7%、12.5%。公众和企业信源使用相对较少，占比仅为 8.8% 和 2.8%。根据数据分布可以看出，官方信源是大众媒体新闻报道内容的重要倚重，这与我国新闻生产的体制环境紧密相关，旨在维护官方话语的权威性和垄断性。仅次于政府信源的专家信源一方面可以保障大众媒体科学话语建构的专业性，另一方面与官方信源使用的组合使用，也进一步稳固了权力话语在环境维权动员中的主导地位。公众信源作为大众媒体报道的补充，在次级主流媒体的报道实践中使用较多，有研究者将公众个体化信源的使用视为专业主义价值之下新闻人员能动性的实践。④ 但以官方信源和专家信源为主导的权威信源与以公众、企业为基础的社会信源使用的悬殊对比，也印证了在带有冲突性的环境维权议题中大众媒体的自觉意识似乎难以逃脱传统话语权主导的线性传播模式窠臼。⑤

---

① 佚名.让科学与民意"绿化"项目 [N]. 广州日报，2007－06－03（A5）.

② 佚名.千万别让人觉得"下跪有用"[N]. 广州日报，2011－11－05（A2）.

③ 何才林.从"什邡事件"看政府信息公开 [N]. 人民法院报，2012－07－07（2）.

④ 李艳红.大众传媒、社会表达与商议民主——两个个案分析 [J]. 开放时代，2006（6）：5－21.

⑤ 王庆.环境风险的媒介建构与受众风险感知 [M]. 北京：中国传媒大学出版社，2017：97.

第四，在报道的情感偏向方面，大众媒体主要以中立叙述为主，其篇数为 239，占比 67.5%，中立叙述的情感偏向体现了新闻报道所遵循的专业主义生产范式。其次，批评性报道为 85 篇，占比 24%，其中涉及"严重恶化""引起不满""表示愤慨"等关键语料，主要侧重对侵害公众环境权益的不良企业、环境维权行动中地方政府的监管缺失以及法治不健全等现象的反思。此外，关于正面宣传的报道文本为 30 篇，占比 8.5%，该类报道主要来源于核心主流媒体，大多反映环境维权治理发展的利好趋势。例如，2010 年 7 月 8 日《人民日报》在《垃圾焚烧厂可怕吗——探访上海江桥垃圾焚烧厂》一文中重点介绍了江桥垃圾焚烧厂的整洁有序、垃圾焚烧设施的稳定运行："在夏日的骄阳下，绿地一片葱郁，厂区周边几乎闻不见垃圾的异味"[1]。

## 二、大众媒体环境维权动员的话语表征

根据描述性统计结果以及话语文本的语料范畴，作者将大众媒体环境维权的动员话语归纳为事实话语、行动话语、共识话语三个层面，并结合文本内容、修辞、隐喻等对维权动员进行话语深描。

### (一) 事实话语：环境维权的信息需求与风险呈现

"事实"是指已被正确认识的客观事物、事件、现象、关系、属性、本质和规律的总称。[2] 大众媒介的本体论和认识论意义即通过报道客观事实、经验事实进而实现向受众认识论事实的转变。新闻事实成为大众媒体话语实践的基础性构成。关于新闻事实的理论研究也被认为是"建立整个新闻传播理论大厦首先要解决的根基问题"[3]。

关于经验环境问题转换为认知环境风险议题的过程需借助大众媒体的事实报道得以实现，事实话语因此构成了大众媒体环境维权动员话语的基本特征。其主要涉及环境维权行动发生发展的事实性告知，例如，《东阳画水镇发生群体性事件》《高安屯垃圾焚烧厂明年试运行》《福建省政府新闻办主任

① 孙秀艳. 垃圾焚烧厂可怕吗——探访上海江桥垃圾焚烧厂 [N]. 人民日报, 2010 - 07 - 08 (20).

② 冯契. 哲学大辞典 [M]. 上海：上海辞书出版社, 1992.

③ 杨保军. 新闻事实论 [M]. 北京：新华出版社, 2001：9.

朱清说厦门 PX 项目正在论证审议》《云南炼油项目环评近期公开 昆明市政府称将和部分有质疑市民做好信息沟通》等文章，该类内容文本就环境维权过程中的环境项目、公众反应、政府回应、环评流程及其结果等事件及关联、属性进行描写。其话语一般不附带任何情感偏向的修辞语汇，主要以名词和动词作为意义关联，句式以陈述句为主。事实性话语功能一方面满足受众的信息需求；另一方面，借助事件铺陈能引起社会各方对环境问题的重视，例如，以都市类为主的次级主流媒体在灾难修辞和损失修辞等事实话语基础上凸显环境风险的危害性，强化环境维权的正义性，进而推动环境权益和社会治理的有效开展。

### （二）行动话语：环境维权的因果阐释与行动治理

"问题归因"是大众媒体探寻环境维权动员生发的逻辑起点，也是行动治理的最终归宿。其具体表现在三个层面：微观层面的个人权利观念（环境维权意识）、中观层面的政府监管（地方政府的环境监督及环评监管）以及宏观层面的法治建设（环境诉讼和环境正义完善）。

公众环境维权意识的强弱深受维权行动主体个人权利观念和法治环境的影响。环境维权意识是衡量环境权益实践是否成功的重要指标，也是折射社会进步和法治建设不断完善的关键因素。在大众媒体环境报道中，公众环境维权意识首先表现为积极主动的环境参与，其积极性蕴含着社会治理的强大能量。例如，在厦门反 PX 行动中，大众媒体主要以反思公民力量的崛起作为环境问题及其治理的切入点，其中以《短信的力量》《重视环境才能让权力长久》《厦门是厦门市民的厦门》《行动者有希望》《探索决策与民意互动的有机模式》《网络公民：我们发出理性的声音》等文章为代表，一方面反思环境维权背后的诸多现实问题，另一方面则赋予了作为参与的公众维权意识以巨大的行动价值。而与公民积极参与相伴随的另一重要特征，即环境维权意识的不健全，这一话语逻辑成为大众媒体审视环境风险的重要症结。环境风险所伴生的维权冲突起源于公众行动路径的非规范化选择，即以私力救济替代公力实践，使维权行动偏离法治化和程序化轨道。在大连抗建 PX 项目、长江大学师生反钢厂污染、四川什邡抗建 H 钼铜项目等典型环境维权事件中，维权意识缺失所造成的社会性冲突显而易见，成为大众媒体行动话语凸显的重点。例如，针对 2011 年长江大学师生下跪事件，大众媒体纷纷通过话语反思与规训，检讨环境维权的治理困境，并引导公众树立正确的环境维权观念，代表性话语文本有《"集体下跪"凸显环保执法"三重"困境》《跪求污染企业撤离背后的环保困境》《下跪求不来碧水蓝天》。环境维权意识的强弱一直以来被视为影响公民环境维权行动合法化与理性化的重要因素。

中观层面政府环境治理和环境监管与宏观层面环境法治建设在大众媒体的行动话语中被反复呈现。从上述环境报道信源和报道主题来看，以政府环境权益协商、行动监管、政府回应以及环境法治优化的相关话语议题占据主导位置。在中国的现代化进程中，政府监管与法治建设是保障社会有序发展的两驾马车。政府监管注重通过制定规则、设置许可证、监督检查、行政处罚、行政裁决等手段，对社会和经济个体的行为进行直接控制。[①] 它在规范市场秩序、保护公民权利方面发挥着重要作用。作为与政府监管互为补充的法治建设，在社会治理和权利实践中发挥着基础性作用。法治建设的根本即在宪法和法律的框架下管理国家和社会事务，培育和提升公共理性。[②] 基于自由、平等、正义、法治等一系列价值内容的公共理性，是现代社会公共生活的价值导向和行为规范。[③] 环境维权行动看似是对个人环境权益的追求，但本质上是实现公平正义的一种社会参与方式，这与法治建设的内在机理相契合。

地方政府自身的结构性及环境监管不力与法治建设不健全等是大众媒体剖析环境维权议题根源的基本话语模式。关于地方政府的反思性问题主要包括"地方政府发展规划的布局性和结构性问题""政府环境信息公开问题""政府与公众的有效协商问题""地方政府环境评估的有效性问题"等。针对上述现象，大众媒体一般以反向修辞和效果修辞，即在提议补救措施基础上构建环境治理的有序图景，主要借助对"严格监督""有效监管""开展调查""积极回应""积极作为"等词语强调，以构建体现"政府决策尊重科学尊重民意的精神""以人为本 科学发展""干群互信"的政府实践模式。与

---

① 余晖. 论行政体制改革中的政府监管 [J]. 江海学刊，2004（1）：76-79.

② 江必新，王红霞. 法治社会建设论纲 [J]. 中国社会科学，2014（1）：140-157.

③ 孙肖远. "善治"出自于"良政"——公共理性视野中的服务型政府建设 [J]. 江海学刊，2013（3）：120-126.

此同时，大众媒体也呼吁地方政府强化依法行政的环境法治精神，保障环境维权行动的正义性，涉及的关键词语主要包括"环境诉讼""依法处理""依法保障"等。在对四川什邡事件的深层反思中，主流媒体强调，政府应该在法治和尊重实践的基础上，综合考虑专家和普通民众的意见，形成发展的目标和要求，从而形成目标、战略、组织管理制度、政策和制度的有机整体。大众媒体的行动话语通过"真诚的期待"[①] "一定能""充分尊重"[②] "一定严格"[③] "有利于"等关键语汇将环境维权所涉及风险事实本身转向行动治理及其社会发展的未来图景。

### （三）共识话语：环境维权的整合引导与认同建构

美国政治思想家乔万尼·萨托利在《民主新论》中将社会共识的核心内容概括为：自由、平等等终极价值观形成的信仰体系，游戏规则或程序，一个特定的政府及其政策。[④] 换言之，社会共识的核心即被人们普遍接受的价值标准。社会共识的塑造因此成为社会整合和认同建构的关键环节。而大众媒体作为对社会现实最重要的反映渠道，是构建和维系社会认同的基本要素[⑤]，则发挥着共识制造的强大功能。关于媒体共识塑造，本尼迪克特·安德森在论及中华民族共同体的起源时就有所涉及，在安德森看来报纸作为印书资本主义的产物"为民族语言的整合与形成提供了条件"[⑥]，推动了民族共识话语的想象和流通。而从大众传播的功能主义研究来看，无论是大众媒体的议程设置抑或凯瑞作为传播的仪式观都蕴含着媒介共识塑造的价值取向。在环境维权动员实践中，社会共识话语本质上是在行动话语基础上的意义赋权和价值重塑，即在消弭环境风险冲突性的基础上构建对多元主体对社会治理的普遍共识。大众媒体环境维权动员的共识话语主要呈现以下特征。

---

① 孙秀艳. 下跪求不来碧水蓝天 [N]. 人民日报，2011-11-17（20）.

② 王江. 云南炼油项目环评近期公开 昆明市政府称将和部分有质疑市民做好信息沟通 [N]. 南方日报（全国版），2013-06-03（A5）.

③ 佚名. 陕西石泉通报李思侠案：纪检监察机关正核查反映问题 [N]. 中国新闻社，2019-12-24.

④ 乔万尼·萨托利. 民主新论 [M]. 冯克利，阎克文，译. 上海：上海人民出版社，2009：106.

⑤ 丹尼斯·麦奎尔. 麦奎尔大众传播理论 [M]. 崔保国，李琨，译. 北京：清华大学出版社，2010：4.

⑥ 汪晖."民族主义"的老问题与新困惑 [J]. 读书，2016（7）：19-33.

其一，以权益分配取向构建环境维权行动的共识话语。环境维权中的权益分配模式主要以环境正义为理论参照，即涉及西方国家所谓"风险换福利模式"，同时也体现了市场化逻辑中的利益竞合。在检视既有环境维权行动及其相关研究中，多元主体间的零和博弈是冲突性维权实践生发的重要动因。大众媒体为了规避这一既有的风险因素，首先选择以"多赢""双赢""共赢""协商""公共讨论""正和博弈"等指涉共同体有效互动的词语消解"零和博弈"所隐喻的冲突性色彩。其次，建构利益协商的共识性边界，即以希望修辞（远景修辞）作为目标话语，如"生态文明""美丽中国""美丽家园"，在远景修辞的话语结构下不同阶层都是社会治理的实践主体；以角色修辞［权力（利）修辞］作为行动话语，如政府强效治理、媒体舆论监督、专家科学环评、企业规范运营、公众有序参与，角色修辞既廓清了各主体的行为边界，同时为主体间的互动与制约提供了话语空间。大众媒介基于利益取向的共识再造，体现了其作为平衡器的功能。

其二，以社会价值取向构建环境维权动员的共识话语。在环境维权报道中，大众媒体往往借助社会普遍认可的价值规范话语来塑造环境维权实践的共识性特征。例如，《六里屯焚烧场将依科学民主推进》《厦门 PX：面对科学结论 政府如何选择？》《2007：公众环境意识"觉醒年"》《依法推进战略环评刻不容缓 环保总局成立战略环评专家咨询委员会》《环保事业进步需要公众参与》《环境保护要民主也要法治》《中国公民政治参与力度加大仍需法制"刚性"保证》等文章，通过"公平""法治""程序正义""有序参与""科学论证""民主决策""平等权利""依法"等核心价值词语构建走向规范化维权的共识性话语。与此同时，大众媒介也将上述带有"官方认称"的话语标识与公众环境维权的意见表达相结合，并"鼓励公众参与环境保护事业，建立公众参与环保事业的平台和机制"[①]。这一话语逻辑一方面为公众环境维权行动的规范化开展提供了合法性依据；另一方面，塑造了带有权力指称和价值导向的"维权信仰体系"，成为新时代生态文明建设和社会治理的目标追求。

---

① 魏文彪. 环保事业进步需要公众参与［N］. 华夏时报，2007 - 06 - 08（2）.

大众媒体一方面借助环境维权动员的事实话语建构了我国环境问题及其风险实践的现实图景；另一方面则在强化行动话语和共识话语基础上弱化环境维权的风险归因，降低权力主体的制度压力，与此同时，强化环境维权实践的价值维度及其社会治理发展的理想空间。

## 第五节　权力主体环境维权的动员话语

以党的领导权、政府行政权为代表的中国权力主体，借助其意识形态培育、国家机器规训等方式在政治秩序建构、国家结构整合和社会治理运行中展现出强大的实践张力，其权力的弥漫性和影响力体现在社会发展进程的方方面面。在环境维权行动中，权力主体的身影也无处不在。一方面，权力主体作为环境治理实践的主导者，构建了环境政策的宏观设计及其实施的规范化秩序，同时，也推动着环境治理的实践运行；另一方面，权力主体有时也成为公众环境维权对话与抗争的直接目标来源，这一归因逻辑既内含权力主体的环境治理悖论，也隐喻着权力主体与公众权益沟通协商过程中意义的隔膜与分歧。这一意义分化的过程，本质上表现在权力主体的话语场与公众话语实践之间的内在冲突。因此，本节试图在考察多个环境维权案例文本的基础上，勾勒中国权力主体环境维权动员的话语特征，进而深层次反思上述动员实践过程中的权力悖论，找寻破解权力主体与公众行为对冲与意义失衡的"话语钥匙"。通过对44个主体案例的文本爬梳，作者共筛选出涉及权力主体动员的话语文本234篇，其中包括借助党报党刊的官方通报、电视问政与线下座谈、政务网站通告、政务新媒体发布等不同文本呈现形式，篇数分布如图3-1：

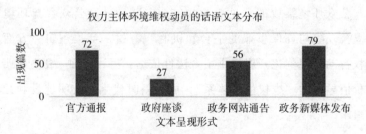

图3-1　权力主体环境维权动员的话语文本分布

在对上述文本语料（相关语句文本见附录 3 - 4）的研读过程中，作者发现权力主体的环境维权动员话语呈现三个典型特征：基于生态建设与社会稳定的指令性话语，基于环境保护与公众权益的协商性话语，基于人本观照的情感性话语。

## 一、权力主体动员实践中的指令话语

"指令"在语用学的概念体系中主要指代自上而下的行为批示，往往与权力动员模式有着内在关联。而如果跳脱权力动员模式的视角来理解，指令本身也蕴含着中国科层权力实践的鲜明表征："指"带有权力主体自上而下宣传、引导与规训的标示性特质，而"令"不单单作为命令话语，还关联了政策法规的顶层设计及其实践推动。显然，指令所隐喻的话语逻辑本质上是强调权力结构运行的统一性和完整性，其既能彰显权力话语的合法性与有序性，同时也保障了官方话语在国家治理实践中的权威性。强指令的话语文本能够产生"实际的教育、宣传、动员等治理目标"[①]。在环境维权行动中，指令性话语贯穿权力主体动员的始终，成为凸显其环境治理主导者的话语标识。研究发现，标题修辞的单向性与理性化、文本指向的正向性与模糊化、话语内容的合法性与仪式化构成了指令性话语的实践特征。

其一，标题修辞的单向性与理性化。对上述语篇的文本标题进行分析，词频最高的依次为"情况通告/说明/声明""关于""事件"等，上述关键词恰恰构成了指令性话语中一般的固定修辞结构——"关于×××事件的情况通告/说明/声明"，如《什邡市公安局关于严禁非法集会、游行、示威活动的通告》《海盐县人民政府关于垃圾焚烧发电厂项目的通告》《湖北仙桃垃圾焚烧发电项目始末原因的公告》《盖州市人民政府关于取消大南山氧化铝项目的通告》《宁波 PX 项目引发群体上访当地政府发布说明》等标题，这一话语模式倾向于"对事实本身的诠释与意义建构，追求所谓的事实本体和表

---

① 蔡斐. 有意为之的面子威胁行为：对"硬核"防疫标语的治理学解读 [J]. 新媒体与社会，2020（2）：171 - 183.

达理性"①。但"通告/通报/说明"等话语表达的修辞逻辑仍属于传统权力维度上单向的线性传播，是以告知为目的的他者视角，易造成工具理性化的"面部冷落"。

其二，文本指向的正向性与模糊化。研究发现，指令性文本大多在事实表达基础上呈现正向性的事后补救和话语立场预设。其中，以"广泛深入""千方百计""高度重视/关注""及时采取""迅速平息""切实维护""坚决遏制""极大推动""依法从严/从重/从快"等带有行动指向性的关键词语为代表，这类词语一方面试图彰显权力主体在环境维权实践中积极的行动作为，但另一方面，以高度同质化和抽象化为指涉目标的行动指令话语，容易模糊环境维权本体的事实过程。与此同时，在通告文本中，官方也经常使用传统语境下管理主客体对立的话语修辞来转移风险焦点，即将环境维权行动的发起者——公众——单纯视作环境风险的异化因子。例如，在什邡事件中，什邡官方连续发布的《冷静，是我们幸福的需要》（2012 - 07 - 02）、《什邡市公安局关于严禁非法集会、游行、示威活动的通告》（2012 - 07 - 03）、《什邡市政府新闻办通告（二）》（2012 - 07 - 04）、《什邡市政府新闻办通告（三）》（2012 - 07 - 04）等通告文本，其中使用的"别有用心""不明真相""严禁""煽动""禁止""恶劣"等词语，将环境维权行动的生发转嫁为公众无序、非法的实践参与，并将公众置于权力主体的对立面，这种"贴标签""渗透着权力逻辑的政府通报文本不仅不会达到双向信息沟通，反而会造成舆情民意的啸聚和转焦"②。

其三，话语内容的合法性与仪式化。在环境维权动员过程中，权力主体的指令话语需要借助国家宏观政策话语、法律秩序话语和领导威权话语等获得内容实践的合法性。

研究发现，"科学发展观""和谐社会/维护社会稳定""以人为本/以人民为中心""生态文明观""美丽中国""人类命运共同体"等国家宏观政策

---

① 李彪. 霸权与调适：危机语境下政府通报文本的传播修辞与话语生产——基于 44 个引发次生舆情的"情况通报"的多元分析 [J]. 新闻与传播研究，2019（4）：25 - 44.

② 李彪. 霸权与调适：危机语境下政府通报文本的传播修辞与话语生产——基于 44 个引发次生舆情的"情况通报"的多元分析 [J]. 新闻与传播研究，2019（4）：25 - 44.

话语在文本内容中出现频率较高，并一般与环境维权的行为背景和治理目标相关联。例如，具体实践表述："各级党委、政府和有关部门要牢固树立科学发展观和正确政绩观，着力解决关系群众切身利益的热点难点问题，切实维护社会和谐稳定""围绕'科学发展观'这一主题，抓住为什么发展、为谁发展、怎样发展等一系列发展的根本问题"……这一话语逻辑主要用于消解环境维权的风险冲突，强化权力主体的话语公信力。法律秩序话语一般使用"依法""执法"等修辞格来凸显权力主体动员实践的权威性与有效性。例如，"依法推进战略环评刻不容缓""大力完善科学、民主、依法的政府决策机制和客观、理性、文明的民意表达机制""加强依法环评，严格按照法律法规行事""公安机关将坚决依法予以惩处""加大环保执法力度"等语段，其带有法律秩序的话语表述既表现在环境维权行动事中或事后行政与法律举措，同时，也预示着环境治理优化的未来走向。而领导威权话语则依托领导人的合法性及其话语在场建构指令性文本的动员效力，经常出现的高频词有"负责人""高度重视""强调""做出批示"等。具体包括两方面：一方面是环境维权行动中地方权力主体的问题回应，多以"环保局有关负责人指出""×××区委书记近日表示""市政府领导强调"等表述形式出现，体现权力主体对环境问题的重视程度。另一方面则引用国家领导人话语作为其权威生产的重要来源，例如，在涉及环境信访和环境冲突问题时，地方政府通过引述习近平总书记关于处理信访问题的基本原则："各地区、各部门要高度重视，强化责任，综合运用法律、政策、经济、行政等手段，结合教育、调解、说服等手段，切实维护人民群众的正当利益"，为自身环境维权治理行动的有序开展提供合法性依据。

国家宏观政策话语、法律秩序话语和领导威权话语构成了行政文书的典型行文结构，往往被直接照搬到环境维权风险处置的官方文本中。固定的文本结构模式，也说明权力主体在环境维权话语实践中具有相对一致的修辞共性和价值偏好，具有环境风险应对的仪式化特征。

指令性话语的结构模式是中国科层权力运行的知识性表征，即通过指涉性词语的固化和结构化过程，维系权力主体的基本社会效能。这一权力谱系的运作逻辑也被深深地嵌套在环境维权动员的官方话语实践中，并指涉了生态文明建设与社会和谐发展的整体趋向。但当指令性话语遭遇互联网技术的"自我赋权","强理性""模糊化"的文本特质将面临被公众解构的风险,权力主体的治理话语与公众权益诉求话语将很难形成有效、平等、开放的对话。

## 二、权力主体动员实践中的协商性话语

协商性话语是权力主体环境维权动员实践的另一特征,也是中国社会治理现代化转型的重要标志。其本质是从工具理性的指令话语向价值理性的共识话语的转换过程。

马克斯·韦伯就工具理性和价值理性的实践分野给予了相对清晰的社会学界定:工具理性强调以实现自身目标追求的"条件"和"手段",而价值理性则关注社会内在的价值自觉和信仰追求。[①] 启蒙运动以来,工具理性始终被权力主体视为社会管控的重要理论圭臬,其表征的简单化、秩序化与结构化一度构成了指令话语的理论原初;而价值理性则仅被作为建构社会秩序运行的价值补充。有学者认为"现代社会最主要的问题是一方面工具理性充分发达,以致手段强悍;一方面,用于定义行动目标的价值理性缺乏客观和普遍公认的标准,因此冲突不可避免,由此造成的损害是前所未有的"[②]。21世纪中国集中呈现的道德滑坡、价值认同危机等社会问题也正是"工具理性有余而价值理性不足"[③]。因此,建构基于价值理性层面的社会共识成为中国现代化治理优化的关键。在环境维权行动中,权力主体试图借助基于价值理性维度的共识性表征破解指令性话语之困,其主要包括重视多元主体间的沟通性与平等性,同时,重视法治价值的塑造。

一方面,权力主体环境维权动员的协商性话语体现为重视主体间的沟通性与平等性。在该类文本中,"平等交流""献计献策""共同努力""形成共识""群策群力""畅所欲言"等成为较常出现的高频语汇。其试图在建构共

---

① 马克斯·韦伯. 经济与社会(第一卷)[M]. 阎克文,译. 上海:上海人民出版社,2019:25.
② Bellah, Robert, et al. *Habits of the Heart* [M]. New York: Harper & Row, 1985:284.
③ 宁家治,孙卫华. 从工具理性到价值理性——基于对舆论引导实践和研究的反思及展望[J]. 中国广播电视学刊, 2017(5):36-38.

识性价值伦理基础上，打破指令性话语所带来的强硬、对立以及紧张感。2013 年，云南昆明抵制千万吨炼油项目中地方政府的回应便非常典型。昆明市长李文荣为了缓解环境项目风险对公众和社会造成的紧张感，于 2013 年 5 月 17 日上午 9：00 开通了个人微博以借助网络与公众展开意见互动，第一条微博内容："春城的网友，大家好！我是昆明市长李文荣，今天我开通了新浪微博，希望能在此搭建一座与大家坦诚沟通的桥梁。我愿意倾听你们对昆明建设发展的意见，我和我的同事们将认真研究大家提出的意见和建议。"① 其中"网友""我和我的同事们""坦诚沟通""愿意倾听"等语汇的使用不乏视角平等、沟通真诚的价值意蕴。与此同时，昆明地方领导也以"座谈会""恳谈会"的形式搭建环境权益协商的共识性平台，其中恳谈会所遵循的"本着平等、坦诚、包容、理性、和谐的态度，本着实事求是、尊重科学的精神""传达政府保护环境的坚定决心，传递一种科学的信息""要有民众参与决策，不搞长官意志""政府的愿望和广大老百姓的愿望是一致的，百姓希望政府真抓真干"等价值追求淡化权力主体与公众权益实践的立场分野。基于平等性和沟通性的话语自洽是信任得以产生的关键，"建立信任只有一个一般规则：倾听公众的关切，如果需要，参与到有回应的沟通中。单靠信息永远不足以建立或维持信任。没有系统的反馈和对话，就不会有信任增长的氛围"② 。平等性和沟通性的协商话语已经开始跳脱工具理性视角的他者审视，强化作为"我们"的共同体实践。

另一方面，权力主体环境维权动员的协商性话语重视法治价值塑造。与指令性话语强调"依法/依规"的"手段"正当性不同，协商性话语重视法治价值和法治信仰的重塑，即它不是一种简单的利益博弈，而是一种基于法治共识基础上的行为调整，包括让步和妥协。在环境维权动员实践中，权力主体多次将保障公民的知情权、表达权和参与权纳入宏观环境治理实践进行

① 昆明市长开微博 5 小时评论破万 多涉及炼油项目［EB/OL］．［2013 - 05 - 17］．http：//news．cntv．cn/2013/05/17/ARTI1368786719036604．shtml．

② Ortwin Renn．*Risk Communication*：*Insights and Requirements for Designing Successful Communication Programs on Health and Environmental Hazards*［M］．New York：Routledge，2009：112．

考量，其中与之相关的高频词有"全程参与""充分征求""广泛听取""保证"等。上述关键词语建构了同维度的意义词群，以保证法治价值实践的有效抵达。在法治价值建构的话语空间中，群众有参与关系到自身切身利益的公共事务的权利，有对公共事务进行干预、咨询和发表意见的权利。有环保专家也发出呼吁："我们希望各级政府为公众提供一个充分享有重大环境事务知情权、监督权和参与权的平台；我们也希望公众参与应该是合法的、理性的和建设性的，能够与政府形成良性互动。"[①] 这种基于法治信仰的权利话语共识是扭转政府刚性维稳与公众非理性维权悖论的关键，关系着未来中国民主政治的建设质量和走向。[②]

## 三、权力主体动员实践中的情感话语

情感承携的社会行动力量也越来越受到权力主体的重视。纳斯鲍姆认为，情感不仅在私人生活中，而且在公共生活中，经常被用来为理性的谈判和适当的行动提供良好的基础；这种情感的产生往往与人们对什么是不幸和什么是值得同情的认知有关。[③] 研究发现，权力主体在环境维权动员中的情感话语主要依据道义伦理和人本观照两种价值视野展开。道义伦理与人本观照具有普世的情感哲学特征："关爱""同情""公道""平等""正义""以人为本"等。在环境维权行动中，权力主体的道义哲学则体现在"关爱人的生命健康""同情环境弱势群体""关注人类的未来发展"等方面。尤其借助"人类命运共同体"和"人民至上"的宏观意识形态话语试图构建价值伦理的最高境界——对于人的"终极关怀"。在厦门反 PX 项目、安徽望江反核电站、云南昆明抵制千万吨炼油项目、辽宁反对建设氧化铝项目等环境维权事件中，权力主体所建构的情感话语逻辑在一定程度上实现了与公众沟通过程中的意义共振，同时，不断拓展人与环境的主体性地位。

---

① 李禾. 城市重大建设项目为何被频频叫停？[N]. 科技日报，2007 - 06 - 17.

② 宁家治，孙卫华. 从工具理性到价值理性——基于对舆论引导实践和研究的反思及展望[J]. 中国广播电视学刊，2017（5）：36 - 38.

③ 袁光锋. "情"为何物？——反思公共领域研究的理性主义范式 [J]. 国际新闻界，2016（9）：104 - 118.

纵观环境维权动员的实践演进，2012 年是权力主体治理逻辑转向的关键节点。国家宏观层面的话语表述逐渐由此前的国家管理、政府管理转变为社会治理的现代化，其中以"共建共治共享"为核心的协商性话语正在重构着一种环境权益实践的新模式——以价值理性塑造生态文明和法治文明共识。

中国环境维权网络动员中的多元主体各自扮演着不同的角色功能，其话语实践存在鲜明的异质性与同质性特征。

一方面，多元主体环境维权动员话语的异质性主要表现在符号文本与意义文本的分歧与隔膜。首先，以非规范化、非程序化、情感导向为典型特征的公众环境维权动员话语在激发中国传统的道义伦理和朴素正义感的同时，也蕴含着抵抗智识、解构权威的现代理性悖论。公众非理性的话语特征造成了与社会中层、大众媒介和权力主体在意义沟通中的隐性屏障，并极易诱发网络情感抗争与群体极化。其次，社会中层所建构的环境维权话语是基于科学实践、理性观念、程序正义维度上的知识性反思，有利于促进中国社会治理科学化、规范化的实践进程。但专业实践过程中的内眷化特质也容易陷入自我言说的怪圈，与此同时，当社会中层面临权力主体与公众表达的两难抉择时，"精英群体"所附带的权力裹挟，往往使其与"精英联盟"或选择性失语，背离公众的信任期待。再次，基于事实层面、行动层面和共识层面的大众媒体环境维权动员话语在建构环境维权现实图景的同时，也试图规避环境风险，有时与社会中层一道为权力主体的环境实践背书。最后，权力主体环境维权话语的指令性和协商性既折射出中国科层权力模式下的实践特征和实践问题，同时，也反映了当前权力主体改革与优化的未来方向。很显然，多元主体话语实践的异质性既体现出不同主体在环境维权行动中的行为表征，同时又蕴含着诸多形形色色的话语互动与意义争夺。这种异质话语也构成了行动主体复杂多元的逻辑勾连。多元主体在环境维权动员话语中的异质性特征，本质上是由中国的政治文化、社会结构和权力体系所决定的。因此，反思环境维权实践中的社会背景和社会关系维度将为我们消弭彼此的意义区隔提供参照。

另一方面，在深描环境维权动员话语的过程中，我们也发现了多元主体或隐或显的同质性特征：公众行动理性中显现的对科学知识、政策规范、法治建设的自觉追求，社会中层扮演着公共性讨论的话语引导者，大众媒介作为平衡性的话语利器，权力主体协商性话语的实践转向。其中蕴含着价值理性践行的共同标准，即在法治思维的总体逻辑下塑造话语共识。多元主体在环境维权动员话语中的同质性特征，是中国环境治理优化和生态文明建构的基本趋势，同时关系着未来中国民主政治的建设质量。

# 第四章　中国环境维权网络动员的行动机制及实践困境

　　网络动员从互联网发展之初便被"给予了殷切的期望"①。在中国既有一般性社会网络以及专门社会组织力量相对薄弱②、公民自主参与空间有限的情况下，网络动员一度被视为"新民权运动"和社会参与的先导。网络动员的出现重新结构了传统政治动员和社会动员的信息流通模式，在一定程度上打通了事实、观点横向流通与纵向反馈之间的壁垒。公众在这一结构模式中获得自我彰显、群体共生与社会存在的价值连接。尤其在以关系为节点的社交媒体时代，公众依托网络动员"完成自己意见从表达到传播的全过程，在信息扩散的过程中不断收获与自己意见相同或相似的'同盟军'，从而获得分享与认同的满足"③。网络动员所蕴含的连接、聚合与共生的技术特性深刻影响着环境维权行动主体的实践策略。一方面，网络动员实践本身附带的技术中介属性搭建了意见共生的场域平台，不同环境维权主体可以实现自我表达的聚合与意义共享；另一方面，网络动员可以激活主体及其话语潜在的社会资本力量，使环境维权逐渐由文本层面的意义实践演化为一种行动层面的具身参与。中国环境维权的网络动员实践既表征着马克斯·韦伯行动理性与情感之间的二元互动；又带有新近集体行动理论的特质，一种来自不同

---

　　① 樊攀，郎劲松．媒介化视域下环境维权事件的传播机理研究［J］．国际新闻界，2019（11）：125.

　　② 孙玮．转型中国环境报道的功能分析——"新社会运动"中的社会动员［J］．国际新闻界，2009（1）：118－122.

　　③ 王筱卉，侯娅珂．国产电影网络动员策略及启示研究［J］．电影文学，2020（18）：16－19.

主体"共同阐释、定义和重新定义形式的过程"①。其呈现的媒介技术与集体行动的双重逻辑是我们探讨环境维权行动的"问题基源"。

为厘清技术逻辑与行动逻辑之于中国环境维权的深刻影响，本章试图"重返媒介"，将多元主体置于网络情境中进行考察，解析中国环境维权网络动员的内在演化过程。为了数据文本的客观性和完整性，除借助所能搜集到的互联网原始文本，同时对照和补充与案例报告及其研究相关的二手资料，尽可能还原特定环境维权生发的媒介场景与行动过程。本章节的分析路径仍主要以维权行动四个多元主体作为结构分类，以期"刻画"不同主体网络动员实践的"轨迹图"，总结各主体在面对同一环境风险议题时的网络动员逻辑，并进一步揭示多元主体在该实践过程中存在的诸多现实困境。当然，这一分析进路并非将不同主体进行整体割裂，仍会涉及主体间形形色色的"粉末混战"。

# 第一节　公众环境维权网络动员的路径选择与信息聚合

在环境维权网络动员中，作为环境权益相对受损的公众如何借助互联网平台实践自身的权益诉求在一定程度上构成了网络动员行动的基本底色。

## 一、交迭与流通：公众环境维权网络动员的平台选择

本章节以公众网络动员的平台选择及平台信息发布为标准对上述典型环境维权案例进行宏观量化，其中主要数据内容来源于当前互联网空间可检索的关键文本和二手文献资料。在文献资料中，厦门群体性反 PX 事件、广州番禺垃圾焚烧事件、大连抗建 PX 项目、四川什邡事件等的相关研究为本研究提供了重要参照。公众网络动员的实践平台及其信息数量分布见表 4-1。

---

① 西德尼·塔罗. 运动中的力量：社会运动与斗争政治 [M]. 吴庆宏，译. 南京：译林出版社，2005：147.

表 4 - 1　公众环境维权网络动员的平台分布及信息数量[①]

| | 论坛 | 博客 | 微博 | 微信 | 其他 |
|---|---|---|---|---|---|
| 2005 年浙江东阳画水镇污染事件 | 20 | 11 | — | — | — |
| 2006 年山东乳山反核事件 | 27 | 11 | — | — | 短信 |
| 2007 年北京六里屯垃圾焚烧事件 | 53 | 27 | — | — | QQ/短信 |
| 2007 年厦门反 PX 项目事件 | 195 | 102 | — | — | QQ/短信 |
| 2008 年北京反高安屯垃圾焚烧事件 | 69 | 45 | — | — | QQ |
| 2008 年丽江环保纠纷事件 | 18 | 9 | — | — | — |
| 2008 年彭州石化事件 | 16 | 17 | — | — | QQ/短信 |
| 2008 年上海磁悬浮事件 | 17 | 4 | — | — | — |
| 2008 年深圳南山垃圾焚烧事件 | 26 | 15 | — | — | — |
| 2009 年广州番禺垃圾焚烧事件 | 557 | 335 | 0 | — | QQ/短信 |
| 2009 年浏阳镉污染事件 | 104 | 64 | 0 | — | — |
| 2009 年陕西凤翔血铅事件 | 98 | 64 | 0 | — | — |
| 2009 年上海垃圾焚烧事件 | 25 | 13 | 0 | — | QQ |
| 2009 年吴江垃圾焚烧事件 | 28 | 18 | 0 | — | QQ/短信 |
| 2010 年广东东莞垃圾焚烧事件 | 27 | 21 | 0 | — | QQ |
| 2010 年广州垃圾焚烧事件 | 88 | 40 | 60 | — | QQ |
| 2011 年安徽望江反彭泽核电站事件 | 30 | 14 | 20 | — | — |
| 2011 年大连抗建 PX 项目事件 | 949 | 338 | 232 | — | QQ/短信 |
| 2011 年长江大学师生下跪反钢厂污染事件 | 177 | 48 | 54 | — | — |
| 2011 年浙江海宁晶科能源公司污染事件 | 14 | 11 | 34 | — | QQ |
| 2012 年京沈高铁邻避事件 | 31 | 37 | 27 | — | QQ/短信 |
| 2012 年浙江宁波反 PX 事件 | 86 | 17 | 53 | — | QQ/短信 |
| 2012 年四川什邡抗建宏达钼铜项目事件 | 197 | 54 | 244 | — | 短信 |
| 2012 年天津滨海新区反 PC 项目事件 | 21 | 13 | 36 | — | — |
| 2012 年镇江水污染事件 | 33 | 16 | 50 | — | 短信 |
| 2013 年广州花都反垃圾焚烧事件 | 72 | 16 | 189 | — | QQ/短信 |
| 2013 年黄浦江死猪事件 | 156 | 34 | 83 | — | 短信 |
| 2013 年上海抗议松花江电厂事件 | 36 | 20 | 44 | — | 微信群 |
| 2013 年云南昆明抵制千万吨炼油项目事件 | 165 | — | 210 | — | 短信 |

[①]　因部分内容存在被删帖现象，使本章节在数量统计方面可能存在误差。而根据环境维权案例的网络热度及搜集到的现有文本数量对照来看，当前数据与维权热度大致呈正相关，这说明作者搜集到的相关数据仍具有一定的参照性。

| | 论坛 | 博客 | 微博 | 微信 | 其他 |
|---|---|---|---|---|---|
| 2014 年广东茂名抗建 PX 项目事件 | 209 | 9 | 98 | 6 | QQ/微信群 |
| 2014 年杭州余杭区反中泰垃圾焚烧事件 | 60 | — | 67 | 5 | 微信群 |
| 2014 年广东博罗反垃圾焚烧事件 | — | | 38 | 8 | 微信群 |
| 2015 年上海金山区抗建 PX 项目事件 | 43 | | 49 | 17 | 微信群 |
| 2015 年广东抗建河源火电厂项目事件 | 17 | | 20 | 12 | QQ/微信群 |
| 2016 年广东肇庆反垃圾焚烧事件 | — | | 26 | 36 | 微信群 |
| 2016 年广西南宁抗建贵南高铁改线事件 | 9 | | 30 | 11 | |
| 2016 年湖北仙桃反垃圾焚烧事件 | | | 44 | 77 | 微信群 |
| 2016 年浙江海盐反垃圾焚烧事件 | 28 | | 43 | 64 | 微信群/短信 |
| 2017 年广东清远抗建垃圾焚烧事件 | — | | 37 | 79 | 微信群 |
| 2017 年云南怒江垃圾污染事件 | | | 12 | 3 | |
| 2018 年江西九江抗建垃圾焚烧厂事件 | 17 | — | 47 | 54 | 微信群 |
| 2018 年辽宁反对建设氧化铝项目事件 | 16 | | 35 | 17 | — |
| 2019 年武汉阳逻抗建垃圾焚烧厂事件 | 28 | | 32 | 17 | 微信群 |
| 2019 年李思侠举报石泉县石料厂污染事件 | 70 | 27 | 191 | 42 | 微信群 |

在宏观量化及媒介文本"考古"基础上可以发现：公众维权动员的平台选择较为多元，其中以论坛、微信、微博等为代表的互联网平台成为公众发布信息、组织行动的重要载体；而短信、QQ 群、微信群等的使用则构建了相对私密的公众社群空间。

按照互联网技术兴起与发展的时间逻辑，论坛、博客、微博、微信等平台相继成为不同时期公众维权动员实践的重要渠道。与媒体发展演进基本相同，公众网络动员的平台选择也具有接续性和迭代交互的特征。在前微博时代，即 2009 年微博兴起以前，公众网络动员平台主要以论坛、博客为主，短信、QQ 等新兴媒体的使用也较为频繁。尤其论坛在该时期异常火爆，一度被地方维权公众视为组织动员、通知发布以及政策文件公开的重要平台①；事件参与者认为"网络论坛是最方便最能引发舆论关注的形式"②。然

---

① 赵玉林. 从邻避冲突案例看网络动员平台的迁移——基于政治机会结构理论的分析 [J].
理论与现代化，2018 (4)：104－111.
② 赵玉林. 从邻避冲突案例看网络动员平台的迁移——基于政治机会结构理论的分析 [J].
理论与现代化，2018 (4)：104－111.

而，在迅速集聚人气的同时，网络论坛也面临着被信息监控和内容删帖的风险。[①] 在厦门反 PX 维权行动中，地方公众以"小鱼论坛""厦门大学 BBS"以及"天涯论坛"等网络论坛作为集体抗建 PX 项目落户厦门的网络动员平台。这类新媒体平台在一定程度上改变了组织的内部结构以及组织自上而下的沟通方式；其大大降低了动员和协调的资源成本，使平台上的维权人士能够轻松完成反建问题、需求调整、运动框架的构建以及线下行动的协调和召集。2009 年以后，伴随微博使用的普及，网络动员的实践方式开始向微博平台转移。凭借信息发布、转发、意见跟帖与讨论等弱连接特质，微博在四川什邡抗建某钼铜项目（2012）、云南昆明抵制千万吨炼油项目事件（2013）等环境维权行动中备受公众关注。同时，公众创造性地使用微博平台设置维权议题、与不同主体进行意见交换为组织集体抗争行动提供新的政治机会。微博平台成为这一时期维权舆论生成及其话题引爆的中心。此后，微信平台的出现及生活化使用再一次拓展了公众网络动员的结构选择。微信一经诞生在短时间内便跃升至国内最流行的社交平台，其贯通人际传播、群体传播与大众传播的多维媒介场景[②]，成为公众环境维权新的动员利器。2016 年湖北 X 市与浙江 H 市反垃圾焚烧事件、2017 年广东 Q 市抗建垃圾焚烧事件、2018 年江西 J 市抗建垃圾焚烧厂事件……公众借助民间微信公众号的信息宣传、朋友圈信息扩散等方式一方面扩大维权舆论的影响范围，另一方面则培育相对稳定的"以共享的价值和利益为中心"[③] 的虚拟社群，为环境维权的集体行动开展奠定基础。依靠不断更新和完善的网络技术，网民可以在持续的信息传播和网络情节体验中积累和传播经验。[④]

从"大众门户时代"[⑤] 到以微博、微信等为节点的泛媒体时代，公众网络动员实践并非单一平台的"独立作战"，而呈现多平台选择的信息交互。

① 徐祖迎. 网络动员及其管理 [D]. 天津：南开大学，2013：53.

② 彭兰. 网络传播概论 [M]. 北京：中国人民大学出版社，2017：116.

③ 曼纽尔·卡斯特. 网络社会的崛起 [M]. 夏铸九，王志弘，等，译. 北京：社会科学文献出版社，2001：441.

④ 张翼. 当代中国社会结构变迁与社会治理 [M]. 北京：经济管理出版社，2016：425.

⑤ 彭兰. 新媒体用户研究：节点化、媒介化、赛博格化的人 [M]. 北京：中国人民大学出版社，2020：6.

从上述公众环境维权的信息发布来看，多数环境维权行动都以三个及以上平台作为信息流通中介，且不同平台的信息内容具有"互文性"特征，即各平台间的信息主体以互相转发、互为言说和诉求呼应为主。论坛、微博、微信等平台内容通过互相转发、改编或借用以满足公众维权实践诉求。在厦门反PX事件中，公众最早借助小鱼网站和厦门房地产联合网发布 PX 项目信息，此后各种反建 PX 项目声音经由海沧区论坛声援—QQ 联络—短信群发鼓动等平台迁移，最终促成声势浩大的广场"散步"行动。2016 年，浙江海盐垃圾焚烧事件也进一步诠释了公众多平台选择与信息聚合过程。微信公众号推送的《震惊！海盐要建造垃圾焚烧发电厂?!》《【震惊】就在乍浦边上，海盐西塘桥要建造垃圾焚烧发电厂?!》等多篇文章除部分来自平台主创，核心内容多转发或改编自网站平台；微博、微信朋友圈则就垃圾焚烧项目的危害展开讨论，如图 4-1 所示。

**图 4-1　海盐西塘桥垃圾焚烧电厂项目在微信平台的讨论**

此外，QQ 群、微信群等平台的使用也推动公众动员信息的有效聚合。44 起典型维权案例中，有 32 起（占比 73%）依托私密社群属性的网络平台展开动员实践。这一数据与此前学者关于 2007—2016 年间环境维权事件统计结果相近（77.4% 的抗议者主动使用自媒体）。[①] QQ 群、微信群是基于半熟人圈层的社群联结。在这一空间中，公众环境维权信息流向更为精准，具

---

① 郭小安，尹凤意．媒介逻辑如何影响环境维权进程？——基于 2007—2016 年间 53 起事件文本的统计分析 [J]．中国网络传播研究，2016（2）：178-191．

有管理权限的群主掌握着信息扩散与分配的主导权，在保证信息有效传达的同时，可以调动群成员的参与积极性。这一点在海盐抗议垃圾焚烧行动中尤为明显：以邻里、亲戚、朋友以及同事等强关系构成的微信群作为网络动员平台表现出强大的动员能力，如宣传和串联便利、组织化程度高、权力主体介入难度大等，使得维权活跃分子之间的信息沟通、关系建立以及组织协调工作更为便捷，进而导致在权力主体更难察觉的情况下，以更快的速度、更大的规模和更大的能量形式爆发。

公众环境维权网络动员的平台选择取决于互联网技术的演变逻辑与建构逻辑，尤其互联网所建构的结构空间与意义空间在改变公众关系联结的同时，为维权公众间的信息传递、情感沟通等过程提供了组织基础和协调机制，进而在一定程度上影响公众环境维权的行动路径及其效果。正如麦肯纳和巴奇所认为的："互联网作为一种交流的渠道，具备一种独特的，甚至是革命性的力量……人们可以相对容易地联系与自己具有相似兴趣、价值和信念的人。"[1]

## 二、表达与聚合：公众环境维权网络动员的认同实践

在西方社会运动实践中，集体认同感是解释松散群体走向聚合的关键概念。其"不再仅仅是工具性的意义，而是运动的重要目标之一"[2]，"是从成员的共同利益、体验和团结中演化而来的群体的共享定义"[3]。集体认同感所衍生的共享性定义为反思环境维权行动提供路径观照。其既体现在情感实践维度的意义联结，又偏向于现实利益考量层面的群体团结。

### (一) 公众环境维权网络动员的"情感共同体"建构

公众维权行动的"情感共同体"建构主要体现在情感表达层面，即调动语言、修辞、文化等情感话语将公众情感体验（可以是真实的，也可以是表

---

① Katelyn Y. A. McKenna & John A. Bargh. *Coming Out in the Age of the Internet*：*Identity "Demarginalization" Through Virtual Group Participation* [J]. Journal of Personality and Social Psychology，1998，3：681-694.

② 孙玮."我们是谁"：大众媒介对于新社会运动的集体认同感建构 [J]. 新闻大学，2007 (3)：140-148.

③ 艾尔东·莫里斯，卡洛尔·麦克拉·吉缪勒. 社会运动理论前沿 [M]. 刘能，译. 北京：北京大学出版社，2002：122.

演的）转化为能够被他人感知的"可见性"情感。① 任何真实的社会行为总是受到神经和内分泌系统控制的某些情感的影响。② 情感表达通过自身的情感体验与宣泄影响集体共有目标的达成。英国学者威廉·雷迪将情感表达视为一种言语行为，具备记述式话语——描述世界与施为式话语——改变世界的特质：首先，情感表达具有描述性话语的外观，即对情感状态和情绪偏向的描述；其次，情感表达具有建立关系的意愿，社会生活中的情感表达话语绝大多数表现为特定场景、特定关系、行动导向的一部分……常常表现为一种协商、拒绝、开始或终止一项计划，建立一种连接或关系的期待；最后，情感表达有自我探究（self-exploring）或自我改变（self-altering）的效果。③ 威廉·雷迪所阐释的情感表达逻辑并非局限在情感话语的静态文本层面，而是强调情感话语流通的动态过程。悲情叙事、弱者武器和道德正义等公众话语也正是借助情感表达的"可见性"和行动逻辑，实现维权动员的"情感共同体"建构。

为整体、直观地呈现公众"情感共同体"建构的表达逻辑，本小节对公众环境维权话语文本进行情感倾向和情感语言的高频词分析。通过选取分析博客、论坛、微博、微信等互联网平台的 2 081 篇文本，结果见表 4－2。

表 4－2　公众互联网平台维权动员文本的基调情感

| 情感类型 | 数量 | 百分比（%） | |
| --- | --- | --- | --- |
| 感动 | 175 | 8.4% | 正向情感（21.8%） |
| 喜悦 | 278 | 13.4% | |
| 悲伤 | 426 | 20.5% | 负向情感（67.9%） |
| 担忧 | 307 | 14.8% | |
| 愤怒 | 251 | 12.1% | |
| 同情 | 236 | 11.3% | |
| 戏谑 | 193 | 9.2% | |
| 无情感 | 215 | 10.4% | 中性情感（10.4%） |

---

① 袁光锋. 迈向"实践"的理论路径：理解公共舆论中的情感表达 [J]. 国际新闻界，2021（6）：55－72.

② Turner，Ralph H.，Lewis M. Killian. *Collective Behavior* [M]. Englewood Cliffs：Prentice-Hall，1987：104.

③ 威廉·雷迪. 感情研究指南：情感史的框架 [M]. 周娜，译. 上海：华东师范大学出版社，2020：131－134.

公众情感表达的负向文本为 1 413 篇，占比 67.9％；公众情感表达的正向文本为 453 篇，占比 21.8％；而情感表达的客观性文本仅为 215 篇，占比 10.4％。负向文本分布占有庞大体量，间接说明消极情绪在公众"情感共同体"建构中所占据的主导性地位。负向情感相较于正向情感而言更容易引发"强烈而迅速的生理、认知、情绪以及社会反应"①，极易催生强大的情感共鸣。基于负向情感话语所形成的行为、身体、叙事以及身份等多重言说规则：以下跪、自焚等为主的身体展演，以正义、悲情等为主的叙事模式，以"子孙后代"、儿童、老人等弱势群体为主的身份标识……则建构了环境维权网络动员的初始动员情境。行为逻辑、叙事逻辑与身份逻辑的相互叠加，使维权公众潜在的同情、愤怒、不公平感等大众认同心理得到强化。这一行为过程在一定程度上能激发网民普遍的情绪感知与认同参与，简单的旁观者变成了紧密联系的集体参与者，而之前高度分散的个体在思维和行动上则保持着高度的一致性。②

"2012 年四川什邡事件"的转化与升级是印证"情感共同体"实践逻辑的典型个案。在该项目奠基前，有网友便在 QQ 空间发表《什邡，不久的将来或是全球最大的癌症县》（被转载 4 587 次，被分享 773 次）、《请救救什邡》（被转载 4 725 次，被分享 780 次）。事后市民接受采访时也表示，"我们担心污染，我们担心健康"。这种担心主要由于网络空间所充斥的诸多夸大而又无法确证的信息，"恰恰因为无法确证，又与生活环境紧密联系，才会造成社会恐慌和焦虑情绪"③。在大连反 PX 事件中，市民也表达了类似的恐惧感："我对 PX 并不了解，我选择相信网上对 PX 危害的传闻是因为政府从来没有对我们披露过真相。"④ 其中以"救救孩子"为主题的情感文本在微博平台被转载 8 000 多次，评论近 2 万条。上述公众情绪在网络空间运行中表现为一种同质化情感的不断升华与异质化情感的消解与对抗，最后极

---

① Shelley E. Taylor. *Asymmetrical Effects of Positive and Negative Events：The Mobilization-Minimization Hypothesis* [J]. Psychological Bulletin，1991，1：67－85.

② 杨国斌. 连线力：中国网民在行动 [M]. 桂林：广西师范大学出版社，2013：26.

③ 蔡志强. 什邡事件对社会治理成长的启示 [N]. 学习时报，2012－07－23.

④ 大连 PX：糊涂地来，糊涂地去？[EB/OL]. [2011－08－21]. http：//iffcb26bf0e78ad0a4511hqc5vnq56fqqq6nbb. fgag. libproxy. ruc. edu. cn.

易演变为公众"情感共同体"实践的"狂欢"。

### (二) 公众环境维权网络动员的"地方共同体"建构

公众"地方共同体"建构是基于卡斯特环保运动类型中"保卫自身空间"的实践逻辑，其主要目标是动员地区成员保卫自己的生活空间，标志性口号"不要在我家后院"。卡斯特认为尽管这种分类方法难以避免简化的结构缺陷，却具有普遍价值。作为"反对不想要的使用方式的入侵"，"保卫自己的空间"已成为环境行动最快速成长的形式，而且或许也最能连接上人们对更大的环境恶化的议题的直接关注。① 厦门反 PX 维权行动的爆发，标志着以地方共同体为主要认同逻辑的环保运动已经来到中国。在厦门反 PX 行动中，公众将"我们是厦门人""保卫厦门""生活在这里，热爱这片土地""喜欢厦门"等作为构建地方共同体的话语资源，借助论坛、博客等互联网平台转发、讨论并唤起地区公众的参与认同。这一过程个体化、地方化的维权行动逐渐演化为一种更广泛意义上的环保实践。署名"厦门浪② 22"在奥一网发表的《反污染！厦门百万市民疯传同一短信》成为引发市民关注"厦门"集体利益的焦点。其涉及"厦门市民""保卫家园"等主题引发网友强烈共鸣，据统计，该热门帖的粉丝数量曾一度突破 1 万，页面浏览量达到56 890 次。③ 此后，从厦门到大连，从什邡到广州，在环境维权行动的频频上演过程中，公众"地方共同体"话语的建构热度只增不减："救救大连""救救茂名""救救什邡""救救我的家""保卫大连""我是茂名人"等话语频频被公众征用，在建构维权公众共有身份的同时，逐渐沉淀为环境维权网络动员的重要行动资源。

公众认同感的建构一方面来源于地方共同体的唤起与想象，而另一方面则借助相对私密性的社交平台强化行动共同体的场域秩序，其中以 QQ 群、微信群为代表在建构场域共同体方面发挥着重要作用。上述虚拟场域中的群成员可以接收到同质化的动员信息，其目标行动更为明确，依靠"融合性社

---

① 曼纽尔·卡斯特. 认同的力量 [M]. 夏铸九，黄丽玲，等，译. 北京：社会科学文献出版社，2003：131-132.

② "厦门浪"告诉记者，之所以用这个网名，正是因为"厦门浪"即是"厦门人"的闽南话发音。

③ 姜锵，等. "厦门浪"获年度网络公民大奖 [N]. 南方都市报，2008-01-14（A27）.

区媒介"① 特性公众极易被整合进动员实践过程中。与面对面实体空间的互动实践相比，互联网空间的虚拟互动相对匿名和安全，人们可以投入更多，对网络社群产生新的认同。② 例如，厦门反 PX 事件，吴贤等人发起的 QQ 群"还我厦门碧水蓝天"成为维权共同体建构的重要场域，QQ 群成员因利益诉求及观点的一致性极易形成动员合力，增强动员效果。其中发布的 PX 项目动向、"环保散步"具体时间和地点等内容使群成员的行动参与具备计划性和可操作性，一度成为维权行动"走上街头"的直接力量来源。与 QQ 群组织动员相似，微信群以半熟人圈层为基础将环境权益被侵害的群体组织起来，其强关系特质更有利于群成员之间的有效联结，便于地方维权共同体的信息实践转化为有实际目标指向的行动展演。从 2013 年起，微信群因具有的强组织动员功能开始成为维权者实践权益诉求的重要渠道。2016 年浙江海盐反垃圾焚烧事件中，微信群成为当地民众开展维权动员、组织联络的重要手段，500 人上限的微信群达 3 个之多。可见，QQ 和微信群不仅是信息共享和交流平台，也是达成共识和动员行动的工具。③ 但上述社交媒体在开展动员实践过程中也面临着"政治正确"和合法性存在的尴尬境地。

在环境维权网络动员实践中，公众的互联网平台选择、集体认同感建构呈现技术性、时间性、地方性和制度性相互交织的特点。这构成了公众网络动员的行动核心。

## 第二节　社会中层维权动员的意见引领

作为早期大众传播效果研究的关键概念之一，意见领袖最初是由拉扎斯菲尔德等人在《人民的选择》一书中提出的。其概念阐发主要建立在"两级传播"假说基础上，即强调意见往往从广播和印刷媒体流向意见领袖，然后

---

① Huang，R.，Sun，X. *Weibo Network，Information Diffusion and Implications for Collective Action in China* [J]. Journal Information，Communication & Society，2014，17：86 - 104.

② John A. Bargh，Katelyn Y. A，McKenna. *The Internet and Social Life* [J]. The Annual Review of Psychology. 2004，55：573 - 590.

③ 王斌，古俊生. 参与、赋权与连结性行动：社区媒介的中国语境和理论意涵 [J]. 国际新闻界，2014（3）：92 - 108.

再由他们流向不太活跃的群体。① 意见领袖通过选择性阐释经由媒介渠道获取的信息咨询，介入大众传播，加快传播速度，扩大媒体影响力。② 从传统的社群结构来看，意见领袖一般具有某种特长或表达观点与真知灼见、媒介接触度或兴趣更高，同时占据一定的社会资本优势③；传统意见领袖所具备的专业权威与人格魅力，使其在社会行动中更容易被关注。进入网络时代后，意见领袖的生成及其活动空间发生了改变：作为传统人际传播的"中间阶层"范畴被打破，意见领袖借助网络虚拟平台实现了从群体组织者到公共实践者的身份转换。与此同时，网络技术的开放性、草根性和平权性④也拓展了既有意见领袖的数量基数和准入边界，庞大的网民群体在机缘巧合且具备必要素质的前提下，皆可能成为网络时代的意见领袖。⑤

## 一、环境维权网络意见领袖的角色

从 2007 年厦门反 PX 事件的赵玉芬、连岳、吴贤到 2012 年四川什邡抗建宏达钼铜项目事件的韩寒再到 2019 年举报石泉县石料厂污染事件的李思侠、张海成……环境维权网络动员中的意见领袖从未缺席，其通过递交提案、网络发帖、社交媒体组织倡议、信访举报等手段介入并影响环境维权行动的基本走向。表 4-3 是作者对几起典型环境维权事件中意见领袖及其具体活动的梳理。

表 4-3　环境维权意见领袖的基本构成及实践活动

| 编号 | 事件 | 意见领袖 | 具体活动 |
|------|------|----------|----------|
| 0101 | 2007 年厦门反 PX 事件 | 网友"厦门浪" | 网站发帖（"厦门浪 22"） |
| 0102 | 2007 年厦门反 PX 事件 | 厦门大学教授赵玉芬等人 | 给政府写信；共同签署《关于厦门海沧 PX 项目搬迁方案的议案》 |

① 希伦·A. 洛厄里，梅尔文·L. 德弗勒. 大众传播效果的里程碑（第三版）[M]. 刘海龙，等，译. 北京：中国人民大学出版社，2004：67.

② 宋石男. 互联网与公共领域构建——以 Web2.0 时代的网络意见领袖为例 [J]. 四川大学学报（哲学社会科学版），2010（3）：70-74.

③ 王丽. 虚拟社群中意见领袖的传播角色 [J]. 新闻界，2006（3）：50-51.

④ 宫承波. 新媒体文化精神论析 [J]. 山东社会科学，2010（5）：60-64.

⑤ 宋石男. 互联网与公共领域构建——以 Web2.0 时代的网络意见领袖为例 [J]. 四川大学学报（哲学社会科学版），2010（3）：70-74.

续表

| 编号 | 事件 | 意见领袖 | 具体活动 |
|---|---|---|---|
| 0103 | 2007 年厦门反 PX 事件 | 知名专栏作家连岳 | 在博客、南方都市报上的专栏持续转载和撰写有关 PX 项目的新闻和评论 |
| 0104 | 2007 年厦门反 PX 事件 | QQ 群发起者吴贤 | 创建"还我厦门碧水蓝天"QQ 群，呼吁群成员佩戴"反对 PX，保卫厦门"的黄丝带 |
| 0201 | 2008 年彭州石化事件 | NGO 组织志愿者胡梓（化名） | 最早在网上质疑彭州石化；其帖子《不要让成都成为一个来了就跑不脱的城市》被很多反对彭州石化的人当作有力论据 |
| 0202 | 2008 年彭州石化事件 | 当地知名作家冉云飞 | 博客多次发帖，呼吁"有血性的成都人站起来"，采取力所能及的办法反对彭州石化项目 |
| 0301 | 2008 年深圳南山垃圾焚烧事件 | 中国科学院环科所专家赵章元 | 积极为反建垃圾焚烧发声："它是一级致癌物……它的半衰期是 14 年到 273 年，到了人体内就积累，你的标准再低，它最后还是致癌的。" |
| 0401 | 2009 年广州番禺垃圾焚烧事件 | 知名网友"巴索风云" | 在丽江花园江外江论坛、天涯社区以及新浪博客上积极发帖，要求政府信息公开；受邀参加垃圾处理讨论会 |
| 0402 | 2009 年广州番禺垃圾焚烧事件 | 南方网知名网友、民主党派人士罗林虎 | 采用实名发帖，不仅力撑垃圾焚烧，也对垃圾分类提出了诸多建议 |
| 0501 | 2009 年北京阿苏卫垃圾焚烧事件 | "驴屎蛋儿"（律师） | 在天通苑论坛发帖；组织奥北小区市民雨天"散步"，口号："反建阿苏卫，保卫北京城"；组织万人签名；代表小区业主赴日本考察垃圾焚烧厂运行情况 |
| 0601 | 2011 年长江大学师生下跪事件 | 长江大学教授和博士生、硕士生 | 集体信访、下跪 |
| 0701 | 2012 年京沈高铁邻避事件 | 卡布奇诺、梵谷水郡、滨河一号等小区的 10 位业主代表 | 通过微博、博客、论坛和 QQ 群等互相联络，号召理性维权 |
| 0801 | 2012 年浙江宁波反 PX 事件 | 网络大 V（王冉、姚晨、薛蛮子等） | 转发评论宁波市民环境抗争活动：王冉（今夜，宁波无眠。每一次这样的对峙，都在逼迫中国做出选择——是对话还是对抗，是文明还是暴力，是透明还是封闭，是法治还是吏治，一句话，是进步还是倒退……让我们勇敢选择）、姚晨（这是座美丽的城市，请爱惜它） |

129

续表

| 编号 | 事件 | 意见领袖 | 具体活动 |
|---|---|---|---|
| 0901 | 2012年四川什邡抗建宏达钼铜项目事件 | 普通网友 | 在QQ空间发表《什邡，不久的将来或是全球最大的癌症县》，矛头直指钼铜项目的环境污染问题；《请救救什邡》的日志，被转载4 725次，被分享780次 |
| 0902 | 2012年四川什邡抗建宏达钼铜项目事件 | 网络大V韩寒 | 发表《什邡的释放》等博文声援什邡维权行动 |
| 1001 | 2014年广东茂名抗建PX项目事件 | 活跃网友李林 | 借助微信在朋友圈和微信群传播有明确时间和地点的抗议信息 |
| 1002 | 2014年广东茂名抗建PX项目事件 | 清华大学化工系学生 | 修改PX毒性，由"剧毒"改成"低毒"，希望"维护词条的科学性"，避免误导人民大众！" |
| 1003 | 2014年广东茂名抗建PX项目事件 | @一毛不拔大师、"方舟子和他的网友们"、香港南华早报中文网总编辑@郑维发、北京大学教授@吴必虎等网络大V | 通过微博发表言论，主要针对PX项目的环境污染程度、政府处理PX项目的方式、政府的公信力和体制问题 |
| 1101 | 2016年浙江海盐反垃圾焚烧事件 | 海盐比较有名望的人① | 组建微信群，组织抗建活动 |
| 1201 | 2017年云南怒江垃圾污染事件 | 微博大V袁立 | 微博中点名批评了福贡、泸水的垃圾倾倒在怒江污染环境的问题 |
| 1301 | 2019年李思侠举报石泉县石料厂污染事件 | 第一位大学生女工程师李思侠 | 通过信访举报和网络发帖等渠道反映石泉县石料厂因非法开采所造成的环境污染等问题 |
| 1302 | 2019年李思侠举报石泉县石料厂污染事件 | 盲人老村长张海成 | 网络发帖；组建微信群，动员村民参与维权 |
| 1303 | 2019年李思侠举报石泉县石料厂污染事件 | 律师@王飞说法、@才良朱律师 | 多次微博发文，敦促安康中院公正审判，释放李思侠等人 |

　　通过对几起环境维权实践的考察发现，意见领袖的角色构成既带有"社会中层"的结构属性，同时又具有网民的身份感特质。此前有研究文章抛出"颠覆论"的理论假设，认为互联网时代的意见领袖颠覆了传统意见领袖形成的社会地位、教育水平和更好的经济能力等现有结构性条件。其中，社会

---

① 赵玉林，原珂. 微信民主和制度吸纳：基层治理中微信政治参与的激进化——以浙江海盐垃圾焚烧发电厂抗议事件为例 [J]. 甘肃行政学院学报，2016（4）：4-14.

地位往往不再是先决条件，而是成为舆论领袖后获得的附加条件。① 而在作者所研究的环境维权实践中，上述论断显然不适合解释大部分网络意见领袖的角色生成及其行为，仅能涵盖依托网络崛起的草根明星抑或是网络动员中的积极分子：首先，这一时期意见领袖仍附带社会结构的鲜明烙印。专家学者、律师、公务员、NGO 志愿者、工程师、知名作家等城市精英阶层，以及隐匿其中的部分网友，如有着十年媒体从业经验的"厦门浪"、一直从事律师工作的"驴屎蛋儿"等都具备传统意见领袖专业权威和人格魅力的基本特质。其次，伴随网络平台选择及其信息流通，一批积极表达参与的活跃分子也成长为环境维权动员的意见领袖，例如，厦门反 PX 事件中的吴贤、广州番禺垃圾焚烧事件中的"巴索风云"以及广州茂名反 PX 事件中的活跃网友李林、@一毛不拔大师等。最后，明星、网络大 V 有时也参与到环境维权行动中，如在什邡事件中积极发声的王冉、姚晨、薛蛮子；微博批评怒江垃圾污染的袁立……由于该群体所拥有的庞大粉丝数量，使其言论往往备受社会舆论关注。

## 二、环境维权网络意见领袖的行动实践

网络意见领袖因占有政治、经济、文化、技术等某些资源优势②，从而影响该群体在环境维权动员实践中的行动特征。关于社会行动的类型划分，马克斯·韦伯在《经济与社会》中有过经典阐释：①工具理性，它取决于对客体在环境中的表现和他人表现的预期；参与者将这些期望作为实现自身理性追求和特定目标的"条件"或"手段"。②价值理性，它是由一种无条件内在价值的自觉信念所决定的，这种价值包含在一种特定的行为方式中，无论这种价值是伦理的、审美的、宗教的还是其他的，其只追求行为本身，而不考虑其他代价。③情绪的（尤其是情感的），这决定于行动者的特定情感和情绪状态。④传统的，它决定于根深蒂固的习惯。③ 韦伯社会行动的范畴

① 宋石男. 互联网与公共领域构建——以 Web2.0 时代的网络意见领袖为例 [J]. 四川大学学报（哲学社会科学版），2010（3）：70 - 74.

② 李强. 当代中国社会分层 [M]. 北京：生活·读书·新知三联书店，2019：7.

③ 马克斯·韦伯. 经济与社会（第一卷）[M]. 阎克文，译. 上海：上海人民出版社，2019：25 - 26.

界定为网络意见领袖的维权实践提供了一套解释性框架。一方面，网络意见领袖在环境维权的网络动员实践中具有鲜明的工具理性和价值理性的行为特征，这与构成该群体的学历、职业身份等基本吻合。环境领域的专家学者往往以理性主义视角建构环境风险的知识维度。但这一过程也极易走向现代理性的对立面：专家往往"代表"外行承担风险，却向外行隐瞒或歪曲这些风险的真实性质，甚至完全隐瞒存在风险的事实。① 另一方面，以情绪和传统习惯为主导的行动类型集中表现在以非专业性网络大 V 为代表的维权行动参与。该群体的网络动员行动蕴含着大众政治模式的实践特征。② 基于社会行动的动员逻辑，上述三种身份构成的意见领袖在环境维权动员中呈现行动组织、舆论引导和情感实践的多重功能。

在行动组织方面，意见领袖通过网络发帖、组建 QQ 群、微信群等动员渠道，提供可操作性的具体行动方案。在厦门反 PX 事件中，作为"意见领袖"的专栏作家连岳借助博客积极撰写和转载的有关 PX 项目的新闻和评论成为早期 PX 动员实践的策源地，如《公共不安全》《厦门市民这么办》等文章，鼓励厦门市民参与讨论。借助互联网空间的"一呼百应"，关于连岳博客文章的话题讨论构成了一个散射型网络，推动该事件的持续性发酵。③ 吴贤则在其建立的"还我厦门的碧水蓝天"QQ 群中组织维权行动，提前转发 2007 年 6 月 1 日上街"散步"信息，发出呼吁："请尽量多转发此消息。为了自己的生存，行动起来吧"④；北京阿苏卫反垃圾焚烧事件中的"驴屎蛋儿"通过天通苑论坛积极发帖，组织当地小区业主在"雨中"散步。意见领袖的上述实践主要考虑到维权行动该采用何种手段，以达到何种效果为目的。这一网络动员逻辑以工具理性为导向，将预期作为"条件"，通过可感知的权益目标和行动路径使相对分散的公众得以整合。

在舆论引导方面，厦门大学赵玉芬教授等人涉及的 PX 项目迁址议

---

① 安东尼·吉登斯. 现代性后果 [M]. 田禾，译. 南京：译林出版社，2011：114.

② 塞缪尔·亨廷顿，琼·纳尔逊. 难以抉择——发展中国家的政治参与 [M]. 汪晓寿，吴志华，项继权，译. 北京：华夏出版社，1988：16 - 20.

③ 陈天林，刘爱章. 网络时代预防和处置生态环境型群体性事件的新思路——透视厦门 PX 事件 [J]. 科学社会主义，2009（6）：111.

④ 谢良兵. 厦门 PX 事件：新媒体时代的民意表达 [N]. 中国新闻周刊，2007（20）.

案；知名网友、民主党派人士罗林虎关于垃圾焚烧的建言献策；中国科学院环科所专家赵章元针对反建垃圾焚烧的网络呼吁；清华大学化工系学生就 PX 词条"毒性"的科学之争……一批以社会中层为主导的意见领袖通过撰写和转发带有科学话语和专业话语的议案、网络博文、新闻评论等主题文章引导公众理性认知环境维权行动与环境风险特征。正如乌尔里希·贝克所强调的，风险往往需要跨越学科、组织团体、政治文化和社会结构性鸿沟，甚至，风险的最终阐释会带来多元主体间关于其知识话语的对立或界定之争。[①] 意见领袖之间尽管存在对相关问题的分歧，但话语论争却为理性舆论氛围的营造提供了前提条件。意见领袖的科学话语实践符合杜威关于专家责任的想象，即首先要向公众提供更全面、准确的信息；其次要把抽象的知识用普通大众可以理解的方式传达给他们，促进民主对话，帮助公众做出更理性的决策。[②] 与此同时，意见领袖对于理性行动的追求与引导也体现在环境维权动员的微观组织层面。部分论坛博主，QQ 群、微信群群主为避免触碰"政治红线"，大多设置以"理性表达，合法维权""理性对待，文明示威"[③] 等为主题的媒体公告或签名，从而达到规范引导网民的维权行为方式。借助互联网的"弱连接工具"，公众得以和作为意见领袖的社会中层联系在一起，形成"有影响力的盟友"[④]，有助于运动中政治机会的生成。基于价值理性的舆论引导，成为意见领袖构建理性话语协商的自觉行动过程。

在情感实践方面，以彭州石化事件中的知名作家冉云飞、四川什邡抗建某钼铜项目事件中的韩寒、广州茂名反 PX 事件中的北京大学教授@吴必虎等为代表，该类意见领袖针对环境项目的危害问题、政府应对环境维权方式、政府公信力以及体制归因问题的讨论一般带有鲜明的情感体验与

① 乌尔里希·贝克. 风险社会：新的现代性之路 [M]. 张文杰，何博闻，译. 南京：译林出版社，2018：17.
② 刘海龙. 宣传：观念、话语及其正当化 [M]. 北京：中国大百科全书出版社，2020：84.
③ 赵玉林，原珂. 微信民主和制度吸纳：基层治理中微信政治参与的激进化——以浙江海盐垃圾焚烧发电厂抗议事件为例 [J]. 甘肃行政学院学报，2016（4）：4-14.
④ 曾繁旭，戴佳，王宇琦. 媒介运用与环境抗争的政治机会：以反核事件为例 [J]. 中国地质大学学报（社会科学版），2014（4）：116-126.

反思性批判色彩。以韩寒为例，其在博客中发表的《什邡的释放》以声援什邡行动：

"人们对于自己生存环境的诉求是必须被尊重的……愿什邡人的抗争能够理性聪明和安全，求谈判，勿破坏……"①

因具有高情感能量的"卡里斯马型"意见领袖精神，韩寒的网络言论备受公众热捧。这类意见领袖在话语实践与舆论引导过程中容易陷入非理性、一面倒的民粹主义怪圈。其看似蕴含着公平正义的公共性追求，却又因"毫无建设性的一面倒指责"和"丝毫提不出任何解决之道和亡羊补牢之道"而饱受诟病。上述维权意见领袖的动员逻辑显然与社会发展的良性建构相悖。

网络意见领袖在推进维权行动开展、影响环境公共话题等方面彰显出强大的实践张力，并体现公众参与社会治理的基本趋势。而与意见领袖的积极参与热情相伴随的，非理性、极端化、高情感的舆论"喧哗"亦在其中。

## 第三节　大众媒体环境维权网络动员的议程凸显与遮蔽

中国环境维权网络动员实践的开展源自多种社会力量的推动，大众媒体在其中的影响独特而重要。在西方社会运动理论研究中，"与大众媒体的相遇"② 一直被视为动员进程的重要节点。按古尔维奇和列维的观点，大众媒体为不同社会群体、制度权力以及意识形态斗争提供了竞相角逐的"场所"，而其角逐的对象则围绕社会现实所展开。只有审视媒体话语，我们才能真正理解社会运动中的动员潜力是如何形成与被激活的。③ 大众媒体以复杂的、随着所面临问题不同而表现出的不同建构方式，推动社会运动的发展。其实

---

① 韩寒. 什邡的释放 [EB/OL]. [2012 - 07 - 03]. https：//business. sohu. com/20120703/n347194971. shtml.

② 艾尔东·莫里斯，卡络尔·麦克拉·吉缪勒. 社会运动理论前沿 [M]. 刘能，译. 北京：北京大学出版社，2002：85 - 86.

③ 艾尔东·莫里斯，卡络尔·麦克拉·吉缪勒. 社会运动理论前沿 [M]. 刘能，译. 北京：北京大学出版社，2002：93.

践过程一方面借助话语文本或符号表征以形塑公众日常生活条件及其作为行动效果的知识；另一方面则表现在新闻话语生产的诸多环节，涉及新闻报道时间、节奏、内容选择偏向等。话语文本与话语生产的相互交织对既定社会行动的结构秩序产生深刻影响。当大众媒体实践"遭遇"公众互联网平台的信息迁移时，其建构社会行动资源及因果逻辑的既有秩序也发生转变。回溯中国环境维权的网络动员进程，大众媒体实践在遵循新闻专业话语的范式路径上，不断主动或被动地调整自身新闻报道模式以适应网络时代纷繁复杂的信息环境。尤其伴随公众环境维权动员的信息攻势，大众媒体与公众网络动员之间表现出多种相互交错的"际遇方式"。

## 一、大众媒体时间议程的靶向偏移

起源于西方的新型社会运动尽管在中国社会转型期表现出强大活力，但由于集体行动运行的制度性资源匮乏以及本身潜在的社会风险因素，其合法性始终停留在专业概念的理论探讨层面[①]，并未得到中国现有政治秩序与主流意识形态话语的确认。异常活跃的环境维权行动亦面临尴尬处境。这也导致在环境维权行动中，大众媒体往往在政治立场坚守与专业主义"想象"[②]之间审慎把握新闻"出场"节奏。

通过对上述典型环境维权事件的逐一溯源发现，在中国环境维权行动中，大众媒体新闻报道的"出场"一般滞后于网络空间的信息发酵。其中最早借助论坛、微博、微信等网络社交平台传播的环境维权事件占总数的79.5%，而经由大众媒体率先报道的仅占总数的20.5%。（从时间序列来看，网络平台作为首发媒体的为35起，大众媒体作为首发的仅9起）（见表4-4，1表示首发，0表示次发）

---

① 孙玮. 转型中国环境报道的功能分析——"新社会运动"中的社会动员 [J]. 国际新闻界，2009 (1)：118-122；何平立，沈瑞英. 资源、体制与行动：当前中国环境保护社会运动析论 [J]. 上海大学学报（社会科学版），2012 (1)：119-130；刘颖. 生态文化视域下的环境新社会运动 [J]. 探索，2015 (3)：48-53.

② 陆晔，潘忠党. 成名的想象：中国社会转型过程中新闻从业者的专业主义话语建构 [J]. 新闻学研究（台湾），2002 (71)：17-59.

表 4 - 4　环境维权动员的平台发布统计

|  | 网络平台 | 大众媒体 |
|---|---|---|
| 2005 年浙江东阳画水镇污染事件 | 0 | 1 |
| 2006 年山东乳山反核事件 | 1 | 0 |
| 2007 年北京六里屯垃圾焚烧事件 | 1 | 0 |
| 2007 年厦门反 PX 项目事件 | 1 | 0 |
| 2008 年北京反高安屯垃圾焚烧事件 | 1 | 0 |
| 2008 年丽江环保纠纷事件 | 0 | 1 |
| 2008 年彭州石化事件 | 1 | 0 |
| 2008 年上海磁悬浮事件 | 1 | 0 |
| 2008 年深圳南山垃圾焚烧事件 | 1 | 0 |
| 2009 年广州番禺垃圾焚烧事件 | 1 | 0 |
| 2009 年浏阳镉污染事件 | 0 | 1 |
| 2009 年陕西凤翔血铅事件 | 0 | 1 |
| 2009 年上海垃圾焚烧事件 | 1 | 0 |
| 2009 年吴江垃圾焚烧事件 | 1 | 0 |
| 2010 年广东东莞垃圾焚烧事件 | 1 | 0 |
| 2010 年广州垃圾焚烧事件 | 1 | 0 |
| 2011 年安徽望江反彭泽核电站事件 | 0 | 1 |
| 2011 年大连抗建 PX 项目事件 | 1 | 0 |
| 2011 年长江大学师生下跪反钢厂污染事件 | 1 | 0 |
| 2011 年浙江海宁晶科能源公司污染事件 | 1 | 0 |
| 2012 年京沈高铁邻避事件 | 1 | 0 |
| 2012 年浙江宁波反 PX 事件 | 1 | 0 |
| 2012 年四川什邡抗建宏达钼铜项目事件 | 1 | 0 |
| 2012 年天津滨海新区反 PC 项目事件 | 1 | 0 |
| 2012 年镇江水污染事件 | 0 | 1 |
| 2013 年广州花都反垃圾焚烧事件 | 1 | 0 |
| 2013 年黄浦江死猪事件 | 1 | 0 |
| 2013 年上海抗议松花江电厂事件 | 1 | 0 |
| 2013 年云南昆明抵制千万吨炼油项目事件 | 1 | 0 |
| 2014 年广东茂名抗建 PX 项目事件 | 0 | 1 |
| 2014 年杭州余杭区反中泰垃圾焚烧事件 | 1 | 0 |
| 2014 年广东博罗反垃圾焚烧事件 | 1 | 0 |

| | 网络平台 | 大众媒体 |
|---|---|---|
| 2015 年上海金山区抗建 PX 项目事件 | 1 | 0 |
| 2015 年广东抗建河源火电厂项目事件 | 1 | 0 |
| 2016 年广东肇庆反垃圾焚烧事件 | 0 | 1 |
| 2016 年广西南宁抗建贵南高铁改线事件 | 1 | 0 |
| 2016 年湖北仙桃反垃圾焚烧事件 | 1 | 0 |
| 2016 年浙江海盐反垃圾焚烧事件 | 1 | 0 |
| 2017 年广东清远抗建垃圾焚烧事件 | 1 | 0 |
| 2017 年云南怒江垃圾污染事件 | 1 | 0 |
| 2018 年江西九江抗建垃圾焚烧厂事件 | 1 | 0 |
| 2018 年辽宁反对建设氧化铝项目事件 | 1 | 0 |
| 2019 年武汉阳逻抗建垃圾焚烧厂事件 | 0 | 1 |
| 2019 年李思侠举报石泉县石料厂污染事件 | 1 | 0 |
| 频率统计 | 35 | 9 |

这一"际遇方式"一方面为公众舆论情感的扩散、发酵及其话语秩序的形成预留了"时间空档",另一方面则导致大众媒体极易错失最初的舆论引导机会。厦门反 PX 事件中的维权行动便是一个典型个案。关于厦门 PX 项目的讨论,早在 2006 年 11 月 17 日 PX 项目宣布动工之前,就开始出现在小鱼网站和厦门房地产联合网等当地知名网站①,之后伴随意见领袖连岳、吴贤等人的网络助推,在当地形成了强大的反 PX 舆论声势;而此时,只有异地媒体《中国经营报》《第一财经日报》《瞭望东方周刊》《凤凰周刊》等对该项目进行过报道,厦门地方主流媒体《厦门日报》《厦门晚报》以及中央级主流媒体均未对 PX 项目及其民众的不满呼声给予过多关注,直到 2007年 6 月 1 日市民"散步"事件后,地方主流媒体才开始就该事件以及 PX 项目影响展开大规模舆论回应。这期间大众媒体的表现导致媒介权威性与公信力备受质疑;与此同时,缺乏主流媒体介入的网络舆论空间则借势壮大,为公众环境维权网络动员行动的开展积蓄力量。针对大众媒体在厦门反 PX 行

---

① 邵芳卿. 与民互动:叫停 PX 项目背后的政府决策机制升级 [N]. 第一财经日报,2007 -12 - 20(A6).

动中的"出场"逻辑，我们将其概括为媒体实践的时间靶向偏移，即受权力结构制约以及新闻生产环节影响所造成的大众媒体新闻报道的延迟、失焦抑或是缺位。大众媒体的时间靶向偏移在上述诸多典型环境维权事件中亦有所体现，如在 2008 年彭州反石化项目、2011 年大连抗建 PX 项目、2012 年四川什邡事件、2017 年怒江垃圾污染事件、2019 年李思侠举报陕西 S 县石料厂污染等环境维权事件中，大众媒体实践总体上呈现地方媒体的报道延迟、异地媒体的选择性失语，以及部分中央级主流媒体的"总结性出场"（一般在维权事件进入尾声时进行热点透视与行动总结）等特征。媒体报道的时间靶向偏移也成为官方消解维权议题冲突性的重要手段。①

## 二、大众媒体内容偏向层面的交互与共生

大众媒体关于环境维权报道主题一般涉及事实议题、科普议题、行动归因、治理议题和社会影响五方面。这五类议题伴随环境维权行动的多个发展阶段而呈现出不同议题间相互组合转换的过程。第一类组合方式：事实议题＋科普议题＋社会影响。大众媒体的这类主题组合主要是对网络空间中公众利益诉求和环境风险正义的一种积极回应。其内容具体涉及环境维权客体（维权行动所针对的目标，如反×××）所造成的社会安全风险和健康风险；所蕴含的个体利益诉求与经济增长之间的矛盾与冲突。例如，在厦门反 PX 事件初期，《中国经营报》《第一财经日报》《南方都市报》等媒体聚焦于当时公众关于反建 PX 项目所提出的种种质疑，并从科学话语出发向公众揭示 PX 项目建设所蕴含的巨大风险及其与个体利益实践之间的紧张关系。基于环境事实与环境正义视角的内容选择偏向极大地扩充和形塑了公众环境风险的认知空间，便于网络动员实践的进一步开展。但上述报道偏向往往被地方政府视为与自身形象建构和社会治理无益的负面内容，因无法做到与官方"立场和腔调高度一致"② 而遭遇合法性困境。第二类组合方式：事实议

---

① 孙卫华，咸玉柱.《人民日报》关于维权报道的框架分析 [J]. 当代传播，2021（5）：41－44.

② 黄月琴. 反石化运动的话语政治：2007—2009 年国内系列反 PX 事件的媒介建构 [D]. 武汉：武汉大学，2010.

题＋科普议题＋治理议题。事实议题与科普议题在两类组合方式中都有体现，但内容指向存在一定差异，前者偏向于风险层面的事实维度和科学维度；而后者则重点突出发展与建设层面的事实规律和科学规律，其侧重于建设性层面的内容呈现。因此，大众媒体的这类内容选择主要凸显社会发展进程中环境问题存在的必然性及风险的可控性和可治理性。在广州茂名反建PX事件中，地方政府联合地方媒体"先发制人"与网络反建舆论展开交锋，连续开展了为期一个月的科普宣传活动。其中，《茂名日报》刊发了一系列主题性文章，涉及PX是否有害、揭开PX之谜、PX项目是否应该继续发展、PX项目真相等，重点阐释PX项目建设的有利方面以及风险治理的可操作性和可监督性。然而上述话语宣传并没有达到其预期效果，甚至被公众质疑为："报纸上的说法都是骗人的，PX要害死茂名人。"[①] 大众媒体的这类内容偏向试图建构有序的社会治理模式和政治宣传话语，以实现对环境风险冲突的脱敏过程。但其以政治风向为偏好的报道模式，难以真正意义上呈现环境议题和行动权益目标的本质特征，同时不利于官民共识和媒体公共性实践的有效达成。如果一味追求控制社会秩序，维权行动的社会治理效果也将适得其反。

大众媒体环境维权动员的"际遇方式"，尤其时间靶向和内容偏向的选择暗含自身与公众、社会中层以及公权力主体间的关系张力，并表现为大众媒体在多元主体中的话语协商、利益合作与行动抗争。大众媒体一方面可以使社会中层声音得以放大；另一方面则通过与互联网技术协同作用，为公众维权行动争取"有影响力的盟友"，同时，进一步推动公权力决策的升级，为环境权益实践"营造明确的政治机会"[②]。在这一过程中，大众媒体发挥媒介报道本体论功能的同时，不断找寻多元主体的利益平衡点，以期弥合环境维权异化造成的社会矛盾，实现其"构建、维持社会认同"[③]的功能。而

---

① 周清树. 茂名PX事件前的31天 茂名政府为避免PX引冲突 [N]. 新京报，2014-04-05（A16，A17）.

② 曾繁旭，戴佳，王宇琦. 媒介运用与环境抗争的政治机会：以反核事件为例 [J]. 中国地质大学学报（社会科学版），2014（4）：116-126.

③ 丹尼斯·麦奎尔. 麦奎尔大众传播理论 [M]. 崔保国，李琨，译. 北京：清华大学出版社，2010：4.

如何保障既有效介入网络动员，又正确引导公众舆论，是大众媒体在环境维权动员实践中不断进行自我功能调适与角色把控的目标和方向。

## 第四节　权力主体环境维权网络动员的控制与沟通

无论是作为环境政策的制定者、环境事件的仲裁者，抑或公众环境权益诉求的对象，以政府为代表的权力主体都成为环境维权网络动员实践不可或缺的行动主体。而不同于社会中层和大众媒体面对公众维权动员时的积极乐观态度，权力主体对环境维权行动大多报以高度的警惕心和敏感性。其原因在于维权行动在转型中国的社会实践中一般会涉及官与民、权力与权利之间的冲突与博弈，极易演化为一场"抗争性政治"[①]，冲击国家机器的正常运转。地方权力主体更一度将环境维权行动视为与地方政绩、稳定秩序和社会治理直接相关的典型事件。因此，在环境维权行动前后，尤其面对公众动员信息与情感实践的强势来袭，权力主体往往采取反向的权力控制以区隔公众间的信息聚合与情感联动。这里所提到的权力控制，不仅包括马克斯·韦伯所谓的自上而下的支配性权力，一种遵循科层结构逻辑的权力实践技术[②]；更涉及现代化治理转向过程中的政治沟通艺术[③]。其具体体现在两方面：一是监控网络新媒体平台的公众信息发布及其串联，消解其动员集群功能；二是依托互联网平台积极回应事件进展和公众诉求，不断强化权力主体自身的风险沟通能力。

### 一、信息控制：权力主体对网络信息流通的监控及其规制

互联网平台的信息迁移在环境维权行动中发挥着风险传播、认同建构以及行动动员的作用，其中论坛、微博、微信、手机短信等新媒体平台更极大

---

① 于建嵘. 抗争性政治：中国政治社会学基本问题 [M]. 北京：人民出版社，2010：6.

② 王刚，徐雅倩. "刚性"抑或"韧性"：环境运动中地方政府应对策略的一种解释 [J]. 社会科学，2021（3）：15-27.

③ 郝玲玲. 政治沟通与公民参与：转型期中国政府公信力提升的基本途径 [J]. 理论探讨，2012（5）：153-156.

地释放了个体聚合的强大动能。但是，这些缔造公民力量、解构权力秩序的互联网平台更引起了以国家安全部门和地方政府为代表的权力主体的高度警惕。以传统科层化秩序主导的权力控制被广泛应用于维权动员的反向实践中，具体包括互联网平台的内容"把关"与技术监管，互联网平台实践的制度性规约，对公众进行线下行政处罚与"教育"。

其一，基于技术层面的信息监管。当权力主体面对互联网平台的信息攻势及潜在情感表达风险时，其采取的直接方式即过滤或阻断所谓敏感动员信息的传播：2007 年厦门反 PX 事件中屏蔽"散步"短信、关停"小鱼社区"论坛、删除反 PX 行动报道、捕捉 QQ 群敏感信息；2008 年彭州石化事件中限制过多转发"我们要生活、我们要健康！为了我们的子孙后代"[1] 等短信内容的手机使用，删除冉云飞、宋石男等本地意见领袖的博客文章；2012年四川什邡事件中地方权力主体对网络论坛以及韩寒等意见领袖的网络监管；2016 年浙江海盐反垃圾焚烧事件中对涉及本地的民间微信公众号和微信群进行监控与"限流"……这些典型环境维权动员的反向控制很大程度上表征着技术实践与权力秩序之间的内在紧张关系。根据不完全统计，涉及实施信息监管手段的典型环境维权事件占比 68.2%。[2] 这一反向控制手段所具有的"权力敌视"特性对于消解行动异化风险或可立竿见影，但其背后所涉及的指令化与科层实践误区，导致环境风险治理往往"堵而不疏""治标不治本"。尤其以"和谐"名义的强制删帖，切断网络连接等直接、强硬的操作实践介入，非但不能改变维权动员的既有行动模式、回应公众关切，反而会导致网络谣言和舆论质疑声的加剧，激化社会矛盾。厦门广场"散步"何以形成（2007）、反中泰垃圾焚烧行动何以爆发（2014）……与维权动员初期技术管控所造成的风险回应迟滞与负向情感积聚不无关联。

其二，制度层面的法治规范。法律法规的制定与实施是保证社会秩序平稳运行的基础。在环境维权网络动员实践中，相关法律规范的制定及其推行成为权力主体控制网络动员行动秩序、规范行为主体责任的重要手段之一。

---

① 佚名. 彭州石化民间质疑 [N]. 南方都市报，2008－05－06（A17）.

② 上述数据来自作者的统计，主要以 44 个典型环境维权案例为样本参照，其中涉及或出现关于权力主体信息监管的为 30 起。

2007 年厦门市地方政府发布的《厦门市互联网有害不良信息管理处置办法》，尽管未能真正实行，却开启了中国互联网实名制规范的探索之路。此后，《北京市微博客发展管理若干规定》（2011 年 12 月推出）提出的"后台实名，前台自愿"；最高人民法院、最高人民检察院推行的《关于办理利用信息网络实施诽谤等刑事案件适用法律若干问题的解释》（2013 年 9 月颁布）等将公民网络实践的身份管理与行为治理纳入制度规范的框架中来。权力主体不断调整策略并运用制度化手段（如网络论坛的"属地管理"制度、网络谣言的法律规制等）将互联网平台纳入社会管理范畴，以掌握的政治资本重塑互联网场域的规则和结构，进而限制行动者们利用论坛、微博以及微信等新媒体平台展开协商与辩论，阻断具有破坏性舆论的形成，进而引导规训集体维权行动。"部分内容违反相关法律行为，已被删除或无法转载"一度成为权力主体阻断敏感信息传播的重要言说方式。

其三，线下行政处罚与"教育"，其主要针对环境维权行动中"言论过激"的网民群体或意见领袖。例如，彭州反石化项目中的冉某、北京阿苏卫垃圾焚烧事件中的"驴屎蛋儿"以及陕西 S 县反石料厂污染事件中的李某等人皆因网络行动中的活跃表现而被地方政府以"打招呼"等方式进行"教育训诫"。这种线下"教育"在具体实践中形成了一种以"刚性维稳"为目标追求的权力运行秩序，体现在以社会绝对稳定为治理目标，将游行、示威、罢工等部分抗议活动视为无序、混乱。官方对部分因过激和非理性行为的游行示威群众一般冠以"非法集会""严重影响了社会稳定和机关正常办公秩序"等名义进行权力管制与社会治理。类似上述行为所引发的治理难题，有学者提出以政府为代表的权力主体应该转变管理思路：促进而不是限制、服务而不是控制、谋求合作而非竞争[①]。

权力主体所采取的上述三种控制模式，其目的是抑制网络动员信息的流通。网络技术监控从信息内容及信息流通渠道入手，阻断信息的有效联结与扩散；法治规范的实行偏重于网络生态的秩序建构及其信息生产的制度性保障；而线下行政处罚与"教育训诫"则以信息生产主体作为消解动员力量的

---

① 张乾友. 论政府在社会治理行动中的三项基本原则 [J]. 中国行政管理，2014（6）：55-59.

突破口。显然，上述权力控制通过直接、强硬的操作实践介入甚至试图改变环境维权网络动员的既有行动模式，其对于暂时性"压制"舆情发酵与行动聚合或有效果，但并非社会长效治理的最优解。

## 二、风险回应：权力主体网络动员的政治沟通

面对互联网技术的强大动能，权力主体既表现出对信息技术风险的警觉与戒备，与此同时，也不断借助互联网技术的变革力量拓展自身政治权力的实践方式。搭乘微博、微信等社交媒体以及媒体融合的顺风车，一批政务新媒体平台强势崛起，从而推动权力主体的实践方式由单一科层化的指令控制为主向双向互动的政治沟通转变。需要指出的是，政治沟通并非互联网时代的独特产物。该理论研究与实践肇始于第二次世界大战后的西方国家，拉斯韦尔的经典著作《社会传播的结构与功能》[①]（1948）被视为最早的政治沟通研究。[②] 此后，美国著名政治学者多伊奇进一步明确了政治沟通的概念："一方面向整个有机体传达指令，另一方面它能使政府得以敏锐地感知社会的方方面面。"[③] 多伊奇通过考察政治系统性质和主要活动过程，强调建立一个有效的信息沟通体系的重要性。[④] 互联网的出现和发展则冲击着既有控制论基础上的政治沟通模式，其开放性、平等性、匿名性、便捷性等技术优势正逐渐打破严密的科层实践的固有逻辑，成为纾解传统政治沟通时间长、公众参与度低、互动不足的补偿性工具。在转型期的中国，互联网被视为一种理想的政治沟通平台。[⑤] 具体到近年来的环境维权行动，权力主体借助政务微博、政务微信平台所开展的意见征询和舆论引导即是互联网政治沟通实践的有力阐释。

---

① 哈罗德·拉斯韦尔. 社会传播的结构与功能（英文）[M]. 北京：中国传媒大学出版社，2013：6-20.

② 魏志荣. "政治沟通"理论发展的三个阶段——基于中外文献的一个考察 [J]. 深圳大学学报（人文社会科学版），2012（6）：69-75.

③ 杨道. 倾听：当前中国政治沟通的薄弱环节——以140个诉求表达事件为例 [J]. 国际新闻界，2017（2）：6-30.

④ 唐亮. 多伊奇的政治沟通理论 [J]. 政治学研究，1985（2）：44-46.

⑤ 魏志荣. "政治沟通"理论发展的三个阶段——基于中外文献的一个考察 [J]. 深圳大学学报（人文社会科学版），2012（6）：69-75.

政务微博在环境维权实践中备受权力主体的青睐。2009 年以来，伴随微博平台的发展壮大，政务微博实现了从单一信息发布，"到参政议政和微博行政"的转变，"其综合服务能力不断提升"①。为了有效应对环境风险与环境维权行动，权力主体也试图借助政务新媒体平台与社会展开深层次互动。其中，2013 年云南昆明抵制千万吨炼油项目中的政务微博实践便具有重要的代表性和启发性。选择该案例主要基于以下几点考虑：第一，2013 年是中共十八大的开局之年，也是构建"美丽中国"的重要转折点，作为昆明市长的地方领导将国家政策导向纳入其风险沟通实践中；第二，该微博账号是中国早期政务新媒体实践的典型代表，具有较强的示范性；第三，该微博账号发布的环境沟通信息持续近一个月，相关文本数达 20 条之多，涉及网民评论跟帖近十万，是上述典型案例中为数不多保存较为完整的互联网文本，具有较大的分析价值。

2013 年 5 月 17 日，在昆明反石化项目网络发酵近两个月的情况下②，昆明市市长李文荣开通了个人微博@昆明市长③，他表示，"想用微博这个渠道，更多地了解群众在想什么。希望政府做什么，帮助解决什么问题。"④借助微博平台，昆明市长与网民就云南炼油项目的相关问题，如是否生产 PX 产品、环评工作进展情况等展开意见征集与互动，总共发布了 20 条微博（其发布时间、具体内容等见附录 5）。通过整体考察@昆明市长从 2013 年 5 月 17 日到 6 月 25 日期间的微博的内容文本及其发布节奏，清晰可见地方权力主体在政治沟通实践层面所做出的努力与改变。

首先，在内容文本层面。微博平台的社交属性以及"搭建沟通桥梁"的目标定位，使上述政务微博内容不同于书面性质的政府公告文件，带有典型的口语化表达特质。例如，借用"我和我的同事们""大家""网友""微博

---

① 靖鸣，张孟军. 政务微博传播机理、影响因素及其对策 [J]. 山西大学学报（哲学社会科学版），2021（6）：60-68.

② 可查询到的关于昆明反石化项目的网络信息发布时间大致在 2013 年 3 月 30 日左右，以论坛和微博等平台信息做参照。

③ 昆明的官方微博开通时间为 2013 年 9 月 26 日，此时该维权行动已接近尾声，且并无相关事件的信息发布。

④ 李天锐. 善用媒体的新任省委常委 [J]. 廉政瞭望（上半月），2017（1）：15.

界的菜鸟"等相对口语化表述以淡化政治沟通背后的权力结构差异。与此同时，其文本词语也试图建构平等协商的价值沟通取向，该内容第三章已有详细论及，不再赘述。

其次，在信息反馈层面。@昆明市长从 17 日到 25 日期间，平均每天发布两条微博，主要对网络跟帖数量较多的意见做出解答和回应，这期间亦涉及对网友评论意见的收集和梳理。从微博内容发布的时间节奏来看，昆明市长一般选择在当天或第二天反馈网民在评论区的相关问题，压缩了传统政治沟通中的时间"间隔"。例如，在 5 月 22 日的微博内容中李文荣表示："昨天，我召开了座谈会与大家交流，今天我又看了部分网友的评论，对此有些看法，现在发成一条长微博，并附上座谈会情况链接。"

在多伊奇看来，权力主体问题反馈的"间隔越长"，政治系统的效率就越低，应对周围环境施加给它的压力的能力就越弱。[①] 与此同时，多伊奇也表示，时间间隔过长或过短都是极其危险的，应确保在收集到足够的信息时做出反应。上述微博回应显然也存在"间隔"过短问题：直接照搬此前内容文本作为意见反馈的依据。这也导致部分网友对所谓的及时回应并不买账："空话！套话！""做面子工程！"……

此外，政务微信平台的崛起也拓展了权力主体环境维权动员的舆论引导能力。在 2016 年浙江海盐反垃圾焚烧项目、2017 年广东清远抗建垃圾焚烧项目等典型环境维权行动中，政务微信平台通过信息发布、微信投票、政务公开等形式实践政治沟通意见收集与系统反馈的双向功能。例如，面对浙江海盐反垃圾焚烧项目，当地官方微信公众号"海盐发布"一方面积极推送环保治理及环境项目解读的相关文章《县长发出邀请：2016 年海盐县政府民生事实工程，请你来定！》《这件事，值得每一个海盐人都出份力》《关于这次海盐的垃圾焚烧处理厂项目，我们需要知道这些》，等等；另一方面则通过官方互动服务功能区的"我要咨询""我要建议""领导信箱"等收集公民意见。政务微信的环境维权动员实践呈现出反向建构与共识塑造的鲜明特征。

---

① 唐亮. 多伊奇的政治沟通理论［J］. 政治学研究，1985（2）：44－46.

多元主体在环境维权网络动员过程中既呈现各自的实践策略和行动轨迹，同时又相互交织、相互影响。其异质性实践与多重关系互动也折射出动员主体的诸多实践困境。

一方面，公众的信息发布与行动动员、社会中层的意见引领与情感喧嚣、大众媒体的时间议程与信息议程、权力主体的技术监管与治理回应在"自我"权益实践的行动路径中亦交叠着"主体间性"的关系特征。各主体因利益分层、权力归属以及自我认知的差异使其在面对同一环境风险议题时，往往呈现基于理性考量、情感偏向、资本潜质、技术优势的异质性动员方式。与此同时，各动员主体在上述策略实践中并非"孤立"的"自我表演"与"自我言说"，主体交织的复杂多变与"粉末混战"亦伴随其中。根据上述动员主体的实践路径，"主体间性"的互动演化大体涉及三种关系模式：第一，公众与社会中层、大众媒体的"联盟"与"分歧"；第二，公众与权力主体间的"对话"与"对抗"；第三，社会中层、大众媒体与权力主体间的"融合"与"冲突"。三种主体模式以公众行动诉求为核心主线；社会中层与大众媒体在其中扮演着双重角色：维权行动的守护者、维权行动的规劝者，而权力主体则作为公众环境利益诉求指向的直接/间接对象成为影响行动走向及其治理实践的决定性力量。正因为如此，中国环境维权网络动员最终往往寄希望于权力主体的政治决策与政治机会。但由于工具理性异化与价值理性相对匮乏导致中国环境维权行动"主体间性"的互动过程未能满足，如哈贝马斯、海德格尔等人所预设的哲学层面平等、理性交往的主体共生。

另一方面，多元主体在环境维权网络动员中亦呈现诸多行动困境。

第一，公众环境维权网络动员并不总是如技术乌托邦所畅想的可以推动环境公共实践的理性化过程，其仍附着集体行动的群氓智慧、群体道德和群体性反叛等特点[1]，如罗伯特·考克斯在考察美国环境维权实践时所强调的，公众环境维权参与存在天然的不足之症："公民参与的理想期待与政府

---

① 古斯塔夫·勒庞.乌合之众：大众心理研究 [M].冯克利，译.北京：中央编译出版社，2014：14.

实践的'实际经验'之间的巨大鸿沟，造成了公众参与'戏剧化'与'歇斯底里'的恶性循环。"①

第二，社会中层角色身份构成的"良莠不齐"以及制度性供给的相对不足，导致该群体的实践行为有时背离精英所推崇的专业、理性、公正等道德伦理，基于选择性失语的权力依附与以反向解构和民粹主义为主要特质的底层"疾呼"构成了社会中层行动的两个极端，损害现代公共性治理的伦理基础。

第三，大众媒体因"出场时间"滞后性或内容选择偏向性所表现出的舆论引导"失语"与舆论监督"失焦"现象，在一定程度上严重损害了公众的知情权和表达权。迟滞或规避环境风险议题，并不能实现如经验传播学所设想的可以影响或左右"公众对议题重要程度的感知"②，尤其当面对网络舆论的来势汹汹，以时间议程和内容选择议程"错置"或规避为回应逻辑已然难以奏效。

第四，权力主体寄希望于技术管控尽管可以实现"表面和谐"，却容易陷入治理路径依赖、主体功能异化的窠臼③"不能自拔"。在"刚性维稳"的管理逻辑下，权力主体易呈现出单一化和绝对化的状态，往往把人民的某些利益表达看作对社会治理秩序的破坏。④ 权力主体过度的技术管控与"刚性维稳"的问题回应模式在一定程度上降低了公众权益追求及公共性实践的热情和参与效能。

环境维权网络动员所折射的诸多实践困境既是各行动主体"自我异化"的现实表征，同时也反映出各主体间在制度结构、行动沟通以及意义联结层面存在系统性和整体性问题。

---

① 罗伯特·考克斯. 假如自然不沉默：环境传播与公共领域（第三版）［M］. 纪莉，译. 北京：北京大学出版社，2016：124-125.

② 沃纳·赛佛林，小詹姆斯·坦卡德. 传播理论：起源、方法与应用（第四版）［M］. 郭镇之，孟颖，赵丽芳，等，译. 北京：华夏出版社，2000：259.

③ 霍小霞. 社会治理中政府面临的困境与出路［J］. 山西大学学报（哲学社会科学版），2017，40（4）：100-104.

④ 于建嵘. 抗争性政治：中国政治社会学基本问题［M］. 北京：人民出版社，2010：39.

# 第五章　中国环境维权网络动员的治理进路

针对上述多元主体环境维权网络动员的行动困境，我们试图在既有环境维权治理的实践转型与风险管理、多元主体表达渠道拓展、环境科普以及"环境公共领域"等解释框架①基础上，以社会治理理论作为分析工具，构建基于规范化与活力参与并存的网络动员秩序。

## 第一节　制度转向：环境维权网络动员的宏观治理构架

网络动员的治理应该着眼于在优化社会制度基础上整合多元治理主体，既能实现基于社会控制的社会秩序稳定，同时又能保证多元主体的利益平衡和有效参与。中国共产党第十八次全国代表大会以来，针对类似环境维权动员所引发的诸多社会矛盾和社会冲突，我国已经试图从优化宏观制度结构层面出发，破解上述社会治理难题。这一时期依法治国的整体推进与中国社会治理的现代化建设、互联网规制与网络文化共同体建构、生态文明观的话语构建与"美丽中国"的政策实施等推动着中国环境维权网络动员的宏观实践转向。

---

① 朱海忠.农民环境抗争问题研究［D］.南京：南京大学，2012；樊良树.环境维权：中国社会管理的新兴挑战及展望［J］.国家行政学院学报，2013（6）：69－73；樊良树.环境维权"中国式困境"的解决路径研究［J］.社会科学辑刊，2015（5）：50－53；陈绍军，白新珍.从抗争到共建：环境抗争的演变逻辑［J］.河海大学学报（哲学社会科学版），2015（3）：28－32；谭爽.从"环境抗争"到"环境治理"：转型路径与经验启示——对典型个案的扎根研究［J］.东北大学学报（社会科学版），2017（5）：504－511.

## 一、法治中国建设与社会治理的现代化

2012 年，党的十八大报告明确提出，全面推进依法治国是治国理政的基本路径。[①] 2017 年党的十九大召开，进一步说明了全面依法治国作为中国特色社会主义本质要求和重要保障的必要性和政治合法性："全面依法治国是国家治理的一场深刻革命。"[②] 在全面依法治国的实践基础上，我国开启了制度层面的国家管理向社会治理现代化转型的逻辑理路探索，并将打造共建共治共享的社会治理格局作为保障和改善民生的关键，强调应该"加强社会治理制度建设，完善党委领导、政府负责、社会协同、公众参与、法治保障的社会治理体制，提高社会治理社会化、法治化、智能化、专业化水平"[③]。伴随治理现代化转型的升级，党的十九届四中全会再次明确提出"必须加强和创新社会治理，完善党委领导、政府负责、民主协商、社会协同、公众参与、法治保障、科技支撑的社会治理体系，建设人人有责、人人尽责、人人享有的社会治理共同体"[④]。全面依法治国逻辑下的社会治理将"以人民为中心"作为治理行动的最终归宿。

这一时期国家治理体系的现代化转向一方面深层次释放了多元主体的社会参与活力：在法治化合作构架基础上，多元主体可以就社会风险矛盾达成治理共识，真正意义上推动社会治理的主体性赋权[⑤]；另一方面依托全面依法治国和政治体制改革的规范化实践逐渐将公共表达纳入秩序化的轨道中来，法治的价值更多地体现为一套行为准则，即"反映社会中的普

---

① 胡锦涛. 坚定不移沿着中国特色社会主义道路前进 为全面建成小康社会而奋斗 [N]. 人民日报，2012 - 11 - 18 (5).

② 习近平. 决胜全面建成小康社会 夺取新时代中国特色社会主义伟大胜利 [N]. 人民日报，2017 - 10 - 28 (5).

③ 习近平. 决胜全面建成小康社会 夺取新时代中国特色社会主义伟大胜利 [N]. 人民日报，2017 - 10 - 28 (5).

④ 新华社. 中国共产党第十九届中央委员会第四次全体会议公报 [EB/OL]. [2019 - 10 - 31]. http://jhsjk.people.cn/article/31431615.

⑤ 陈成文，赵杏梓. 社会治理：一个概念的社会学考评及其意义 [J]. 湖南师范大学社会科学学报，2014，43 (5)：11 - 18.

遍共识，即对每个人都具有约束力"①。正如美国政治学者李普塞特所强调的，任何一种特定社会和谐稳定局面的形成，并非单方面取决于经济发展，而是带有其政治系统有效性与合法性的深刻烙印，即"参与竞争的各方势力之间保持相对适中的张力"②。法治所构建的社会秩序也一如托克维尔笔下的现代民主实践趋势：协商、合作和服务机制越来越发挥重要作用③。这一逻辑转向深刻影响着中国环境维权的网络动员实践，尤其法治化和现代化治理体系的构建将成为消解此前环境维权抗争性、冲突性频发的制度性保障。

## 二、互联网规制与网络文化共同体建构

作为构成环境维权动员新型场域的网络空间深刻影响着社会治理的转型逻辑与未来走向，因此构建良性的网络生态秩序至关重要。

第一，从外在合法性赋值出发为网络动员行动建构秩序性空间。以推陈出新的网络法规政策为依据，对网络空间中带有群氓化、非理性、极端化以及民粹主义的行为进行"社会控制"和思想引导。在美国社会学家罗斯看来，"社会控制"是必要的，尤其当面对只有同情、友善、正义感等构成的"粗糙和不完善"的道德文化秩序时，基于法律秩序的社会控制将打破社会矛盾冲突所造成的混乱与"迷思"。④ 党的十八大以来关于网络空间治理政策的相继出台。互联网政策层面：《互联网用户公众账号信息服务管理规定》《互联网跟帖评论服务管理规定》《互联网论坛社区服务管理规定》等的先后推行，在对网站、程序平台、论坛、博客、微博客、微信公众号等起到直接制约作用的同时，也有效规范了网络空间的参与秩序；互联网法律层面：2017 年正式实施的《网络安全法》、2021 年 6 月出台的《数据安全法》等使网络空间治理有了法理依据。正如习近平总书记在第二届世界互联网大会开

---

① 弗朗西斯·福山.政治秩序与政治衰败：从工业革命到民主全球化 [M].毛俊杰，译.桂林：广西师范大学出版社，2015：19-20.

② 西摩·马丁·李普塞特.政治人——政治的社会基础 [M].张绍宗，译.上海：上海人民出版社，1997：65.

③ 托克维尔.旧制度与大革命 [M].冯棠，译.北京：商务印书馆，1992：116.

④ E.A.罗斯.社会控制 [M].秦志勇，毛永政，译.北京：华夏出版社，1989：43.

幕式上的讲话所强调的："要坚持依法治网、依法办网、依法上网，让互联网在法治轨道上健康运行。"① 在这一互联网治理逻辑的转型基础上，网络动员行动被附丽了诸多组织性和制度性的禁忌规范，无序情感的表达和流通受到了"结构之网"的制约。这也为环境维权行动的"公共性"实践和社会治理的规范化、有序化开展提供了基本前提。

第二，构建网络文化共同体秩序。基于文化融合的网络"同心圆"，是社会长效治理的基础。当前互联网空间将海量信息的传播与存储、人的虚拟化生存与社会连接拓展到了极致，互联网已经不单单作为信息传播的中介而存在，更发挥了维系社会和共享信仰表征的仪式化功能。② 网络空间已成为亿万民众共享社会信仰的"精神家园"。然而当前网络空间仍然充斥着多元化的社会思潮和极端化的社会情感，反映在环境维权网络行动层面则呈现出二元对抗模式下的破坏性倾向。针对网络空间中价值失序所导致的文化乱象，习近平总书记强调："要本着对社会、对人民负责的态度，依法加强网络空间治理和内容建设，强化正面宣传，培育积极、健康、良好的网络文化，用社会主义核心价值观和人类文明成果滋养人心、滋养社会。"③ 习近平总书记关于净化网络生态的重要论述，为多元主体网络动员参与和社会治理指明了方向。以社会主义核心价值观为指导的网络建设，将重塑网络维权动员的秩序结构，并将社会主流意识形态观念逐步内化为主体性的文化自觉和道德自律。其中，公平正义、程序法治等价值观的不断培育，也为纾解利益冲突、情感对抗等诸多维权行动的关系问题提供新的信仰规范和道德标准。网络文化共同体建构本质上是重塑价值理性的实践过程，这种网络价值理性的浸润方式是对既有刚性权力控制的有力补充，具备匡正与稳定社会秩序的强大功能价值。一如马克斯·韦伯所推崇的：政治合法性认同并非建立在强力、高压和恐怖基础上，而主要来源于传统习惯、共同的情感态度、对秩序价值的文化信仰等方面。因此，真正可持续、稳定、有效的社会治理模

① 习近平．在第二届世界互联网大会开幕式上的讲话［EB/OL］．［2015－12－16］．http：//jhsjk．people．cn/article/27937316．

② 詹姆斯·凯瑞．作为文化的传播［M］．丁未，译．北京：华夏出版社，2005：7．

③ 习近平．习近平谈治国理政（第二卷）［M］．北京：外文出版社，2017：337．

式必须是基于共同的基本价值观和内化的文化秩序。这一实践准则也侧面凸显了价值理性对于建构合乎逻辑的社会秩序的必要性。

## 三、生态文明观的话语构建与"美丽中国"的政策实施

生态文明是人类按照人、自然、社会和谐发展的客观规律取得的物质文明和精神文明成果的总和。它是指以人与自然、人与人、人与社会和谐共处、良性循环、全面发展、可持续繁荣为基本宗旨的文化伦理形态。生态文明观将改变人类社会的发展进程。① 生态文明的官方话语建设首先体现在党的十七大报告中：建设生态文明，基本形成节约能源资源和保护生态环境的产业结构、增长方式和消费方式。② 党的十八大进一步把生态文明建设纳入中国特色社会主义事业"五位一体"总体布局，明确提出"努力建设美丽中国，实现中华民族永续发展"③。此后，习近平总书记反复强调"生态文明建设是关系中华民族永续发展的根本大计"④，指出推进新时期生态文明建设，要坚持人与自然和谐共处的基本原则，良好的生态环境是最普惠的民生福祉，以最严格的制度和法治保护生态环境。

2021 年 3 月 15 日，习近平总书记在中央财经委员会第九次会议中再次强调生态文明整体布局之于中国未来发展的重要地位。在习近平总书记看来，中国经济发展正处于攻坚克难的关键阶段。我们要着眼长远、兼顾当前，营造良好的发展环境，化解社会发展与良好环境治理之间的矛盾和冲突。同时，习近平总书记强调，要把实现碳达峰、碳中和纳入生态文明建设总体布局，加强顶层设计，发挥制度优势，强化各方责任，坚持节能降耗优先，实施综合节约战略，倡导简约、适度、绿色、低碳的生活方式。⑤ "十

---

① 潘岳. 论社会主义生态文明 [J]. 绿叶，2006 (10)：10 - 18.

② 高举中国特色社会主义伟大旗帜 为夺取全面建设小康社会新胜利而奋斗 [N]. 人民日报，2007 - 10 - 25 (4).

③ 习近平. 坚定不移沿着中国特色社会主义道路前进 为全面建成小康社会而奋斗 [N]. 人民日报，2012 - 11 - 18 (5).

④ 顾仲阳. 坚决打好污染防治攻坚战 推动生态文明建设迈上新台阶 [N]. 人民日报，2018 - 05 - 20 (1).

⑤ 习近平. 把碳达峰碳中和纳入生态文明建设整体布局 [EB/OL]. [2021 - 03 - 16]. https：//baijiahao. baidu. com/s？id=16943155967996256208&wfr=spider&for=pc.

四五"时期，以习近平生态文明思想为核心指引的环境权益实践形成了"以实现减污降碳协同增效为总抓手，以改善生态环境质量为核心，以精准治污、科学治污、依法治污为工作方针，统筹污染治理、生态保护、应对气候变化，促进生态环境质量持续改善"①的环境治理新格局。

生态文明观的宏观转向，推动着一系列环境法律法规，如《中华人民共和国海洋环境保护法（2013 年修订）》《中华人民共和国环境保护法（2014年修订）》《中华人民共和国固体废物污染环境防治法（2015 年修订）》《中华人民共和国环境影响评价法（2016 年修订）》《中华人民共和国环境保护税法》《中华人民共和国环境影响评价法（2018 年修正案）》修订公布。环境维权实践的法治环境得以优化。其中环境评价、生态权益补偿机制、环境权益交易、环境资源价值核算等环境评估与经济政策框架体系的基本建立，促进了环境正义以及环境与社会发展实践的有效运行。

与此同时，中央生态环境保护督察制度的建立、《环境保护法》关于环境问责监督机制的确立以及《中央生态环境保护督察工作规定》《生态环境保护专项督察办法》等的出台不断推动各级党委和政府形成自上而下和自下而上的环保合力，将环境实践中好的经验方法通过制度的形式提炼并规定下来。②环境治理的制度化实践试图在强化理性化的公民责任、公民义务。在雷蒙德·阿隆看来，基于法治逻辑的制度化框架意味着构建一种消解冲突的社会控制模式，同时使社会结构中的风险冲突理性化和非暴力化。③

生态文明与"美丽中国"建设的整体推进，使我国生态环境质量持续好转，出现了稳中向好趋势。但正如习近平总书记所强调的，我国"生态文明建设正处于压力叠加、负重前行的关键期"④，环境治理实践中的诸多问题仍需深入探讨和亟待解决。

---

① 全国生态环境保护工作会议在京召开 [EB/OL]. [2022 - 01 - 08]. http：//www. hjjyzz. com/news/2022/0108/4404. html.

② 刘毅. 用制度推进生态文明建设（人民时评）[N]. 人民日报，2019 - 06 - 25 (5).

③ 拉尔夫·达仁道夫. 现代社会冲突——自由政治随感 [M]. 林荣远，译. 北京：中国社会科学出版社，2000：45.

④ 顾仲阳. 坚决打好污染防治攻坚战 推动生态文明建设迈上新台阶 [N]. 人民日报，2018 - 05 - 20 (1).

## 第二节  路径拓展：环境维权网络动员的中观参与实践

公民听证会、电视问政和网络问政各自具备的程序正义、公民监督以及广泛参与特质为环境维权行动的理性协商提供了理论意义上的实现路径，对解决当前网络动员的行动困境具有重要的启发性。上述实践路径在一定程度上具备协商参与的制度性和结构性特征，并从中观层面建构起多元主体有效互动的"桥梁"。

### 一、公民听证会：参与中的理性协商

起源于西方资本主义权力秩序的听证制度从一开始便被赋予程序正义的合法性依据：英国普通法的"自然正义"和美国宪法的"正当程序条款"都强调，当权力主体做出可能损害当事人权益的决定时，应当为当事人提供听证机会。① 基于上述法治逻辑赋权，听证以及与此相关的听证权（the right to be heard）的功能指向，不单单是考虑过程对参与者的影响，保障利益相关者决策的合理性，它的目的是提供心理意义上的公平感，以及通过程序上的制约防止因权力专横以及肆意行使所造成的政治功能异化。作为意见表达与权力秩序规约的正义原则，听证会所体现的根本价值乃是对人的尊重②，是对公民道德人格的承认。听证制度曾被视为公共决策民主化、科学化的重要制度创新。③ 从应然层面来看，听证会蕴含着福山对政治参与现代化实现的诸多想象：既用以制衡滥权、腐败和专制的政府，同时，让个体的人生变得不但丰富而且完整。④ 公民听证会所具有的公平、正义、法治、参与等现

① Paul R. Verkuil. *Crosscurrents in Anglo-American Administrative Law* [J]. William & Mary Law Review, 1986, 27: 685 - 713.

② Jerry L. Mashaw. *Administrative Due Process: The Quest for Dignitary Theory* [J]. Boston University Law Review, 1981, 4: 886.

③ 王锡锌. 行政决策中的专家、大众与政府——以价格听证会程序为个案的分析 [J]. 东方行政论坛, 2012 (00): 309 - 326.

④ 福山. 政治秩序与政治衰败：从工业革命到民主全球化 [M]. 毛俊杰, 译. 桂林：广西师范大学出版社, 2015: 32.

代化特质构成了社会治理共同体实践的结构原型，也为中国开展公共决策提供了重要载体和依据。与西方局限于工具理性维度的正义秩序不同，中国的公民听证会在赋予法治规范和程序正义基础上（如一系列听证程序办法、规则以及相关专门法中关于听证实践的基本要求），更重视其作为"民情民意"获取与官民有效联结的中介作用。尽管有时因实践过程中的"霍布森选择"① 容易受人"诟病"，但其附丽的程序性与公共参与的伦理基础使听证会成为应对社会风险议题的路径选择。

环境听证会伴随近年来环境风险议题的频发成为维权行动及其治理实践无法绕开的重要话题。关于环境听证在《环境影响评价法》第十一条中有明确规定："专项规划的编制机关对可能造成不良环境影响并直接涉及公众环境权益的规划，应当在该规划草案报送审批前，举行论证会、听证会，或者采取其他形式，征求有关单位、专家和公众对环境影响报告书草案的意见等。编制机关应当认真考虑有关单位、专家和公众对环境影响报告书草案的意见，并应当在报送审查的环境影响报告书中附具对意见采纳或者不采纳的说明。"此外，《环境行政处罚听证程序规定》（2010）、《环境影响评价公众参与办法》（2019）等部门规章也强调"专项规划编制机关应当在规划草案报送审批前，举行论证会、听证会，或者采取其他形式，征求有关单位、专家和公众对环境影响报告书草案的意见"。

上述法规政策从制度性和程序性层面规定了多元主体参与这一过程的权利实践范畴：知情权、表达权和决策权。根据既有典型环境维权案例的研究，在具体维权行动中，环境听证会的召开——无论是事前或事后——对于环境维权及风险应对都不同程度地起到正向推动作用：听证会召开与环境问题解决效率提高之间的吻合率达91.3%（根据作者统计的44起典型环境维权案例，23起召开过事前或事后听证会，其中21起发挥着正向的问题纾解功能）。这一数据大体折射出公民听证会的社会治理效能。而未按照流程召开环境听证会则往往被公众视为造成环境维权冲突频发的制度性因素之一，例如，在下列几起典型维权事件中，听证会召开与否已经被作为归因框架话语的基本构成（见表5-1）。

---

① 指表面上看上去有多个方案，而实际上别无选择的现象。

表 5 - 1    部分维权事件问题归因表述

| 案例名称 | 问题归因表述 |
|---|---|
| 2008 年彭州石化事件 | 如果化工项目在启动前已经充分论证,至少已经进行了宣传,举行了必要的听证会,公众已经获得了足够的知情权、表达权和参与权,他们还会被迫"散步"吗? |
| 2012 年什邡事件 | 在什邡事件中,如果政府在钼铜深加工项目之前向社会充分披露了相关信息,邀请民众参与听证会,接受民众的提问,并做出详细回应,以获得民众的理解,这样就可以避免这种冲突事件的发生。① |
| 2016 年湖北仙桃反垃圾焚烧事件 | 上项目是为了群众,但若不能化解部分群众对项目引发环境污染的忧虑,群众就不领这个情;虽然经过了环评等一整套程序,但项目筹划审批阶段缺少了民意听证,不听群众意见想强行上马,就行不通。 |
| …… | …… |

上述话语归因的逻辑重点是架构起听证会与公众权利实践、社会秩序稳定的基本关系。从这一反思性设想或推理来看,环境听证会,尤其事前听证是消解公众环境恐慌情绪、避免群体性事件发生的重要治理环节。构成听证会的公众代表、专家、企业、媒体以及权力主体往往对涉及的听证问题有着充足准备,并且通过相关部门可行性的陈述汇报;分组讨论;大会集中交流、询问、辩论与回应;与会代表填写问卷调查等几个流程将决策意见纳入最终的制度轨道。与此同时,听证会本身所建构的面对面协商情境,将多元主体置于同一空间秩序和时间秩序中,既保证主体间话语互动的有效性和透明性,同时也规范着公众权益诉求的有序表达;双方或双方以上的交流和辩论,拓宽了问题的认知视野,使我们能够达成更多共识,从而有效地实现了民主协商。从诸多可借鉴的实践材料来看,环境听证会体现了中国社会治理决策的一般过程要素,比如,公众参与、媒体监督、专家论证(一般指向具备专业知识素养的社会中层)、权力主体决策等。而要想真正将决策意见与决策效果的公平性与正义性实践发挥到极致,其每一环节的主体构成都不可或缺。这就要求社会各方都应该不断努力,而非仅仅停留在对听证会既有问题的"诟病"与反思层面,尤其当面对听证会存在的科技理性压倒公众讨论、技术官僚话语僭越民主化实践②等问题时,应该着手从制度优化(完善

---

① 何才林. 从"什邡事件"看政府信息公开 [N]. 人民法院报,2012 - 07 - 07 (2).
② 童星. 中国社会治理 [M]. 北京:中国人民大学出版社,2018:263.

代表遴选、法律救济以及信息公开）与公众参与的主体性素养出发，进一步激发公民听证会的社会治理效能。

作为21世纪中国政治体制改革与权力下沉的有力尝试，公民听证会在健全公众诉求表达和倾听民意的程序机制创新的同时，架设起权力主体与社会中层、媒体、公众之间的沟通桥梁，日益展现出权力主体开放、负责、透明的现代化形象。就社会治理而言，公民听证会所构建的多元协商场景，一方面是权力主体管理模式文明化的结果，即跳脱"全景监狱式"监管模式，转向尊重法律的服务型模式，管理富有理性和人性化；另一方面，市民社会也应该接受法治"规训"，并限制自身过激行为。尤其在环境维权议题中，公民听证会借助其引人注目的民主、公开、参与等结构性优势发挥主体协商、矛盾转化与社会共识达成的重要治理功能。程序正义的保驾护航使公民听证会或将打破科层秩序的威权话语与大众实践的众声喧哗之间的结构壁垒，构建起社会决策协商的"高效空间"。

## 二、电视问政：全景敞视下的公民监督

近年来，电视问政节目如雨后春笋，从郑州电视台2002年创办的《周末面对面》到杭州电视台2010年创办的《我们圆桌会》，再到2019年《问政山东》栏目的热播，据不完全统计，截止到2021年，全国不同地区的电视问政栏目达240个之多，除去上海和西藏，其余29个省区市均至少有一个电视问政节目。[①] 电视问政节目在中国的发展大致经过了初创、发展、繁荣三个关键阶段，如表5-2所示。

表5-2 电视问政栏目发展汇总

| 发展历程 | 开办时间 | 节目名称 | 播出频道 | 播出方式 |
| --- | --- | --- | --- | --- |
| 初创期 | 2002年 | 《周末面对面》 | 郑州电视台 | 录播 |
| | 2005年 | 《一把手上电视》 | 兰州电视台 | 录播 |
| | 2006年 | 《广东民声热线》 | 广东电视台 | 录播 |
| | 2006年 | 《行风连线》 | 武汉广播电视台 | 录播 |

---

① 闫文捷，潘忠党，吴红雨.媒介化治理——电视问政个案的比较分析 [J].新闻与传播研究，2020（11）：37-56.

续表

| 发展历程 | 开办时间 | 节目名称 | 播出频道 | 播出方式 |
|---|---|---|---|---|
| 发展期 | 2007 年 | 《夏都面对面》 | 西宁电视台 | 录播 |
| | 2008 年 | 《对话江淮》 | 安徽电视台 | 录播 |
| | 2009 年 | 《沟通无界限》 | 广东电视台 | 录播 |
| | 2010 年 | 《对话长沙》 | 长沙电视台 | 录播 |
| | 2010 年 | 《我们圆桌会》 | 杭州电视台 | 录播 |
| | 2011 年 | 《电视问政》 | 武汉电视台 | 直播 |
| 繁荣期 | 2012 年 | 《市民问政》 | 襄阳电视台 | 直播 |
| | 2012 年 | 《焦点面对面》 | 鄂州电视台 | 直播 |
| | 2012 年 | 《人民问政》 | 温州电视台 | 直播 |
| | 2013 年 | 《电视问政》 | 银川电视台 | 直播 |
| | 2013 年 | 《百姓问政面对面》 | 焦作电视台 | 录播 |
| | 2013 年 | 《电视问政·民生面对面》 | 周口电视台 | 直播 |
| | 2014 年 | 《问政面对面》 | 南阳电视台 | 直播 |
| | 2014 年 | 《向人民承诺》 | 南宁电视台 | 录播 |
| | 2016 年 | 《问政时刻》 | 西安广播电视台 | 录播 |
| | 2017 年 | 《问政合肥》 | 合肥电视台 | 直播 |
| | 2018 年 | 《百姓问政》 | 天津卫视 | 直播 |
| | 2019 年 | 《百姓问政》 | 河南电视台 | 录播 |
| | 2019 年 | 《问政山东》 | 山东卫视 | 直播 |

电视问政栏目热也引来学术界对其概念话语与实践逻辑的探讨，有学者从场域理论出发给予电视问政的知识学观照，认为电视问政构建了多元主体博弈、竞争、协商和对话的关系场域，各主体在这一场域中实现了权力生产和资本转化[①]；有学者借助剧场试验以审视权力主体在电视问政过程中的问题回应策略，即兼具政治性、政策性、技巧性与专业性特点。[②] 伴随国家治理现代化的推进，电视问政被视为开展社会监督、扩大公众参与治理的创新

---

① 方晨，何志武. 场域视角下的电视问政：资本转化与权力生产 [J]. 西南民族大学学报（人文社会科学版），2016（1）：180 - 183.

② 曾婧婧，龚启，慧凌瑜. 政府即时回应的剧场试验：基于武汉电视问政（2011—2015 年）的扎根分析 [J]. 甘肃行政学院学报，2016（2）：15 - 23.

路径。① 闫文捷等在《媒介化治理——电视问政个案的比较分析》一文中也强调，"电视问政是一种传播现象，它的构成元素是体制权力提供机会，令民众可以借助电视及各种新兴媒体的手段，以表达、协商和问责等方式，参与地方治理，实践其公民的主体权利和能动性"②。电视问政所具备的协商、参与、监督等功能性特征使其成为地方治理的新趋势和重要的民意表达渠道之一。

通过观看多期《问政山东》《我们圆桌会》《向人民承诺》等不同地市的电视问政节目，我们发现电视问政节目"可见性"（电视荧幕所呈现的参与主体）的主体主要包括主持人、公众代表（各行业市民代表）、专家学者（涉及相关问政主题领域）、权力主体（不同政府部门的官员代表）等；节目内容涉及医疗卫生、城市治理、生态保护、教育等相关议题。以杭州电视台《我们圆桌会》为例，自 2010 年节目开播至 2020 年年底，所播出的 1 200 多期节目中共涉及市民、职能部门、专家学者、社会团体、媒体人等社会各界人士在内的 10 000 余人次参与节目讨论，讨论内容触及 805 项城市公共话题，对地方政府工作提出了 4 000 余条建议，推动了 50 多项公共政策制定完善。③

电视问政具有的空间性与秩序性的社会治理逻辑对破解环境维权网络动员的功能异化也颇有助益。根据上述电视问政节目的内容分析发现，环境类问政在电视问政实践中占有相当比重。以《问政山东》节目为例，关于环境问政主题涉及城市治理、水污染问题、大气污染、固体废弃物处理等生态治理问题。其节目内容环节主要包括：以记者暗访、受污染群众现身说法作为问政话题的起点，现场主持人就污染产生原因及如何治理对官员代表进行提问，最终以现场问政代表打分作为衡量回应效果评价指标，在下一期的回头看环节中对整改问题进行再监督。整个流程以"原因—方案"为中心展开讨论与回应，其最大优势体现在治理举措的透明化和方案落地的高效性。该节

① 王肖红，韩万渠. 党委问责、议题空间与地方政府行政效能提升——基于地方电视问政的比较案例分析［J］. 地方治理研究，2019（3）：2-14.

② 闫文捷，潘忠党，吴红雨. 媒介化治理——电视问政个案的比较分析［J］. 新闻与传播研究，2020（11）：37-56.

③ 《我们圆桌会》十岁了，老朋友们要说说心里话［EB/OL］.［2020-12-26］. http：//www.hangzhou.gov.cn/art/2020/12/26/art_812262_59023301.html.

目形态与运行逻辑将参与者聚集在一个统一的空间——电视演播室，形成一个特殊的领域，多个主体之间对话和谈判的过程和效果都有真实的体验。① 与此同时，借助媒体平台的赋权与放大，官员的行政科层身份被弱化，而作为责任负责人身份被放大；公众与官员间的社会地位鸿沟被模糊化，作为权利公民的身份地位却被强化。尤其电视问政具有的直播效应拓展了权力监督与被监督的实践边界。通过这种媒体放大所附带的全景监督特性，将自下而上的关注变成一种"内在"的自我约束，即复杂的、自动的和匿名的权力。② 与福柯所指涉的传统的科层权力规训不同，电视问政实现了自下而上的"可见性"与被注视的公民监督。

此外，除电视问政现场的参与互动，《问政山东》公众号也会第一时间发布近期主题内容并通过地区留言板了解公众关于环境议题的基本诉求。以《问政山东》为代表的电视问政开拓了在新时代新背景下的省级卫视的新空间、新样态、新价值。在实践过程中，它无疑发挥了主流媒体在社会参与、社会传播、社会咨询、社会监督等方面的作用，推动了社会治理的创新，成为提升政府公信力、提高国家治理能力的重要动力。

电视问政对权力主体而言是具有较强公信力的一种正式沟通机制，如果说和网民的互动更加便捷，那么在电视上公开对公众诉求进行回应和承诺，更加凸显权力主体的慎重态度和真诚为人民服务的宗旨，同时，也更符合社会治理共同体所强调的"以人民为中心"的根本旨归。作为中国一种特色的政治现象，电视问政"直接被纳入国家治理体系和治理能力的打造与建构中"③。

## 三、网络问政：公民环境问题表达与权力主体反馈的新通道

环境维权网络动员治理的第三重路径即发挥网络问政的长效机制。与公民听证会和电视问政较为鲜明的秩序性、权力性与相对规范的准入性互动协

---

① 何志武. 电视问政的协商理念及其实现保障 [J]. 中州学刊, 2017 (7): 162 - 168.

② 米歇尔·福柯. 规训与惩罚 [M]. 刘北成, 杨远婴, 译. 北京: 生活·读书·新知三联书店, 2012: 200.

③ 闫文捷, 潘忠党, 吴红雨. 媒介化治理——电视问政个案的比较分析 [J]. 新闻与传播研究, 2020 (11): 37 - 56.

商不同，依托互联网技术成长起来的网络问政具备更为广泛的公众参与基数，其技术节点化与关系结构化使公众随时随地的问政实践成为可能。一般而言，网络问政存在两个基本维度：一是权力主体通过互联网的线索征集获取公众态度、吸纳公众意见与建议，接受公众监督；二是公众通过互联网平台向权力主体及相关部门提出咨询、质疑、求助和建议等。换言之，在赋予公民积极参与社会治理和表达政策需求的能力的同时，网络问政也为权力主体提供了创新实践，以加强他们在网络空间的治理能力。①

而网络问政过程的真正实现主要借助以下两种模式：第一种是基于平台设置的规范化网络互动，以人民网的"领导留言板"为代表。2006 年，人民网在中国启动了网络政治平台建设，赢得了广泛的公众参与，掀起了开放式网络政治平台建设的浪潮。② 根据人民网领导留言板最新数据显示：历史总留言为 3 698 905 条，历史总回复为 2 868 363 条，仅 2021 年总留言和总回复就分别达到 810 135 条和 764 705 条之多③，主要涉及城建、交通、教育、就业、环保等民生类公共议题。第二种典型模式是政务网站的互动反馈栏目。根据 2021 年 2 月《中国互联网发展统计报告》，中国各级政府网站有14 444 个，包括政府门户网站和部门网站；新浪平台认证的政府机构微博140 837 个；82 958 个政府新闻头条号；政务抖音短视频号 26 098 个。④ 在最近的一年，北京、广州等多地通过深入整合政府网站、政务新媒体等互动渠道，实现"多端受理、统一处理、同步回复"。在此基础上，通过自然语言处理、知识图谱、人工智能等相关技术形成交互式知识库，对互动资源进行深度加工和开发利用，实现智能问答、智能推送、智能引导等，提升政府网站用户体验。

借助上述两种网络问政模式，社会个体关于环境权益的观点、想法、诉

---

① 孟天广，赵娟. 网络驱动的回应性政府：网络问政的制度扩散及运行模式 [J]. 上海行政学院学报，2018 (3)：36-44.

② 孟天广，李锋. 网络空间的政治互动：公民诉求与政府回应性——基于全国性网络问政平台的大数据分析 [J]. 清华大学学报（哲学社会科学版），2015 (3)：17-29.

③ 领导留言板 [EB/OL]. [2022-02-05]. http：//liuyan. people. com. cn/.

④ 第 47 次中国互联网络发展状况统计报告 [EB/OL]. [2021-02]. http：//www. cnnic. net. cn/hlwfzyj/hlwxzbg/.

求得以"可见";权力主体通过网络问政渠道及时了解并解决公众所面临的切身问题。作者利用爬虫软件获取了 2006—2021 年省、区、市党政领导接受的所有留言信息及政府回应信息,以具体分析网络问政模式在环境风险应对中的功能实践。根据获取数据显示:环保类问政议题为 617 717 条,占总留言的 16.7%,显示问题已办理的为 498 415 条,问题解决率达 81%。其中问政内容主要包括企业环境污染物排放、城市垃圾处理、城市绿化等,大部分公众在该平台反映问题、寻求帮助的同时,也积极建言献策。而政府领导针对上述问题也不断强化回应性制度建设,具体表现在压缩问题反映到问题处理的时间间距,提高治理效力;不断优化问题回应的表达策略。两者间的良性互动逐渐成为近年来社会治理模式的范本。"领导留言板"强大的信息聚合和沟通能力,使其被国务院写入中国民主白皮书,成为"人民利益的要求能够顺利表达和有效实现"的重要范例。[①]

畅通表达与有效实现正是破解环境维权网络动员困境的核心所在。当公众面对环境项目风险的未知与恐慌时,权力主体第一时间借助问政平台面向利益公众征求意见和建议,充分吸纳公众的建设性方案,将有助于消解恐慌,转被动、消极的抗争性实践为主动、积极的政治参与。我国社会转型背景下的网络问政具有"监督问责"与"表达问计"的双重话语功能,公众与权力主体间的双向互动与沟通推动现代社会治理模式和公众政治参与实践的不断进步。[②] 但由于问政主体与问政平台的分殊,仍然存在参政议政人群难以划定区域、问政信源缺乏、反馈不足等多重问题,并没有达到理想的问政效果。问政平台需进一步完善和推广,扩展影响,吸引更多公众参与。

以公民听证会、电视问政、网络问政为现实观照的中观参与路径既是制度性与技术性相结合的产物,同时也成为中国现代治理转型的重要实现方式。三者不同程度地发挥着诉求表达、多元沟通和意见协商的功能,其实践

① 曾帆.2021 年度人民网网上群众工作单位名单发布 [EB/OL].[2021-12-20].http://leaders.people.com.cn/n1/2021/1220/c58278-32311874.html.

② 陈刚,王卿.话语结构、思维演进与智能化转向:作为政治新图景的中国网络问政 [J].新闻与传播评论,2020 (6):17-28.

特征在环境维权行动及其风险治理中也各具优势。基于程序正义的公民听证会具有制度性规范与工具理性实践的优势，其可以应用于环境决策协商的最终环节，以提高协商治理的操作性和实践效率；电视问政所统合的媒体监督与多元主体参与，可以就涉及民众普遍关心、亟待解决的环境问题展开集中商讨，对权力主体起到监督与示范作用；而网络问政的大数据整合特质，在一定程度上可以发挥环境监测与问题追踪功能，同时借助网络问政的深入讨论与广泛传播，理性公民的培育和训练以及官方互动的良性循环等治理设想将成为可能。

# 第三节　主体革新：维权动员治理的微观"行为优化"

## 一、主体意识与参与能力：公众维权动员的理性培植

公众参与是社会治理的基础。公众参与的积极性、广泛性和有效性关系到社会治理的程度和效果。当前，在法治建设、互联网治理以及生态文明实践的宏观制度框架下，我国公众维权行动参与的自我优化应该从环保角度出发培植公众的主体意识和理性参与能力。

教育是人类文明传播与知识社会化的有效途径，在人与自然和谐关系的维系中处于基础性和先导性地位。环保教育是指通过教学、讲座、环境科普等形式有意识地进行环境知识、环境法治的宣传教育，其最终目标应该是在培养民众生态文明价值观和行为习惯基础上培养民众保护环境的责任感和理性正确的维权意识。当前中国环保教育的实现主要基于两种力量。

一是民间环保组织的公益实践。根据中国环保组织地图数据，当前我国的民间环保组织数量为 3 063 家，通过环境议题分布来看，大多数民间环保组织都非常重视环境教育，该议题数量高达 2 166 个，远超水污染、大气污染等其他环境议题（如图 5-1）。而在具体实践中，环保组织则通过不同形式、不同角度积极开展环保教育和环境维权宣传活动。以中华环保联合会为例，其连续多年以教育巡展、环境普法下基层、免费发放宣传材料等方式开展环境维权教育，并通过制作环境维权公益广告，开通维护环境权益基金特

服号、电话、网络、微博等环境投诉通道，积极参与引导公众的环境维权实践。[①] 近年来，民间环保组织不断践行"维护社会和公众的环境权益；推进环境法治建设，为维护公众环境权益提供法律保障"[②]。

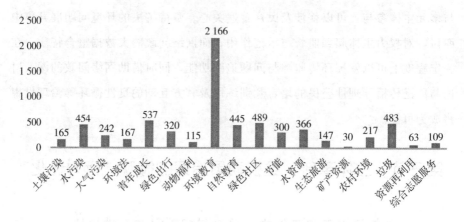

图 5－1 民间环保组织的议题类型及组织数量（单位：个）

二是以学校教育为阵地的环保意识培养。作为环境保护与环境风险应对的一种思想、观念及倾向性心理反应，环保意识反映出某一群体、地区、民族以及国家对生态环境实践的认识、态度和行为。这是一种积极的价值观和社会进步的文明标志。[③] 关于校园环保教育目前主要包括教育阶段分区与课程融入实践两方面：教育阶段分区是围绕幼儿园、小学、中学、职业教育、大学教育等几个时期展开的，内容涉及不同时期环保教育实践的目的、策略及困境；课程融入实践则以不同教学课程如何融入环保知识为重点，如化学教学如何渗透环保教育[④]、环保教育在日语教学中的融入以及如何与大学思想政治教育相结合等。与此同时，校园环保教育不单单从知识维度介绍中国常见的环境问题现象，而是与道德规范相关联。在亚当·斯密看来，道德规范在社会化过程中会被内化为"神化存在"的指令和戒律，顺从者将获得报

① 中华环保联合会. 扛起环境维权旗帜保障和改善民生 [N]. 人民政协报（数字报），2013－03－10（B1）.

② 佚名. 共同推进环境维权 [N]. 贵阳日报，2011－07－17（B13）.

③ 曾锦昌. 高职大学生环保教育对策 [J]. 山西财经大学学报，2012，34（S4）：111.

④ 韩亚玲. 浅析化学教学渗透环保教育的途径方法 [J]. 中国教育学刊，2013（S2）：9－10.

偿奖励，违反者则遭受惩罚。① 在最早的幼儿园环保教育中，老师会以是否乱丢垃圾、是否勤洗手作为衡量"好孩子"与否的重要标准，即形成如果你乱扔垃圾就不是好孩子的道德判断逻辑，这也是诸多研究强调的环保意识与责任感养成的起点。而小学环保教育则将其知识内容纳入《道德与法治》教材中，并通过专题故事讲授让学生"了解家乡生态环境的问题、原因及危害；确立保护环境的责任意识；主动参与力所能及的环保活动"。根据作者对山东省 J 县 X 小学的环保教育效果调研发现，环境问题认知与环保责任在老师课堂知识讲授过程中逐渐内化学生的行为规范。以下几段访谈资料可以印证上述问题。

"老师在每周的安全班会上反复说，现在环境污染很严重，环境污染会影响我们的健康，所以我们应该保护环境，不能乱扔垃圾，而且老师说，我们是少先队员，少先队员就应该讲文明，保护环境也是热爱祖国……"（来自 X 小学六年级 2 班 C 同学的访谈）

"在课上，老师给我们讲过一些环境污染的小故事，并告诉我们应该爱护环境，记得那次课后，我还主动报名参与了学校操场的垃圾清扫活动，回家后我还告诉妈妈以后在外边不能随地扔垃圾。"（来自 X 小学五年级 1 班 W 同学的访谈）

"学校开展环保教育活动的形式比较多样：既有课堂知识点讲授，例如，《道德与法治》（四年级上册）就有涉及环境污染、变废为宝和低碳生活等内容；同时，学校还通过黑板报、广播站等宣传环境保护；在每年的环境主题日，学校也会组织集中学习，或者以主题演讲和主题征文的形式调动学生参与环境教育活动的积极性；我们老师有时也会布置手工作业，要求学生和学生家长利用家里废置物品完成。"（来自四年级 1 班班主任 L 老师的访谈）

从访谈资料可以看出，环保教育既作为知识的传递方式，也是秩序规范的再社会化过程。从知识逻辑到道德逻辑，一种涵化的自我权力机制逐渐形

---

① 亚当·斯密. 道德情操论 [M]. 蒋自强，钦北愚，朱忠棣，等，译. 北京：商务印书馆，2003：199.

成。一如福柯所断言的，近现代历史是一种通过或明或暗的约束和规范技术而产生现代自我与社会的过程，即政府控制与"自我技术"的巧妙结合。公共秩序、监狱、规范、法律、教会、诊所、学校教育、文化知识等都成为社会管束、调教与形塑的权力实践形式。

伴随生态文明实践的宏观转向，环保教育已然成为保护环境、应对环境风险、理性参与环境维权实践的基础性构成。其"自我技术"与知识化过程，在一定程度上能培育公众环境实践的规范化、科学化和理性化素养。尤其通过校园环保教育的浸润，公众的知识理性、科学理性以及责任理性在社会化过程中逐渐养成。

## 二、制度供给与职业伦理：社会中层网络动员治理的角色功能优化

构成社会中层的专家学者、团体机构、网络大 V 等因具备的权威性和占有的一定社会资本，不仅可以提供必要的公共服务，还凭借具有意见领袖特质的天然优势发挥舆论引导、风险纾解的重要功能。而要想将社会中层的公共性效能发挥到最大，则需要突破上述网络动员行动中的诸多困境，并将其嵌入社会治理共同体秩序中。

其一，应该从制度供给出发提高其社会治理的参与地位，尤其凸显专家学者、环保组织等的合法性和自主性。首先，权力主体应该转变传统管理理念，尊重与重新定位社会中层在环境风险治理中的地位和作用，不再将其视为权力管理的对象，而是视为合作者，治理的协同主体。这一举措有助于社会中层保持参与实践的相对自主性，避免因权力裹挟所造成的"为权力背书"。其次，应该完善社会中层参与环境风险治理的制度保障，包括社会中层参与环境风险、环境治理评估的法律体系和程序制度，以及社会中层与权力主体、公众的对话和沟通机制。杜绝因社会中层"被代言"和"自我内眷"所造成的专业迷失以及"交流的无奈"。真正实现社会中层在网络动员治理中的"公共达成"与"桥梁衔接"功能。

其二，从内在的"自我技术"和新的激情政治出发培植有专业、有温度、有热情的社会参与文化。首先，福柯所谓的"自我技术"具体到社会治

理实践中主要指涉文化内化与道德规约，即将社会普遍遵守的价值观念、道德伦理以及自身所在行业圈层内的职业规范内化为社会中层参与实践的理念追求。这种自我的观念化过程有助于社会中层始终秉持专业实践的伦理操守，并将公共性实践与政治参与作为自身行动的目的和归宿。以阿拉善SEE 公益机构①等环保组织为例，其始终将关注生态环境变化、守护绿水青山作为环保行动的价值追求，仅 2021 年就动员 3 104 人次参与污染联合倡导行动；直接发现实际污染问题 2 634 处、推动整改 2 012 处；向政府部门表达建议诉求 1 338 次，推动相关部门主动公开信息 12 928 份。近年来，类似阿拉善 SEE 公益机构的环保组织正在成为推动环境风险治理的重要参与力量。同样，以专家学者为代表的马军②、环境骑士（知名环境科普博主）等也在环境项目决策以及缓和权力主体与公众利益群体冲突方面积极建言献策，促进公共性利益的多元平衡。其次，关于社会中层新的激情政治的培育。美国政治学者克劳斯提出的新的激情政治概念强调将道德情感与关于正义的不偏不倚的商议与代表正义的行动关联起来，并"要求对他人以及我们时代迫切的政治问题有一种情感性卷入"③，以反思性关切的能力参与社会治理。这一概念逻辑对于打破此前社会中层存在的主体性缺位、建设性不足、情感性偏倚等问题颇具启发性。社会中层在环境维权网络动员实践中应该注重"关爱与反思的结合"，要把受环境污染影响者的情感考虑进来，将其转化为自身话语表达和政治参与的重要依据。

总之，社会中层网络动员治理的主体优化既需要制度性层面的结构调整与完善，同时也应该不断拓展自身社会治理实践的专业技能和理性素养，提升参与热情。对权力主体而言，要吸收和培育社会中层治理，必须把握赋权与"管控"的平衡，赋予中层适度的独立性，明确其参与社会公共事务的限度，防止过度干预导致的积极性降低。对社会中层来说，要在坚持党和政府

---

① 中国首家以社会责任（Society）为己任，以企业家（Entrepreneur）为主体，以保护生态（Ecology）为目标的社会团体。

② 《中国水危机》作者、公众与环境研究中心主任马军，微博 2021 十大影响力公益大 V。

③ 莎伦·R. 克劳斯. 公民的激情：道德情感与民主商议［M］. 谭安奎，译. 南京：译林出版社，2015：228.

管理体制主导模式不变的基础上，充分发挥自身优势，积极动员社会力量，共同合理应对环境风险所诱发的环境维权冲突。

### 三、舆论引导与沟通互动：大众媒体网络动员的公共性重塑

在环境维权网络动员实践中，大众媒体因主题议程偏颇和时间迟滞所造成的"舆论失焦"一度影响其公共性与公信力的有效建构。针对上述问题，大众媒体一方面应该搭乘网络技术的顺风车，强化网络平台合作与宣传引导；另一方面则需要回归传媒本体性实践的优良传统，注重从媒体内容层面和报道层面下功夫。

第一，大众媒体在网络动员实践中应该重视发挥网络平台的舆论引导效能，尤其强化大众媒体的网络平台建设。伴随着互联网的发展与升级，大众媒体纷纷借助网络技术拓展自己的传播渠道和实践边界，以人民日报为例：2012年法人微博开通、2013年微信公众号上线、2014年新闻客户端上线、2017年全媒体平台"中央厨房"投入使用、2018年入驻抖音平台、2019年智慧媒体研究院成立。大众媒体与网络技术的强势融合为其介入公众动员行动、与公众开展平等对话提供了极大便利。公众反PX维权行动中，大众媒体的平台化实践在放大公共理性声音的同时，也起到了正向的舆论引导作用。例如，人民日报微博平台曾以"6天被修改36次 清华学生昼夜捍卫PX词条低毒说明""PX不仅是科学问题""告诉你一个真实的PX"等为话题就PX维权所涉及的毒性争议理性发声，试图消解公众因认知局限、网络谣言等造成的恐慌心理和非理性举动。此外，大众媒体在注重网络平台化实践的同时，要积极与权力主体开展合作，营造良好的网络动员及其风险信息管理的联动机制，即双方都应坚持公开、客观与沟通原则，搭建合作平台，共享信息资源。对权力主体而言，以法律和制度形式构建有序化、明朗化和确定化的结构框架是保障大众媒体采访权、表达权、批评权和监督权的基本前提。在涉及对环境维权行动敏感问题报道时，这一制度前提尤为重要，它能确保大众媒体代行公众合法权益的有效实施，使其不至于在权力裹挟中违背职业伦理，以致丧失正义追求的媒体本质。与此同时，在权力主体与大众媒体就环境议题存在相互冲突或敏感领域时，也可以积极搭建对话平台，邀请

相应的相关群体和专家对目前遇到的难题进行论证，共同探讨解决问题的办法。

第二，大众媒体应该以新闻职业追求为基本底色，注重新闻报道的适时性与真实性。所谓适时性主要强调大众媒体在恰当的时间节点上进行事实报道，即遵循行动事实的客观性时间——及时性和行动演变的逻辑性时间——适宜性，两者的有效权衡可以避免因时间迟滞和"选择性失语"所引发的舆论危机；所谓真实性就是要以科学和事实真相为依据，大众媒体关于环境维权的报道议题应该经过科学论证，禁得起公众质疑和实践考验。在环境维权网络动员的整个行动过程中，大众媒体都需要尊重以上两条原则。环境维权行动生成的初始短，及时的信息回应是把握与公众有效对话的重要前提，尤其第一时间将真实科学的内容报道呈现在公众面前是破解谣言最有力的武器。就反 PX、反垃圾焚烧维权行动来看，形成了两种截然不同的媒体实践模式：模式一，大众媒体在环境项目实施前主动进行科普宣传，第一时间进行信息公开，理性全面地告知公众环境项目存在的利弊问题，保障公众的知情权和决策权，减少其恐慌心理；模式二，部分大众媒体因考虑环境项目所涉及的敏感问题，选择事后回应，或面对公众质疑"避而不答"。两种模式导致维权行动走向及其发展存在显著差异，前者更有利于形成理性对话，而后者则极易诱发不必要的冲突。维权行动的爆发时期，大众媒体应该坚持"以人民为中心"的新闻报道立场，启动新闻报道预案，注重新闻报道多元体裁的运用：消息报道的及时回应＋深度报道的全面解读＋评论报道的有效引导，以期构建真实、客观、理性、温情的正向舆论空间。这一时期维权公众往往蕴含着高涨的非理性情绪，大众媒体切忌以自我为中心的宣传话语模式，应该以人文主义视角观照利益相关者的基本诉求，以新闻报道消解民众的反感情绪。同时，大众媒体既作为信息传播的重要渠道，又是连接政府与社会公众的桥梁和纽带①，需要全面呈现权力主体的决策、回应过程，并将座谈达成的协议及与事件相关的信息公之于众。大众媒体以其呈线性和建构性的功能实践在持续刺激社会，使社会保持清醒的同时，也在推动社会反省

---

① 陈菁瑶. 风险社会视域下主流媒体的功能向度 [J]. 青年记者，2021 (20)：32-33.

和改变自身。①

环境维权动员的风险治理是治理现代化的重要命题，而其治理须臾离不开大众媒体的有效传播和引导。大众媒体的环境风险治理要在拓展技术资源基础上，克服自身的实践困境，即加强资源整合、加快技术更迭，尤其以智能技术作为科技引领，"智能技术的发展正在重塑社会现实，给社会治理带来新的变化"②；同时坚守新闻职业道德，使其能在多元利益博弈中保持客观中正。总之，大众媒体应该奋力在社会治理现代化中当好"瞭望者""守护者""推动者"，实现与社会治理的同频共振。

## 四、多元平衡与行为规训：地方权力主体的治理转向

在环境维权网络动员实践中，权力主体，尤其地方权力主体为代表需要从技术控制为主导转变为平台的介入与合作、指令性维稳转变为沟通性实践、被动型应对转变为主动型引导等几方面入手，以规避过度的技术控制和"刚性维稳"所引发的网络撕裂以及群体性冲突。权力主体治理角色的功能转向应该如戴维·奥斯本和特德·盖布勒所界定的："起催化作用的政府：掌舵而不是划桨；社区拥有的政府：授权而不是服务；竞争性政府：把竞争机制注入提供服务中去；有使命感的政府：改变照章办事的组织……有预见的政府：预防而不是治疗；分权的政府：从等级制到参与和协作；以市场为导向的政府：通过市场力量进行变革。"③

首先，应该从平台的介入与合作出发转变对网络动员信息的"绝对管控"。一是处理形形色色的网络动员信息应该力求适度。即既不能让非理性、极端化的网络谣言、舆情信息在互联网空间泛滥成灾，也不能"一刀切"取缔所有不利于权力主体的公众言论。地方权力主体代表了党中央的整体决策，须体现权力主体"以人民为中心"的根本立场，因其处置不当而造成的

---

① 秦明瑞. 大众传播媒体是如何影响社会的？——卢曼系统论视角下的分析 [J]. 社会科学辑刊，2021（5）：51-65.

② 张成岗. 人工智能的社会治理：构建公众从"被负责任"到"负责任"的理论通道 [J]. 中国科技论坛，2019（9）：1-4.

③ 戴维·奥斯本，特德·盖布勒. 改革政府：企业家精神如何改革着公共部门 [M]. 周敦仁，等，译. 上海：上海译文出版社，2006：1-210.

行为过错应该主动承认，客观真实地应对网络动员中的维权信息表达与扩散。但对某些恶意诋毁、抹黑的网络动员言论也决不放任和姑息。权力主体既要给公众的自由诉求表达留足空间，也要积极介入网络动员行动，争取网络动员实践的主导地位。法律范围内适度自由与控制并举是权力主体治理转型的内在逻辑，也是中西方社会治理传统延续的文化底色。二是要与互联网平台展开积极合作。当地方权力主体面对网络动员的可能风险时应该改变一贯的行政化手段或以命令方式要求的互联网平台控制模式，给予网络平台一定的自主权和管控空间。在处理网络动员所引发的风险问题时，权力主体要明确自身服务者而非简单授权者的角色定位，展现其在处理应对网络维权行动权益诉求及风险冲突的诚恳态度，和谐处理与网络平台的互动关系。2013年，地方权力主体在昆明反石化项目中的积极表现便是拓展其与网络平台合作张力的典型例证：借助网络平台的技术效能与内容逻辑，网络动员的治理效能也不断强化。

其次，从强化政治沟通实践与转变沟通性话语表达出发破解由官方话语垄断所造成的官民冲突。第一，应该客观界定网络动员行动中的公众身份。在网络空间，公众表达的环境权益诉求不乏合理性、道德因素的考量，其中一些权益诉求本身是由于权力主体处置监管不当所造成的。因此，权力主体在开展动员实践时，不能将公众仅仅视为被引导和被管理的对象，而是以平等参与的视角审视宣传引导与治理服务的主体关系，给予公众网络维权参与足够信任。吉登斯认为，信任是对一个人或一个系统的可靠性的信心。在一系列给定的后果或事件中，这种信心表达了对诚实或对他人的爱的信念，或对抽象原则（技术知识）正确性的信念。① 权力主体对公众自主参与维权的鼓励和信任是推动"人人参与"社会治理的合法性依据。第二，应该弱化指令性控制模式。环境维权的产生或冲突爆发，部分是由于地方权力主体的官本位思想或为了保住"大局和谐"而不愿意承认自己犯错或及时纠正政策偏差，有时甚至通过一些行政手段规避网络动员中的不利言论。地方权力主体

---

① 安东尼·吉登斯. 现代性后果 [M]. 田禾，译. 南京：译林出版社，2011：30.

的强势话语控制①在短时间内可能会维持社会秩序稳定，却使潜在的社会矛盾无法有效释放。第三，避免套用惯用的指令性话语表达。以官方文书、通告、说明为主要分类的话语结构在一定程度上反映了权力主体的基本态度和认知。因此，权力主体要加大相关领导干部的专业培训力度，在与公众交往及宣传过程中，要加强官民互动沟通的亲切度和有效性，提升领导干部们的公共服务水平和质量。行文内容则在保持一定权威性的同时，应适当简化官话套话所造成的冗余赘述，强化其真实、可感和人情味。

最后，应该从主动型实践逻辑着手扭转权力主体治理引导的紧张关系。第一，转变原有的被动回应的舆论引导观。从历年典型环境维权事件的发展过程来看，及时回应是影响维权动员治理效果的一个重要指标。环境维权行动的风险化解需要抓住关键的时间节点，有的放矢。这就需要破除一些地方权力主体长久以来存在的"救火而非防火"思维，在面对公众环境维权诉求时，应该第一时间展开调研，及时就相关问题制订合理预案，以积极态度维护公众的合法权益。上述案例中，因权力主体被动回应造成的网络谣言盛行以及群体极化现象不胜枚举，对地方权力主体的公信力和权威性造成极大损害。而一旦因被动回应导致维权冲突升级，则又将陷入不得不以"刚性维稳"作为社会控制的实践怪圈。第二，"变堵为疏"。这需要权力主体以尊重客观事实和公众诉求为基础，公开透明化相关的信息和处理过程，尤其在涉及环保监测、环境项目调研以及环境风险评估等方面，应该及时分阶段澄清事实真相，防止谣言滋生，在充分沟通的基础上，与参与主体达成共同的解决办法。第三，要以人为本，尊重相关利益群体的基本权利。环境维权网络动员既是环境风险实践的重要表征，也极易造成社会矛盾的白热化。地方权力主体在处理这些问题时，要调节好自身的负面情绪，安抚民众，充分尊重相关利益群体的发言权。在当下中国环境维权面临的异质性风险叠加、利益群体分化等问题，权力主体需要不断扩大共识性话语的实践空间，倡导"对话""协商""多元""温和""法治导向"的价值理性。

关于多元主体的治理优化主要强调主体性的秩序规制与自我实践能力的

---

① 张勤. 网络舆情的生态治理与政府信任重塑 [J]. 中国行政管理，2014（4）：40-44.

提升，其中涉及的法治建设、互联网空间的政策规制、生态文明建设构成了社会控制的外在条件；公民听证会、电视问政以及网络问政所建构的实践场域有望拓展多元主体维权动员的协商路径；而基于公众教育涵化与主体意识培植、社会中层的"自我技术"和新激情政治参与、以职业伦理为根基的大众媒体实践、权力主体主动型实践的转变则是强化自身实践能力的重要方式。

关于环境维权网络动员的社会治理逻辑主要基于两方面的考量：一方面，借鉴西方经典社会治理理论的核心概念和解释范畴，如道德文化论、社会控制论以及冲突平衡论等。西方社会治理中蕴含的法治实践、服务型政府、公民参与、权力监管等理念对当前中国治理现代化转型及其理论本土化具有重要参照意义，但考虑到中西方社会制度、文化价值差异，仍需要基于中国问题对西方社会理论进行批判性分析与吸纳。另一方面则根植于中国社会治理实践的制度传统与文化传统，并依托"社会治理共同体"的多元路径转向，即依据平等参与、充分表达和民主协商的基本原则以消解科层化实践中的"单向度传播"与"刚性管理模式"。作为"多元行动主体在合作共治框架下共同组成的社会有机体"①，社会治理共同体实践的根本就是保障和改善民生，促进社会公平正义，增强社会发展活力，促进社会和谐稳定。同时，其高度重视社会治理制度（主体制度和协商制度）创新和人民的主体作用。

结合社会治理理论，通过对宏观层面的制度构建、中观层面多元主体的参与路径以及微观向度主体"自我技术"实践等的考察，将环境维权网络动员纳入"整体性语境"范畴进行考量，在为被视为"反向异化"的网络动员"正名"的同时，也为当前中国网络社会治理的本土化实践提供一个反思性与操作性的分析"范式"。上述三重逻辑框架，可以真正意义上促进公众、社会中层、大众媒体以及权力主体等在形成合作性关系基础上，调用法、理、情等社会治理模式解决环境维权动员实践中的诸多矛盾难题，从而达到化解环境风险矛盾、实现环境正义、激发社会活力、促进社会和谐发展的目的。环境维权网络动员的治理进路既是环境风险实践的关键环节，同时也是国家治理现代化实现的必经之路。

---

① 杨仁忠，张诗博. 社会治理共同体的公共性意蕴及其重要意义 [J]. 河南师范大学学报（哲学社会科学版），2021（1）：9-16.

# 结　论

对于环境维权的网络动员研究不仅是综合把握多元主体环境权益诉求如何表达、主体间如何开展行动实践以及如何进行利益协商的一个窗口，更成为审视当前网络参与社会治理的重要参照。换句话说，我们通过环境维权行动背后的网络动员机理让复杂交错的多元社会关系更加清晰，让被遮蔽的利益主体实践得以凸显，从而架构起互联网与社会发展的多重价值维度。

就互联网的技术性与制度性优势而言，"网络动员"深刻影响了中国环境维权行动的整体景观。

网络动员拓展了多元主体在制度和文化层面的建构意义。"作为一种历史趋势，信息时代支配性功能与过程日益以网络组织起来。网络建构了我们社会的新社会形态，而网络化逻辑的扩散实质地改变了生产、经验、权力与文化过程中的操作与结果。"[①] 通过对上述经典案例宏观情境、话语表征以及微观行动的深入研究发现，网络动员的制度性建构以社会沟通为核心运行模式，其中既包括权力主体的政治沟通转向，也涉及桑斯坦所谓的多层次公共领域的意见集聚[②]：社会中层与大众媒体的意见引领最具代表性。而网络动员的文化性建构则指向公众参与的实践逻辑。公众参与是现代政治文化转向的内在动力和标志。网络动员过程的开放性和包容性在建构公众沟通与说服的参与文化基础上，推动着中国政治文化的制度性改革。其中环境风险评

①　曼纽尔·卡斯特．网络社会的崛起 [M]．夏铸九，王志弘，等，译．北京：社会科学文献出版社，2001：569．

②　凯斯·桑斯坦．网络共和国：网络社会中的民主问题 [M]．黄维明，译．上海：上海人民出版社，2003：18．

估、政府信息公开办法、公民听证会等都是环境维权网络动员直接或间接的
行动成果。网络动员在一定程度上打破了既往的"臣民文化"传统，公众政
治参与的主体性得到释放。掌握主动性的公众将网络动员所勾陈的积极文化
因子作为此后社会行动实践的代偿机制。正如阿尔蒙德所强调的，公民文化
"是一种建立在沟通和说服基础上的多元文化，它是一致性和多样性共存的
文化，它是允许变革的……"①。环境维权网络动员所带有的制度性与文化
性建构的积极特质为转型期的中国发展不断注入新的活力。

　　网络动员重构了传统社会行动的时空秩序。"作为一种空前广泛和高效
的社会连接技术，互联网出现之后，曾激发了一种人们对'自由连接'的新
社会的想象，人们寄望于网络空间的开放性，得以超越现实社会的身份区
隔，获得更多更平等的连接机会，拓展他们的社会资本，并有望形成'脱
域'的'共同体'。"②公众、社会中层、大众媒体、权力主体等借助论坛、
博客、微博、微信等互联网平台构成的自组织网络实践自身的利益诉求与行
动目标。与传统线性的、科层化的社会流动秩序不同，互联网技术的再结构
化优势为多元主体的时空聚合与共同在场提供了转化的实践场域，通过网络
媒介感知他者存在以建立彼此连接和相互依赖的社会交往联系。③正如吉登
斯所断言的那样，基于网络技术的组织空间体验以一种独特的方式将空间中
的远与近连接起来，这在以往任何时期都从未发生过。④网络动员不单单作
为环境维权主体的实践工具，更成为行动运行的结构性网络。网络动员的节
点化与结构化属性使多元主体得以突破传统环境维权行动时间偏倚与空间偏
倚的秩序区隔，进而实现异时性网络互动与共时性网络互动相交织的行动同
一性，开放的动员模式也将超越既往基于差序格局的传统社会动员逻辑，从
而消减参与者在道德伦理、组织结构以及物质资源方面的负担，为多元主体

---

　　①　加布里埃尔·A.阿尔蒙德，西德尼·维巴.公民文化——五个国家的政治态度和民主制
[M].徐湘林，戴龙基，唐亮，等，译.北京：华夏出版社，1989：8.

　　②　夏倩芳，仲野.网络圈子影响人们的生活满意度吗？——基于一项全国性调查数据的分析
[J].国际新闻界，2021（11）：84-110.

　　③　曾一果，施晶晶."在吗"：社交媒体的"云交往"实践与身份建构[J].暨南学报（哲学
社会科学版），2021（9）：24-33.

　　④　安东尼·吉登斯.现代性后果[M].田禾，译.南京：译林出版社，2000：231.

对环境权益活动不同预期的沟通与共识达成提供"政治机会"。

网络动员是社会记忆实践的重要载体。记忆是斗争中的一个重要因素，谁控制了人们的记忆，谁就掌握了控制人们行为的主动权。因此，拥有、控制和管理记忆至关重要。[①] 网络所具有的永恒的时间机制使其成为社会记忆建构、唤醒与再现的重要场域。环境维权行动借助网络动员聚合社会资本的同时，也形塑了强大的记忆空间。既有典型环境维权行动的宝贵经验经由网络记忆而得以广泛流传。通过研究，我们可以清晰地发现：厦门反 PX 事件、北京反高安屯垃圾焚烧事件、广州番禺垃圾焚烧事件等早期经典维权案例成为此后公众开展维权行动的重要言说资源。公众通过对环境维权网络痕迹的检索和收集，本身就构成了网络考古学的行动策略。[②] 一方面，基于网络动员实践的维权记忆框架成为影响公众集体认同感与共同体建构与唤起的重要话语资源；另一方面，网络行动记忆作为多元主体共同实践的阐释社群，既被权力主体视为敏感话语采取"剔除"或"权力遗忘"手段，与此同时，记忆框架中的实践逻辑也被作为社会治理的政策经验保存下来，赋予其合法性秩序。显然，环境维权记忆成为多元主体行动博弈的重要砝码。

而当我们欣喜地看到环境维权网络动员蕴含的积极功能价值的同时，与之相伴随的网络暴力、情感极化、群体纠纷等网络动员所裹挟的诸多非传统安全问题也值得我们深思。上述问题折射出的工具理性实践的相对机械化与价值理性的发育不良，对中国社会秩序稳定和治理现代化实现构成严峻挑战。尤其对权力主体而言，如果组织和制度化实践难以有效应对网络动员扩大所带来的社会变化，结果将出现如亨廷顿所说的变革与合法性秩序不匹配导致"动荡或骚乱"[③]。在中国城镇化、工业化和现代化继续向纵深发展的大背景下，如何"扬环境维权网络动员之利，避环境维权网络动员之恶"成为当下亟待厘清的问题。这就要求作为社会治理引领者的权力主体有效地从

---

① 米歇尔·福柯. 疯癫与文明 [M]. 刘北成，杨远婴，译. 北京：生活·读书·新知三联书店，2012：97.

② 陈氚. 时间、痕迹与网络的考古学——对抗信息遗忘的互联网记忆 [J]. 福建论坛（人文社会科学版），2019（10）：162-169.

③ 塞缪尔·亨廷顿. 变化社会中的政治秩序 [M]. 王冠华，刘为，译. 北京：三联书店，1989：5.

制度改革、法治建设、主流价值观引领等视角出发构建社会发展的同心圆模式，并积极吸纳公众、社会中层、大众媒体参与社会治理实践，其中公民听证会、电视问政、网络问政等参与路径的功能拓展；环保教育实践的内容优化；媒体舆论监督空间的扩大等也将成为上述网络动员治理开展的关键环节。总之，只有遵循法治规范、程序正义、公民参与、权力监管等理念，网络动员积极、理性、平和、有效的社会参与实践才能有进一步实现的可能性。

一、中文文献

（一）著作

[1] 赵鼎新. 社会与政治运动讲义 [M]. 北京：社会科学文献出版社，2012.

[2] 李瑞农. 中国环境年鉴 2018 [M]. 北京：中国环境出版社，2018.

[3] 约翰·汉尼根. 环境社会学 [M]. 洪大用，等，译. 北京：中国人民
大学出版社，2009.

[4] 克里斯托弗·卢茨. 西方环境运动：地方、国家和全球向度 [M]. 徐
凯，译. 济南：山东大学出版社，2005.

[5] 艾尔东·莫里斯，卡洛尔·麦克拉吉·缪勒. 社会运动理论的前沿领域
[M]. 刘能，译. 北京：北京大学出版社，2002.

[6] 詹姆斯·斯科特. 弱者的武器 [M]. 郑广怀，张敏，何江穗，译. 北
京：译林出版社，2007.

[7] 塞缪尔·亨廷顿. 变革社会中的政治秩序 [M]. 李盛平，等，译. 北
京：华夏出版社，1988.

[8] 凯斯·桑斯坦. 网络共和国：网络社会中的民主问题 [M]. 黄维明，
译. 上海：上海人民出版社，2003.

[9] 吕忠梅. 环境法新视野 [M]. 北京：中国政法大学出版社，2000.

[10] 曼纽尔·卡斯特. 网络社会——跨文化的视角 [M]. 周凯，译. 北
京：社会科学文献出版社，2009.

[11] 查德威克. 互联网政治学：国家、公民与新传播技术 [M]. 任孟山，
译. 北京：华夏出版社，2010.

[12] 马克思恩格斯选集（第 1 卷）[M]. 北京：人民出版社，1972.

[13] 曼瑟·奥尔森. 集体行动的逻辑 [M]. 陈郁，郭宇峰，李宗新，译. 上海：格致出版社，2018.

[14] 唐颂. 百年经典中外哲理名篇 [M]. 兰州：甘肃文化出版社，2003.

[15] 古斯塔夫·勒庞. 乌合之众：大众心理研究 [M]. 冯克利，译. 北京：中央编译出版社，2014.

[16] 克利福德·格尔茨. 文化的解释 [M]. 韩莉，译. 南京：译林出版社，2008.

[17] A. H. 马斯洛. 动机与人格 [M]. 许金声，程朝翔，译. 北京：华夏出版社，1987.

[18] 安东尼·吉登斯. 现代性的后果 [M]. 田禾，译. 南京：译林出版社，2000.

[19] 许纪霖. 中国现代化史（1800—1949）（第1卷）[M]. 上海：生活·读书·新知三联书店，2006.

[20] 薛建明，仇桂且. 生态文明与中国现代化转型研究 [M]. 北京：光明日报出版社，2014.

[21] 张奕曾，王玉玲. 新中国经济建设史（1949—1995）[M]. 哈尔滨：黑龙江人民出版社，1996.

[22] 邓小平. 邓小平文选（第2卷）[M]. 北京：人民出版社，1994.

[23] 童星. 中国社会治理 [M]. 北京：中国人民大学出版社，2018.

[24] 燕芳敏. 现代化视域下的生态文明建设研究 [M]. 山东：山东人民出版社，2016.

[25] 麦克尼尔. 阳光下的新事物：20世纪世界环境史 [M]. 韩莉，韩晓雯，译. 北京：商务印书馆，2013.

[26] 乌尔里希·贝克. 风险社会：新的现代性之路 [M]. 张文杰，何博闻，译. 南京：译林出版社，2018.

[27] 曲格平. 曲之求索：中国环境保护方略 [M]. 北京：中国环境科学出版社，2010.

[28] 约翰·罗尔斯. 正义论 [M]. 何怀宏，何包钢，廖申白，译. 北京：中国社会科学出版社，1988.

[29] 罗伯特·考克斯. 假如自然不沉默：环境传播与公共领域（第三版）[M]. 纪莉，译. 北京：北京大学出版社，2016.

[30] 约翰·斯道雷. 文化理论与大众文化导论（第五版）[M]. 常江，译. 北京：北京大学出版社，2010.

[31] 毛泽东. 毛泽东选集（第二卷）[M]. 北京：人民出版社，1991.

[32] 罗彬. 新闻传播的人本责任研究 [M]. 武汉：武汉大学出版社，2011.

[33] 周辅成. 西方伦理学名著选辑（上卷）[M]. 北京：商务印书馆，1964.

[34] 罗伯特·帕特南. 独自打保龄球 [M]. 刘波，译. 北京：北京大学出版社，2011.

[35] 齐格蒙特·鲍曼. 个体化社会 [M]. 范祥涛，译. 上海：生活·读书·新知三联书店，2002.

[36] 江泽民. 江泽民文选（第2卷）[M]. 北京：人民出版社，2006.

[37] 郭良. 网络创世纪——从阿帕网到互联网 [M]. 北京：中国人民大学出版社，1998.

[38] 彭兰. 中国网络媒体的第一个十年 [M]. 北京：清华大学出版社，2005.

[39] 孙卫华. 网络与网络公民文化——基于批判与建构的视角 [M]. 北京：中国社会科学出版社，2013.

[40] 尼古拉斯·克里斯塔斯基，詹姆斯·富勒. 大连接：社会网络是如何形成的以及对人类现实行为的影响 [M]. 简学，译. 北京：中国人民大学出版社，2012.

[41] 拉兹洛. 进化：广义综合理论 [M]. 闵家胤，译. 北京：北京社会科学出版社，1988.

[42] 汉娜·阿伦特. 人的条件 [M]. 竺乾威，译. 上海：上海人民出版社，1999.

[43] 汪辉，陈燕谷. 文化与公共性 [M]. 北京：生活·读书·新知三联书店，1998.

[44] 尤尔根·哈贝马斯. 公共领域的结构转型 [M]. 曹卫东，译. 上海：学林出版社，1999.

[45] 谢岳. 当代中国政治沟通 [M]. 上海：上海人民出版社，2008.

［46］郑永年．中国模式：经验与困局［M］．杭州：浙江人民出版社，2010.

［47］金瑞林．环境法学［M］．北京：北京大学出版社，1990.

［48］张翼．当代中国社会结构变迁与社会治理［M］．北京：经济管理出版社，2016.

［49］郑杭生．社会学［M］．北京：学术期刊出版社，1989.

［50］邓小平．邓小平文选（第3卷）［M］．北京：人民出版社，1993.

［51］袁正明，梁建增．聚焦焦点访谈［M］．北京：中国大百科全书出版社，1999.

［52］夏骏，王坚平．目击历史《新闻调查》幕后的故事［M］．北京：文化艺术出版社，1999.

［53］刘习良．中国电视史［M］．北京：中国广播电视出版社，2007.

［54］肖广岭，赵秀梅．北京环境非政府组织研究［M］．北京：北京出版社，2002.

［55］曼纽尔·卡斯特．网络社会的崛起［M］．夏铸九，王志弘，等，译．北京：社会科学文献出版社，2001.

［56］胡泳．众声喧哗：网络时代的个人表达与公共讨论［M］．桂林：广西师范大学出版社，2008.

［57］陆学艺．当代中国社会阶层研究报告［M］．北京：社会科学文献出版社，2002.

［58］约翰·德赖泽克．地球政治学：环境话语［M］．蔺雪春，郭晨星，译．济南：山东大学出版社，2012.

［59］保罗·罗宾斯，约翰·欣茨，萨拉·A.摩尔．环境与社会：批判性导论［M］．居方，译．南京：江苏人民出版社，2020.

［60］李强．当代中国社会分层［M］．北京：生活书店，2019.

［61］胡伟．政府过程［M］．杭州：浙江人民出版社，1998.

［62］乔纳森·特纳，简·斯戴兹．情感社会学［M］．孙俊才，文军，译．上海：上海人民出版社，2007.

［63］丹森．情感论［M］．魏中军，孙安迹，译．沈阳：辽宁人民出版社，1989.

[64] 亚当·斯密. 道德情操论 [M]. 李嘉俊，译. 北京：台海出版社，2016.

[65] 莎伦·R. 克劳斯. 公民的激情：道德情感与民主商议 [M]. 谭安奎，译. 南京：译林出版社，2015.

[66] 冯契. 哲学大辞典 [M]. 上海：上海辞书出版社，1992.

[67] 杨保军. 新闻事实论 [M]. 北京：新华出版社，2001.

[68] 乔万尼·萨托利. 民主新论 [M]. 冯克利，阎克文，译. 上海：上海人民出版社，2009.

[69] 丹尼斯·麦奎尔. 麦奎尔大众传播理论 [M]. 崔保国，李琨，译. 北京：清华大学出版社，2010.

[70] 马克斯·韦伯. 经济与社会（第一卷）[M]. 阎克文，译. 上海：上海人民出版社，2019.

[71] 西德尼·塔罗. 运动中的力量：社会运动与斗争政治 [M]. 吴庆宏，译. 南京：译林出版社，2005.

[72] 彭兰. 网络传播概论 [M]. 北京：中国人民大学出版社，2017.

[73] 威廉·雷迪. 感情研究指南：情感史的框架 [M]. 周娜，译. 上海：华东师范大学出版社，2020.

[74] 杨国斌. 连线力：中国网民在行动 [M]. 桂林：广西师范大学出版社，2013.

[75] 曼纽尔·卡斯特. 认同的力量 [M]. 夏铸九，黄丽玲，等，译. 北京：社会科学文献出版社，2003.

[76] 帕萨·查特杰. 被治理者的政治：思索大部分世界的大众政治 [M]. 田立年，译. 桂林：广西师范大学出版社，2007.

[77] 洛厄里，德弗勒. 大众传播效果研究的里程碑（第三版）[M]. 刘海龙，等，译. 北京：中国人民大学出版社，2004.

[78] 塞缪尔·亨廷顿，琼·纳尔逊. 难以抉择——发展中国家的政治参与 [M]. 汪晓寿，吴志华，项继权，译. 北京：华夏出版社，1988.

[79] 刘海龙. 宣传：观念、话语及其正当化 [M]. 北京：中国大百科全书出版社，2020.

[80] 于建嵘. 抗争性政治：中国政治社会学基本问题 [M]. 北京：人民出版社，2010.

［81］哈罗德·拉斯韦尔．社会传播的结构与功能（英文）［M］．北京：中国传媒大学出版社，2013．

［82］詹姆斯·S. 科尔曼．社会理论的基础［M］．邓方，译．北京：社会科学文献出版社，1992．

［83］米歇尔·福柯．疯癫与文明［M］．刘北成，杨远婴，译．上海：生活·读书·新知三联书店，2007．

［84］加布里埃尔·A. 阿尔蒙德，西德尼·维巴．公民文化——五个国家的政治态度和民主制［M］．徐湘林，戴龙基，唐亮，等，译．北京：华夏出版社，1989．

［85］林南．社会资本——关于社会结构与行动的理论［M］．张磊，译．上海：上海人民出版社，2004．

［86］E. A. 罗斯．社会控制［M］．秦志勇，毛永政，译．北京：华夏出版社，1989．

［87］罗伯特·K. 默顿．社会理论和社会结构［M］．唐少杰，齐心，等，译．南京：译林出版社，2008．

［88］米歇尔·福柯．规训与惩罚［M］．刘北成，杨远婴，译．北京：生活·读书·新知三联书店，1999．

［89］西摩·马丁·李普塞特．政治人——政治的社会基础［M］．张绍宗，译．上海：上海人民出版社，1997．

［90］托克维尔．旧制度与大革命［M］．冯棠，译．北京：商务印书馆，1992．

［91］托克维尔．论美国的民主［M］．董果良，译．北京：商务印书馆，1992．

［92］拉尔夫·达仁道夫．现代社会冲突——自由政治随感［M］．林荣远，译．北京：中国社会科学出版社，2000．

［93］埃里克·霍弗．狂热分子：群众运动圣经［M］．梁永安，译．桂林：广西师范大学出版社，2011．

［94］沃纳·赛佛林，小詹姆斯·坦卡德．传播理论：起源、方法与应用（第四版）［M］．郭镇之，孟颖，赵丽芳，等，译．北京：华夏出版社，2000．

［95］弗朗西斯·福山．政治秩序与政治衰败：从工业革命到民主全球化［M］．毛俊杰，译．桂林：广西师范大学出版社，2015．

[96] 戴维·奥斯本，特德盖·希勒．改革政府：企业家精神如何改革着公共部门 [M]．周敦仁，等，译．上海：上海译文出版社，2006.

**（二）期刊论文**

[1] 薛晓源，刘国良．全球风险世界：现在与未来——德国著名社会学家、风险社会理论创始人乌尔里希·贝克教授访谈录 [J]．马克思主义与现实，2005（1）.

[2] 洪大用．西方环境社会学研究 [J]．社会学研究，1999（2）.

[3] 洪大用．环境公平：环境问题的社会学视点 [J]．浙江学刊，2001（4）.

[4] 郑杭生，杨敏．社会与国家关系在当代中国的互构——社会建设的一种新视野 [J]．南京社会科学，2010（1）.

[5] 卢云峰．华人社会中的宗教与环保初探 [J]．学海，2009（3）.

[6] 应星．借问家园何处建 [J]．读书，1999（1）.

[7] 于建嵘．利益、权威和秩序——对村民对抗基层政府的群体性事件的分析 [J]．中国农村观察，2000（4）.

[8] 于建嵘．当前农民维权活动的一个解释框架 [J]．社会学研究，2004（2）.

[9] 张金俊．国内农民环境维权研究的结构与文化路径 [J]．河海大学学报（哲学社会科学版），2013（3）.

[10] 顾金土，杨贺春．乡村居民的环境维权问题解析 [J]．南京工业大学学报（社会科学版），2011（2）.

[11] 陈占江，包智明．制度变迁、利益分化与农民环境抗争——以湖南省 X 市 Z 地区为个案 [J]．中央民族大学学报（哲学社会科学版），2013（4）.

[12] 陈占江，包智明．农民环境抗争的历史演变与策略转换——基于宏观结构与微观行动的关联性考察 [J]．中央民族大学学报（哲学社会科学版），2014，41（3）.

[13] 冯仕政．沉默的大多数：差序格局与环境抗争 [J]．中国人民大学学报，2007（1）.

[14] 罗亚娟．差序礼义：农民环境抗争行动的结构分析及乡土意义解读——沙岗村个案研究 [J]．中国农业大学学报（社会科学版），2015（4）.

［15］刘春燕. 中国农民的环境公正意识与行动取向——以小溪村为例［J］. 社会，2012（1）.

［16］吴金芳. 环境正义缺失之影响与突破——W 市居民反垃圾焚烧事件的个案研究［J］. 前沿，2013（2）.

［17］石腾飞，任国英. 水污染治理中的环境公正——基于华北地区庙峪水库的个案研究［J］. 云南民族大学学报（哲学社会科学版），2015（3）.

［18］景军. 认知与自觉：一个西北乡村的环境抗争［J］. 中国农业大学学报（社会科学版），2009（4）.

［19］朱海忠. 污染危险认知与农民环境抗争——苏北 N 村铅中毒事件的个案分析［J］. 中国农村观察，2012（4）.

［20］张金俊. 转型期农民环境维权原因探析——以安徽两村为例［J］. 南京工业大学学报（社会科学版），2012（3）.

［21］张金俊. 集体记忆与农民的环境抗争——以安徽汪村为例［J］. 安徽师范大学学报（人文社会科学版），2018（1）.

［22］张虎彪. 环境维权的合法性困境及其超越——以厦门 PX 事件为例［J］. 兰州学刊，2010（9）.

［23］管兵. 走向法庭还是走上街头：超越维权困境的一条行动路径［J］. 社会，2015（6）.

［24］李少波. 环境维权"民告官"的困境与出路——以行政诉讼原告适格规则为分析对象［J］. 法学论坛，2015（4）.

［25］郎晓娟，单航宇，郑风田. 农村环境维权渠道调查及完善对策［J］. 国家行政学院学报，2013（3）.

［26］樊树良. 环境维权：中国社会管理的新兴挑战及展望［J］. 国家行政学院学报，2013（6）.

［27］王华薇. 环境维权升级下的地方政府治理困境与改善［J］. 理论探讨，2018（6）.

［28］杨芳，张昕. 权利贫困视角下农民群体维权困境及出路——基于农地污染群体性维权事件的实证分析［J］. 西北农林科技大学学报（社会科学版），2014（4）.

［29］张君．农民环境抗争、集体行动的困境与农村治理危机［J］．理论学刊，2014（2）.

［30］王郅强．身体抗争：转型期利益冲突中的维权困境［J］．探索，2013（5）.

［31］王军洋．权变抗争：农民维权行动的一个解释框架——以生态危机为主要分析语境［J］．社会科学，2013（11）.

［32］于建嵘．转型中国的社会冲突——对当代工农维权抗争活动的观察和分析［J］．理论参考，2006（5）.

［33］陈涛．信法不信访——路易岛渔民环境抗争的行为逻辑研究［J］．广西民族大学学报（哲学社会科学版），2015（4）.

［34］孙卫华．新世纪之初的底层叙事：维度、视角与意义［J］．天津师范大学学报（社会科学版），2020（5）.

［35］董海军．"作为武器的弱者身份"：农民维权抗争的底层政治［J］．社会，2008（4）.

［36］董海军．依势博弈：基层社会维权行为的新解释框架［J］．社会，2010（5）.

［37］李晨璐，赵旭东．群体性事件中的原始抵抗——以浙东海村环境抗争事件为例［J］．社会，2012（4）.

［38］罗亚娟．依情理抗争：农民抗争行为的乡土性——基于苏北若干村庄农民环境抗争的经验研究［J］．南京农业大学学报（社会科学版），2013（2）.

［39］孙文中．一个村庄的环境维权——基于转型抗争的视角［J］．中国农村观察，2014（5）.

［40］魏程瑞，陈强．媒介逻辑、集体行动与政策博弈：城市环境抗争行动的政治过程分析［J］．情报杂志，2019（2）.

［41］童志锋．政治机会结构变迁与农村集体行动的生成——基于环境抗争的研究［J］．理论月刊，2013（3）.

［42］任丙强．网络、"弱组织"社区与环境抗争［J］．河南师范大学学报（哲学社会科学版），2013（3）.

［43］任丙强．互联网与环境领域的集体行动：比较案例分析［J］．经济社会体制比较，2015（2）.

[44] 曾繁旭，戴佳，王宇琦．媒介运用与环境抗争的政治机会：以反核事件为例［J］．中国地质大学学报（社会科学版），2014（4）．

[45] 曾繁旭．环境抗争的扩散效应：以邻避运动为例［J］．西北师大学报（社会科学版），2015（3）．

[46] 郑永廷．论现代社会的社会动员［J］．中山大学学报（社会科学版），2000（2）．

[47] 吴忠民．重新发现社会动员［J］．理论前沿，2003（21）．

[48] 刘琼．网络动员的作用机制与管理对策［J］．学术论坛，2010（8）．

[49] 任孟山．转型中国的互联网特色景观：网络动员与利益诉求［J］．现代传播，2013（7）．

[50] 刘秀秀．网络动员中的国家与社会——以"免费午餐"为例［J］．江海学刊，2013（2）．

[51] 黄薇．基于社会化媒体的公益广告网络动员［J］．传媒，2015（19）．

[52] 刘晓丽．群体性事件中的网络动员与政府应对策略［J］．中共天津市委党校学报，2013（2）．

[53] 岳璐，袁方琴．突发公共事件传播中网络动员的基本态势与运作机制［J］．湖南师范大学社会科学学报，2014（4）．

[54] 宋辰婷，刘少杰．网络动员：传统政府管理模式面临的挑战［J］．社会科学研究，2014（5）．

[55] 刘怡．意见螺旋：危机舆情中网络动员的发生特征及传播逻辑［J］．编辑之友，2019（2）．

[56] 张金俊．国外环境抗争研究述评［J］．学术界，2011（9）．

[57] 陈得印，冯敬鸿．论自发网络政治动员的可控性［J］．山东行政学院山东省经济管理干部学院学报，2006（6）．

[58] 章友德，周松青．资源动员与网络中的民间救助社会［J］．社会，2007（3）．

[59] 张雷，刘曙光．论网络政治动员［J］．东北大学学报（社会科学版），2008（2）．

[60] 刘晓丽．群体性事件中的网络动员与政府应对策略［J］．中共天津市委党校学报，2013（2）．

[61] 高恩新．互联网公共事件的议题建构与共意动员——以几起网络公共事件为例 [J]．公共管理学报，2009 (4)．

[62] 应星．草根动员与农民群体利益的表达机制——四个个案的比较研究 [J]．社会学研究，2007 (2)．

[63] 于建嵘．当前我国群体性事件的主要类型及其基本特征 [J]．中国政法大学学报，2009 (6)．

[64] 王金红，黄振辉．中国弱势群体的悲情抗争及其理论解释——以农民集体下跪事件为重点的实证分析 [J]．中山大学学报（社会科学版），2012 (1)．

[65] 刘涛．情感抗争：表演式抗争的情感框架与道德语法 [J]．武汉大学学报（人文科学版），2016 (9)．

[66] 袁光锋．公共舆论中的"同情"与"公共性"的构成——"夏俊峰案"再反思 [J]．新闻记者，2015 (11)．

[67] 孙玮．"我们是谁"：大众媒介对于新社会运动的集体认同感建构——厦门 PX 项目事件大众媒介报道的个案研究 [J]．新闻大学，2007 (3)．

[68] 王英．网络事件中的符号运作技巧——以"小百合 BBS 汉口路西延事件"为例 [J]．东南传播，2009 (10)．

[69] 陈娜．转型中国多元利益主体的媒介表达 [J]．南京社会科学，2013 (6)．

[70] 蔡守秋．环境权初探 [J]．中国社会科学，1982 (3)．

[71] 曲格平．中国的工业化与环境保护 [J]．战略与管理，1998 (4)．

[72] 吕涛．面向可持续性的煤炭消费革命探讨 [J]．煤炭经济研究，2014 (11)．

[73] 凌相权．公民应当享有环境权——关于环境、法律、公民权问题探讨 [J]．湖北环境保护，1981 (1)．

[74] 申泰．评生态危机 [J]．植物学报，1976 (3)．

[75] 张巍，王学军，江耀慈，等．太湖零点行动前后水质状况对比分析 [J]．农村生态环境，2001 (1)．

[76] 荣开明．努力走向社会主义生态文明新时代——论习近平推进生态文明建设的新论述 [J]．学习论坛，2017 (1)．

[77] 赵成 . 改革开放以来中国生态文明制度建设的政治与立法实践 [J].
哈尔滨工业大学学报（社会科学版），2020（3）.

[78] 丁国峰 . 十八大以来我国生态文明建设法治化的经验、问题与出路
[J]. 学术界，2020（12）.

[79] 张玉林 . 中国农村环境恶化与冲突加剧的动力机制 [J]. 洪范评论，
2007（9）.

[80] 黄宗智 . 改革中的国家体制：经济奇迹和社会危机的同一根源 [J].
开放时代，2009（4）.

[81] 陈一放 . 论当代中国的文化转型 [J]. 社会科学研究，1998（3）.

[82] 王南湜 . 探求公平与效率的具体关系 [J]. 哲学研究，1994（6）.

[83] 李鹏程 . 论文化转型与人的自我意识 [J]. 哲学研究，1994（6）.

[84] 方彦明 . 新中国 70 年法治建设的基本经验及启示 [J]. 科学社会主
义，2019（6）.

[85] 陈颐 . 新中国成立 70 年来法治建设历程 [J]. 人民论坛，2019（27）.

[86] 张文显 . 改革开放新时期的中国法治建设 [J]. 社会科学战线，2008（9）.

[87] 阮洁 . 现代化进程中的新中国法治建设 [J]. 理论视野，2019（8）.

[88] 高钢 . 物联网与 Web3.0：技术变革与社会变革的交叠演进 [J]. 国际
新闻界，2010（2）.

[89] 彭兰 . "连接"的演进——互联网进化的基本逻辑 [J]. 国际新闻界，
2013（12）.

[90] 胡玲 . 网络的公共表达与"话语民主"[J]. 当代传播，2009（5）.

[91] 赵丽春 . 网络政治参与协商民主的新形式 [J]. 中共天津市委党校学
报，2007（11）.

[92] 段妍 . 中国式现代化道路及其实践的世界意义 [J]. 思想理论教育，
2021（8）.

[93] 杜群 . 论环境权益及其基本权能 [J]. 环境保护，2002（5）.

[94] 汪劲 . 论现代西方环境权益理论中的若干新理念 [J]. 中外法学，
1999（4）.

[95] 郭杰，张桂芝 . 生态文明视域下环境权的内涵拓展 [J]. 东岳论丛，
2020（10）.

[96] 程正康. 国外环境诉讼若干特点试析——兼谈我国关于环境诉讼的法律规定 [J]. 中国环境科学，1983（1）.

[97] 徐焕茹. 关于环境诉讼的几个问题 [J]. 重庆环境保护，1987（3）.

[98] 顾小峰. 环境诉讼："科学上的不确定性因素" [J]. 法学，1991（6）.

[99] 杜明概. 富宁县将《环境保护法》编入普法教学大纲 [J]. 云南保护，1990（1）.

[100] 李瑞农. 生态文明建设中的媒体责任与担当 [J]. 传媒，2021（4）.

[101] 熊清华，聂元飞. 中国市场化改革的社会学底蕴 [J]. 管理世界，1998（4）.

[102] 马天驰，李安增. 邓小平"南方谈话"与中国特色社会主义话语体系构建 [J]. 齐鲁学刊，2017（5）.

[103] 吕金波，何海鹰. 市场化改革中的利益重组与社会结构变迁 [J]. 当代世界与社会主义，1998（2）.

[104] 应星. 作为特殊行政救济的信访救济 [J]. 法学研究，2004（3）.

[105] 殷琦.1978 年以来中国传媒体制改革观念演进的过程与机制——以"市场化"为中心的考察 [J]. 新闻与传播研究，2017（2）.

[106] 周葆华. 突发公共事件中的媒体接触、公众参与与政治效能——以"厦门 PX 事件"为例的经验研究 [J]. 开放时代，2011（5）.

[107] 邱鸿峰. 环境风险的社会放大与政府传播：再认识厦门 PX 事件 [J]. 新闻与传播研究，2013（8）.

[108] 陈力丹. 胡总书记关于互联网的新思维 [J]. 人民论坛，2008（13）.

[109] 曹峰，李海明，彭宗超. 社会媒体的政治力量——集体行动理论的视角 [J]. 经济社会体制比较，2012（6）.

[110] 杨立华，李志刚，朱利平. 环境抗争引发政策议程设置：组合路径、模式归纳与耦合机制——基于 36 起案例的模糊集定性比较分析 [J]. 南京社会科学，2021（6）.

[111] 曹洵，崔璨. 中国网络抗争性话语研究的学术图景（2005—2015）[J]. 国际新闻界，2017（1）.

[112] 张海波，童星. 社会管理创新与信访制度改革 [J]. 天津社会科学，2012（3）.

[113] 毛春梅，蔡阿婷．邻避运动中的风险感知、利益结构分布与嵌入式治理［J］．治理研究，2020（2）．

[114] 刘涛．环境传播的九大研究领域（1938—2007）［J］．新闻大学，2009（4）．

[115] 樊攀，郎劲松．媒介化视域下环境维权事件的传播机理研究——基于2007年—2016年的环境维权事件的定性比较分析（QCA）［J］．国际新闻界，2019（11）．

[116] 胡百精．公共协商与偏好转换：作为国家和社会治理实验的公共传播［J］．新闻与传播研究，2020（4）．

[117] 郑素侠．传媒在弱势群体利益表达中的角色与责任——基于中层组织理论的视角［J］．新闻爱好者，2012（24）．

[118] 晏青，凯伦·麦金泰尔．建设性新闻：一种正在崛起的新闻形式——对凯伦·麦金泰尔的学术访谈［J］．编辑之友，2017（8）．

[119] 史安斌，王沛楠．建设性新闻：历史溯源、理念演进与全球实践［J］．新闻记者，2019（8）．

[120] 徐敬宏，郭婧玉，游鑫洋，等．建设性新闻：概念界定、主要特征与价值启示［J］．国际新闻界，2019（8）．

[121] 蔡雯，凌昱．"建设性新闻"的主要实践特征及社会影响［J］．新闻与写作，2020（2）．

[122] 漆亚林．建设性新闻的中国范式——基于中国媒体实践路向的考察［J］．编辑之友，2020（3）．

[123] 常江，田浩．建设性新闻生产实践体系：以介入性取代客观性［J］．中国出版，2020（8）．

[124] 杨解君．全面深化改革背景下的国家公权力监督体系重构［J］．武汉大学学报（哲学社会科学版），2017（3）．

[125] 孙壮珍，史海霞．新媒体时代公众环境抗争及政府应对研究［J］．当代传播，2016（1）．

[126] 张明皓，叶敬忠．权威分化、行政吸纳与基层政府环境治理实践研究［J］．北京社会科学，2020（4）．

[127] 孙卫华, 咸玉柱. 同情与共意: 网络维权行动中的情感化表达与动员 [J]. 当代传播, 2020 (3).

[128] 苟凯东, 王紫月. 情感化表达与建设性叙事——央视抗"疫"专题报道《战疫情》的讲故事策略 [J]. 电视研究, 2020 (4).

[129] 仲伟芸. 句号、叹号的用法和句号、叹号的定义 [J]. 语文建设, 1998 (7).

[130] 张蓓. 试论隐喻的认知力和文化阐释功能 [J]. 外语教学 (西安外国语学院学报), 1998 (2).

[131] 殷融, 叶浩生. 道德概念的黑白隐喻表征及其对道德认知的影响 [J]. 心理学报, 2014 (9).

[132] 郭小安. 艺术家群体的身体抗争与符号建构: 策略及效果 [J]. 新闻与传播评论, 2019 (2).

[133] 洋龙. 平等与公平、正义、公正之比较 [J]. 文史哲, 2004 (4).

[134] 范明献. 道德召唤与情绪刺激: 道德捆绑式转发呼告微信帖文的话语策略分析 [J]. 新闻大学, 2019 (8).

[135] 何小勇. 媒体融合背景下主流意识形态话语权的提升 [J]. 东岳论丛, 2018 (8).

[136] 夏正江. 论知识的性质与教学 [J]. 华东师范大学学报 (教育科学版), 2000 (2).

[137] 何平立, 沈瑞英. 资源、体制与行动: 当前中国环境保护社会运动析论 [J]. 上海大学学报 (社会科学版), 2012 (1).

[138] 张萍, 丁倩倩. 环保组织在我国环境事件中的介入模式及角色定位——近 10 年来的典型案例分析 [J]. 思想战线, 2014 (4).

[139] 任丙强. 环保领域群体参与模式比较研究 [J]. 学习与探索, 2014 (5).

[140] 谭爽. "缺席"抑或"在场"? 我国邻避抗争中的环境 NGO——以垃圾焚烧厂反建事件为切片的观察 [J]. 吉首大学学报 (社会科学版), 2018 (2).

[141] 江必新, 王红霞. 法治社会建设论纲 [J]. 中国社会科学, 2014 (1).

［142］白贵，韩韶君．从雾霾风险议题处理看主流媒体环境议题的建构原则及定位——基于《河北日报》与《新京报》的比较研究［J］．新闻大学，2018（3）．

［143］李艳红．大众传媒、社会表达与商议民主——两个个案分析［J］．开放时代，2006（6）．

［144］余晖．论行政体制改革中的政府监管［J］．江海学刊，2004（1）．

［145］孙肖远．"善治"出自于"良政"——公共理性视野中的服务型政府建设［J］．江海学刊，2013（3）．

［146］汪晖．"民族主义"的老问题与新困惑［J］．读书，2016（7）．

［147］蔡斐．有意而为的面子威胁行为：对"硬核"防疫标语的治理学解读［J］．新媒体与社会，2020（2）．

［148］李彪．霸权与调适：危机语境下政府通报文本的传播修辞与话语生产——基于44个引发次生舆情的"情况通报"的多元分析［J］．新闻与传播研究，2019（4）．

［149］宁家治，孙卫华．从工具理性到价值理性——基于对舆论引导实践和研究的反思及展望［J］．中国广播电视学刊，2017（5）．

［150］孙玮．转型中国环境报道的功能分析——"新社会运动"中的社会动员［J］．国际新闻界，2009（1）．

［151］王筱卉，侯娅珂．国产电影网络动员策略及启示研究［J］．电影文学，2020（18）．

［152］赵玉林．从邻避冲突案例看网络动员平台的迁移——基于政治机会结构理论的分析［J］．理论与现代化，2018（4）．

［153］郭小安，尹凤意．媒介逻辑如何影响环境维权进程？——基于2007—2016年间53起事件文本的统计分析［J］．中国网络传播研究，2016（2）．

［154］袁光锋．迈向"实践"的理论路径：理解公共舆论中的情感表达［J］．国际新闻界，2021（6）．

［155］王斌，古俊生．参与、赋权与连结性行动：社区媒介的中国语境和理论意涵［J］．国际新闻界，2014（3）．

[156] 宋石男. 互联网与公共领域构建——以 Web2.0 时代的网络意见领袖为例 [J]. 四川大学学报（哲学社会科学版），2010（3）.

[157] 王丽. 虚拟社群中意见领袖的传播角色 [J]. 新闻界，2006（3）.

[158] 宫承波. 新媒体文化精神论析 [J]. 山东社会科学，2010（5）.

[159] 赵玉林，原珂. 微信民主和制度吸纳：基层治理中微信政治参与的激进化——以浙江海盐垃圾焚烧发电厂抗议事件为例 [J]. 甘肃行政学院学报，2016（4）.

[160] 陈天林，刘爱章. 网络时代预防和处置生态环境型群体性事件的新思路——透视厦门 PX 事件 [J]. 科学社会主义，2009（6）.

[161] 刘颖. 生态文化视域下的环境新社会运动 [J]. 探索，2015（3）.

[162] 陆晔，潘忠党. 成名的想象：中国社会转型过程中新闻从业者的专业主义话语建构 [J]. 新闻学研究（台湾），2002（71）.

[163] 王刚，徐雅倩. "刚性"抑或"韧性"：环境运动中地方政府应对策略的一种解释 [J]. 社会科学，2021（3）.

[164] 郝玲玲. 政治沟通与公民参与：转型期中国政府公信力提升的基本途径 [J]. 理论探讨，2012（5）.

[165] 魏志荣. "政治沟通"理论发展的三个阶段——基于中外文献的一个考察 [J]. 深圳大学学报（人文社会科学版），2012（6）.

[166] 杨逍. 倾听：当前中国政治沟通的薄弱环节——以 140 个诉求表达事件为例 [J]. 国际新闻界，2017（2）.

[167] 唐亮. 多伊奇的政治沟通理论 [J]. 政治学研究，1985（2）.

[168] 靖鸣，张孟军. 政务微博传播机理、影响因素及其对策 [J]. 山西大学学报（哲学社会科学版），2021（6）.

[169] 曾一果，施晶晶. "在吗"：社交媒体的"云交往"实践与身份建构 [J]. 暨南学报（哲学社会科学版），2021（9）.

[170] 郭湛. 论主体间性或交互主体性 [J]. 中国人民大学学报，2001（3）.

[171] 陈氚. 时间、痕迹与网络的考古学——对抗信息遗忘的互联网记忆 [J]. 福建论坛（人文社会科学版），2019（10）.

[172] 陈绍军，白新珍. 从抗争到共建：环境抗争的演变逻辑 [J]. 河海大学学报（哲学社会科学版），2015（3）.

［173］谭爽．从"环境抗争"到"环境治理"：转型路径与经验启示——对典型个案的扎根研究［J］．东北大学学报（社会科学版），2017（5）．

［174］陈成文，赵杏梓．社会治理：一个概念的社会学考评及其意义［J］．湖南师范大学社会科学学报，2014（5）．

［175］蔡益群．社会治理的概念辨析及界定：国家治理、政府治理和社会治理的比较分析［J］．社会主义研究，2020（3）．

［176］李友梅．中国社会治理的新内涵与新作为［J］．社会学研究，2017（6）．

［177］赵旗．中国传统人文思想的基本特征［J］．学术月刊，2002（5）．

［178］杨仁忠，张诗博．社会治理共同体的公共性意蕴及其重要意义［J］．河南师范大学学报（哲学社会科学版），2021（1）．

［179］燕继荣．社会变迁与社会治理——社会治理的理论解释［J］．北京大学学报（哲学社会科学版），2017（9）．

［180］江必新，李沫．论社会治理创新［J］．新疆师范大学学报（哲学社会科学版），2014（4）．

［181］李友梅．当代中国社会治理转型的经验逻辑［J］．中国社会科学，2018（11）．

［182］李友梅，肖瑛，黄晓春．当代中国社会建设的公共性困境及其超越［J］．中国社会科学，2012（4）．

［183］彭兰．网络：权力与权利之间［J］．网络传播，2006（4）．

［184］郑欣．走出内眷化：基于学科影响、边界与范式的反思和探索——以农民工议题的传播学研究为例［J］．新闻与传播研究，2021（8）．

［185］郝雅立，温志强．社会治理视域下媒体公器价值的衡量框架与尺度分析［J］．河南大学学报（社会科学版），2020（7）．

［186］展江，戴鑫．2006年中国新闻舆论监督综述［J］．国际新闻界，2007（1）．

［187］霍小霞．社会治理中政府面临的困境与出路［J］．山西大学学报（哲学社会科学版），2017（7）．

［188］汪毅霖，王宇．"稳定压倒一切"的政治经济学原理［J］．吉首大学学报（社会科学版），2010（4）．

[189] 张乾友. 论政府在社会治理行动中的三项基本原则 [J]. 中国行政管理，2014（6）.

[190] 张青兰，吴璇. 生态风险治理：从碎片化到社会治理共同体的转向 [J]. 湖南科技大学学报（社会科学版），2021（9）.

[191] 陈菁瑶. 风险社会视域下主流媒体的功能向度 [J]. 青年记者，2021（20）.

[192] 秦明瑞. 大众传播媒体是如何影响社会的？——卢曼系统论视角下的分析 [J]. 社会科学辑刊，2021（5）.

[193] 王锡锌. 行政决策中的专家、大众与政府——以价格听证会程序为个案的分析 [J]. 东方行政论坛，2012（00）.

[194] 闫文捷，潘忠党，吴红雨. 媒介化治理——电视问政个案的比较分析 [J]. 新闻与传播研究，2020（11）.

[195] 方晨，何志武. 场域视角下的电视问政：资本转化与权力生产 [J]. 西南民族大学学报（人文社会科学版），2016（1）.

[196] 曾婧婧，龚启慧，凌瑜. 政府即时回应的剧场试验：基于武汉电视问政（2011—2015 年）的扎根分析 [J]. 甘肃行政学院学报，2016（2）.

[197] 王肖红，韩万渠. 党委问责、议题空间与地方政府行政效能提升——基于地方电视问政的比较案例分析 [J]. 地方治理研究，2019（3）.

[198] 何志武. 电视问政的协商理念及其实现保障 [J]. 中州学刊，2017（7）.

[199] 孟天广，赵娟. 网络驱动的回应性政府：网络问政的制度扩散及运行模式 [J]. 上海行政学院学报，2018（3）.

[200] 孟天广，李锋. 网络空间的政治互动：公民诉求与政府回应性——基于全国性网络问政平台的大数据分析 [J]. 清华大学学报（哲学社会科学版），2015（3）.

[201] 陈刚，王卿. 话语结构、思维演进与智能化转向：作为政治新图景的中国网络问政 [J]. 新闻与传播评论，2020（6）.

[202] 潘岳. 论社会主义生态文明 [J]. 绿叶，2006（10）.

[203] 曾锦昌. 高职大学生环保教育对策 [J]. 山西财经大学学报，2012，34（S4）.

[204] 韩亚玲. 浅析化学教学渗透环保教育的途径方法 [J]. 中国教育学刊, 2013 (S2).


（三）学位论文

[1] 黄月琴. 反石化运动的话语政治：2007—2009 年国内系列反 PX 事件的媒介建构 [D]. 武汉：武汉大学, 2010.

[2] 党艺梦. 农民环境抗争的功能及其转化机制研究——以豫西北 S 村环境抗争事件为例 [D]. 上海：华东理工大学, 2017.

[3] 朱海忠. 农民环境抗争问题研究 [D]. 南京：南京大学, 2012.

[4] 司开玲. 知识与权力：农民环境抗争的人类学研究 [D]. 南京：南京大学, 2011.

[5] 晏荣. 网络动员：社会动员的一种新形式 [D]. 北京：中共中央党校, 2009.

[6] 徐祖迎. 网络动员及其管理 [D]. 天津：南开大学, 2013.

[7] 史晓丹. 群体性事件网络动员的形成机理与阻断机制研究——以"H 煤矿职工讨薪事件"为例 [D]. 长春：吉林大学, 2016.

[8] 郭剑飞. 共青团网络动员影响机制研究 [D]. 昆明：昆明理工大学, 2017.

[9] 肖龙. 中国环境抗争：类型分析与后果解释 [D]. 南京：南京大学, 2015.

[10] 孔建华. 当代中国网络舆情治理：行动逻辑、现实困境与路径选择 [D]. 长春：吉林大学, 2019.

[11] 陈甜甜. 环境传播中的媒介动员：以我国雾霾事件为例（2000—2017）[D]. 南京：南京师范大学, 2018.

[12] 韩建力. 政治沟通视域下中国网络舆情治理研究 [D]. 长春：吉林大学, 2019.

[13] 卞清. 民间话语与政治话语的博弈——基于中国媒介生态变迁的研究 [D]. 上海：复旦大学, 2012.

[14] 陈华. 互联网社会动员的初步研究 [D]. 北京：中共中央党校, 2011.

[15] 甘泉. 社会动员论 [D]. 武汉：武汉大学，2010.

[16] 覃哲. 转型时期中国环境运动中的媒体角色研究 [D]. 上海：复旦大学，2012.

[17] 徐迎春. 环境传播对中国绿色公共领域的建构与影响研究 [D]. 杭州：浙江大学，2011.

[18] 郑雯. "媒介化抗争"：变迁、机理与挑战 [D]. 上海：复旦大学，2013.

（四）报纸

[1] 方铁砚. 沿着有中国特色的社会主义道路前进 [N]. 人民日报，1987 - 10 - 26 (1).

[2] 在毛主席无产阶级卫生路线指引下 我国城乡爱国卫生运动成绩显著 [N]. 人民日报，1974 - 01 - 29 (1).

[3] 新华社. 我代表团长在联合国环境规划理事会会议上强调 超级大国侵略扩张是环境污染的主要根源 [N]. 人民日报，1975 - 04 - 26 (6).

[4] 中共中央关于加强社会主义精神文明建设若干重要问题的决议 [N]. 人民日报，1996 - 10 - 14 (1).

[5] 唐维红. 各级团组织代表和维护青少年权益 促进社会主义民主政治建设进程 [N]. 人民日报，1992 - 04 - 23 (3).

[6] 新华社. 我出席联合国人类环境会议代表团发言人发表谈话 阐述修改"人类环境宣言"十个主要原则 [N]. 人民日报，1972 - 06 - 17 (6).

[7] 郭寰. 重视环境保护工作 [N]. 人民日报，1974 - 09 - 17 (2).

[8] 徐耀中. 北京市群众希望消除环境污染 [N]. 人民日报，1978 - 04 - 19 (4).

[9] 刘云山. 包头市"三废"污染何时了？[N]. 人民日报，1979 - 09 - 19 (3).

[10] 要求解决南京电机二厂的污染问题 [N]. 人民日报，1979 - 10 - 25 (3).

[11] 邯郸洗选厂污染滏阳河 邯郸市革委通报批评 [N]. 人民日报，1980 - 04 - 10 (2).

[12] 吴国光，王钧田. 烟台地区环境污染严重 [N]. 人民日报，1980 - 03 - 06 (2).

[13] 群声．烟台海湾变成大污水池了！[N]．人民日报，1983 - 08 - 17 (8)．

[14] 杨兆波．向环境污染宣战——专家治理污染的建议 [N]．人民日报，
1989 - 12 - 30 (5)．

[15] 刘绍仁．首例环境污染案判决 [N]．人民日报，1998 - 10 - 06 (11)．

[16] 黄哲雯．你有权对环境污染说"不"[N]．人民日报，2000 - 04 - 19 (9)．

[17] 孙秀艳．垃圾焚烧厂可怕吗——探访上海江桥垃圾焚烧厂 [N]．人民
日报，2010 - 07 - 08 (20)．

[18] 孙秀艳．下跪求不来碧水蓝天 [N]．人民日报，2011 - 11 - 17 (20)．

[19] 李涛．坚定不移走高质量发展之路 坚定不移增进民生福祉 [N]．人民
日报，2021 - 03 - 08 (1)．

[20] 胡锦涛．坚定不移沿着中国特色社会主义道路前进 为全面建成小康社
会而奋斗 [N]．人民日报，2012 - 11 - 18 (5)．

[21] 习近平．决胜全面建成小康社会 夺取新时代中国特色社会主义伟大胜
利 [N]．人民日报，2017 - 10 - 28 (5)．

[22] 胡锦涛．高举中国特色社会主义伟大旗帜 为夺取全面建设小康社会新
胜利而奋斗 [N]．人民日报，2007 - 10 - 25 (4)．

[23] 顾仲阳．坚决打好污染防治攻坚战 推动生态文明建设迈上新台阶
[N]．人民日报，2018 - 05 - 20 (1)．

[24] 刘毅．用制度推进生态文明建设（人民时评）[N]．人民日报，2019 -
06 - 25 (5)．

[25] 何惠铭．贵阳市 33 中环境污染严重 [N]．光明日报，1987 - 01 - 09 (2)．

[26] 黄胜利．2008，环保迎来新的转变 [N]．中国经济时报，2007 - 12 -
26 (9)．

[27] 章轲．2007：公众环境意识"觉醒年"[N]．第一财经日报，2008 - 02 -
01 (A9)．

[28] 佚名．如何做一个网络时代的好公民 [N]．南方都市报，2008 - 03 -
28 (A24)．

[29] 佚名．教授下跪维权，值不值？[N]．长江晚报，2011 - 11 - 14 (A11)．

[30] 佚名 . V 话题：教授"跪求"政府取缔小钢厂 [N]. 晋江经济报，2011 - 11 - 05 (3).

[31] 佚名 . 环保网站建设系列谈之五 环保网站的互联网应用方式 [N]. 中国环境报，2001 - 01 - 19 (2).

[32] 徐伟 . 民众环境维权意识高涨但实际行动有限 [N]. 法制日报，2013 - 01 - 25 (4).

[33] 周强 . 环境维权如何化解"邻避效应"? [N]. 新华每日电讯，2013 - 05 - 07 (5).

[34] 熊培云 . 如何做一个网络时代的好公民 [N]. 南方都市报，2008 - 03 - 28 (A24).

[35] 佚名 . 行动者有希望 [N]. 南方都市报，2007 - 12 - 20 (A2).

[36] 佚名 . 共同推进环境维权 [N]. 贵阳日报，2011 - 07 - 17 (B13).

[37] 杨晓红 . 垃圾"风暴"背后的利益格局 [N]. 南方都市报，2009 - 11 - 11 (A2).

[38] 袁丁 . 垃圾处理民意征集 首日有些冷 [N]. 南方日报（全国版），2010 - 01 - 15 (A2).

[39] 佚名 . 让科学与民意"绿化"项目 [N]. 广州日报，2007 - 06 - 03 (A5).

[40] 佚名 . 千万别让人觉得"下跪有用" [N]. 广州日报，2011 - 11 - 05 (A2).

[41] 何才林 . 从"什邡事件"看政府信息公开 [N]. 人民法院报，2012 - 07 - 07 (2).

[42] 王江 . 云南炼油项目环评近期公开 昆明市政府称将和部分有质疑市民做好信息沟通 [N]. 南方日报（全国版），2013 - 06 - 03 (A5).

[43] 姜锵，等 . "厦门浪"获年度网络公民大奖 [N]. 南方都市报，2008 - 01 - 14 (A27).

[44] 周清树 . 茂名PX事件前的31天 茂名政府为避免PX引冲突 [N]. 新京报，2014 - 04 - 05 (A16，A17).

[45] 佚名 . 彭州石化民间质疑 [N]. 南方都市报，2008 - 05 - 06 (A17).

［46］佚名．中国政法大学污染受害者法律援助中心主任王灿发：有多少污染要原原本本告诉老百姓［N］．南方都市报，2007－11－30（6）．

［47］中华环保联合会．扛起环境维权旗帜保障和改善民生［N］．人民政协报，2013－03－10（B1）．

［48］佚名．陕西石泉通报李思侠案：纪检监察机关正核查反映问题［N］．中国新闻社，2019－12－24．

［49］王华．中国环境专家呼吁健全环境维权法规［N］．中国新闻社，2010－12－19．

［50］汤涌．垃圾焚烧项目屡遭抵制 政府民众缺乏对话渠道［N］．中国新闻周刊，2010－03－18．


**（五）其他**

［1］李瑞农．中国环境年鉴2018［Z］．北京：中国环境出版社，2018．

［2］岫岩县志编纂委员会．岫岩年鉴（1985—1990）［Z］．沈阳：沈阳出版社，1991．

［3］《郑州便览》编辑部．郑州年鉴［Z］．郑州：中州古籍出版社，1993．

［4］《中国环境年鉴》编辑委员会．中国环境年鉴（1993）［Z］．北京：中国环境出版社，1993．

［5］《中国环境年鉴》编辑委员会．中国环境年鉴（2001）［Z］．北京：中国环境出版社，2001．

［6］《中国环境年鉴》编辑委员会．中国环境年鉴（1994）［Z］．北京：中国环境出版社，1994．

［7］《中国环境年鉴》编辑委员会．中国环境年鉴（1996）［Z］．北京：中国环境出版社，1996．

［8］《中国环境年鉴》编辑委员会．中国环境年鉴（1998）［Z］．北京：中国环境出版社，1998．

［9］《中国环境年鉴》编辑委员会．中国环境年鉴（1992）［Z］．北京：中国环境出版社，1992．

## 二、外文文献

［1］ Szasz，A. and Meuser，M. *Environmental Inequalities：Literature Review and Proposals for New Directions in Research and Theory* ［J］. Current Sociology，1997，3.

［2］ Metzger，R，et al. *Environmental Health and Hispanic Children* ［J］. Environmental Health Perspectives，1995，103.

［3］ Evans，D. et al. *Awareness of Environmental Risks and Protective Actions among Minority Women in Northern Manhattan* ［J］. Environmental Health Perspectives，2002，110.

［4］ Dilworth-Bart，J. E.，and Moore，C. F. *Mercy Mercy Me：Social Injustice and the Prevention of Environmental Pollutant Exposures among Ethnic Minority and Poor Children* ［J］. Child Development，2006，2.

［5］ Lopez，R. *Segregation and Black /White Differences in Exposure to Air Toxics in 1990* ［J］. Environmental Health Perspectives，2002，100.

［6］ Hummer，R. A. *Black-White Differences in Health and Mortality：A Review and Conceptual Model* ［J］. The Sociological Quarterly，1996，1.

［7］ Harmon，M. P.，and Coe，K. *Cancer Mortality in U. S. Counties with Hazardous Waste Sites* ［J］. Population and Environment，1993，14.

［8］ Suharko. *Urban environmental justice movements in Yogyakarta，Indonesia* ［J］. Environmental Sociology，2020，3.

［9］ Jiaqi Liang，Sanghee Park，Tianshu Zhao. *Representative Bureaucracy，Distributional Equity，and Environmental Justice* ［J］. Public Administration Review，2020，3.

［10］ Munamato Chemhuru. *The paradox of global environmental justice：Appealing to the distributive justice framework for the global South* ［J］. South African Journal of Philosophy，2019，1.

[11] Leslie Kern, Caroline Kovesi. *Environmental justice meets the right to stay put: mobilising against environmental racism, gentrification, and xenophobia in Chicago's Little Village* [J]. Local Environment, 2018, 9.

[12] Paul Thompson. *Environmental Justice* [M]. New York: Routledge, 2002.

[13] Qi He, Ran Wang, Han Ji, et al. *Theoretical Model of Environmental Justice and Environmental Inequality in China's Four Major Economic Zones* [J]. Sustainability, 2019, 11.

[14] Leonard, L. *Civil Society Leadership and Industrial Risks: Environmental Justice in Durban, South Africa* [J]. Journal of Asian and African Studies, 2011, 2.

[15] White, L. *The historical roots of our ecological crisis* [J]. Science, 1967, 155.

[16] Boyd, H. H. *Christianity and the Environment in the American Public* [J]. Journal for the Scientific Study of Religion, 1999, 1.

[17] Tomalin, E. *Bio-Divinity and Biodiversity: Perspectives on Religion and Environmental Conservation in India* [J]. Numen, 2004, 3.

[18] Wolkomir, et al. *Substantive religious belief and environmentalism* [J]. Social Science Quarterly, 1997, 1.

[19] Anderson, B. A., et al. *Exploring Environmental Perceptions, Behaviors and Awareness: Water and Water Pollution in South Africa* [J]. Population and Environment, 2007, 3.

[20] Sherry, E. and Myers, H. *Policy Reviews and Essays: Traditional Enviormental knowledge and in practice* [J]. Society and Natural Resources, 2002, 4.

[21] Andrés Scherman, Arturo Arriagada, Sebastián Valenzuela. *Student and Environmental Protests in Chile: The Role of Social Media* [J]. Politics, 2015, 2.

［22］ Liu. *Digital Media，Cycle of Contention，and Sustainability of Environmental Activism：The Case of Anti-PX Protests in China* ［J］. Mass Communication and Society，2016，5.

［23］ Hua Pang. *Applying Resource Mobilisation and Political Process Theories to Explore Social Media and Environmental Protest in Contemporary China* ［J］. International Journal of Web Based Communities，2018，2.

［24］ Li，Liangjiang，Kevin J. O'Brien. *Villagers and Popular Resistance in Contemporary China* ［J］. Modern China，1996，1.

［25］ BruceBimber. *The Internet and Political Mobilization* ［J］. Social Science Computer Review，1998，4.

［26］ Carol Soon，Hichang Cho. *OMGs！Offline-based Movement Organizations，Online-based Movement Organizations and Network mobilization：a Case Study of Political Bloggers in Singapore* ［J］. Information，Communication & Society，2014，5.

［27］ Katherine Haenschen，Jay Jennings. *Digital contagion：Measuring Spillover in an Internet Mobilization Campaign* ［J］. Journal of Information Technology & Politics，2020，4.

［28］ Marc Hooghe，Sara Vissers，Dietlind Stolle，et al. *The Potential of Internet Mobilization：An Experimental Study on the Effect of Internet and Face-to-Face Mobilization Efforts* ［J］. Political Communication，2010，4.

［29］ Alexander Coppock，Andrew Guess，John Ternovski. *When Treatments are Tweets：A Network Mobilization Experiment over Twitter* ［J］. Political Behavior，2016，1.

［30］ Wattnberg，Martin P. *Is Voting for Young People* ［M］. Boston：Pearson，2012.

［31］ Charles Tilly. *From Mobilization to Revolution* ［M］. New York：Random House，1978.

［32］ RH Turner, LM Killian. *Collective Behaviour* ［M］. Englewood Cliffs: Prentice-Hall, 1958.

［33］ Max Webe. *The Theory of Social and Economic Organization* ［M］. New York: Oxford University, 1947.

［34］ Tai Zixue. *The Internet in China : Cyberspace and Civil Society* ［M］. New York: Routledge, 2006.

［35］ Kaplan, AM. , Haenlein, M. *User of the world , unite! The challenges and opportunities of social media* ［J］. Business Horizons, 2010, 1.

［36］ Thompson, John B. *Ideology and Modern Culture : Critical Theory in the Era of Mass Communication* ［M］. Cambridge: Polity, 1990.

［37］ William Kornhauser. *The Politics of Mass society* ［M］. New York: Free Press, 1959.

［38］ Foster Watson (ed. ). *Encyclopedia and Dictionary of Education* ［M］. Akashdeep Publishing House, 1993, 2.

［39］ Katelyn Y. A. , McKenna, John A. Bargh. *Coming Out in the Age of the Internet : Identity "Demarginalization" Through Virtual Group Participation* ［J］. Journal of Personality & Social Psychology, 1998, 3.

［40］ Turner, Ralph H. , and Lewis M. *Killian. Collective Behavior* ［M］. Englewood Cliffs: Prentice-Hall, 1987.

［41］ Shelley E. Taylor. *Asymmetrical Effects of Positive and Negative Events : The Mobilization-Minimization Hypothesis* ［J］. Psychological Bulletin, 1991, 1.

［42］ Huang, R. , Sun, X. *Weibo Network , Information Diffusion and Implications for Collective Action in China* ［J］. Journal Information, Communication & Society, 2014, 17.

［43］ Eisinger P K. *The conditions of protest behavior in Americancities* ［J］. The American Political Science Review, 1973, 1.

[44] Kitschelt H. *Political opportunity structures and political protest*: *Anti-nuclear movements in four democracies* [J]. British journal of politicalscience, 1986, 1.

[45] Parsons, Talcott &. Edward A. Shils (eds.). *Toward a General Theory of Action* [M]. Cambridge: Havard University, 1951.

[46] Morris Janowitz. *Sociological Theory and Social Control* [J]. American Journal of Sociology, 1975, 1.

[47] Park, Robert E. *On Social Control and Collective Behavior* [M]. Chicago: The University of Chicago, 1967.

[48] George E. *Vincent. The Province of Sociology* [J]. American Journal of Sociology, 1986, 1.

[49] Jerry L. , Mashaw. *Administrative Due Process*: *The Quest for Dignitary Theory* [J]. Boston University Law Review, 1981, 4.

附表 1　关于公众环境维权网络动员话语的分类及文本语料

| 编号 | 话语范畴 | 文本语句 |
|---|---|---|
| 1 | 悲情叙事 | （1）老王的眼中已经充满了泪水，"经济损失还好说，现在我们的健康也成了问题……"<br>（2）我们要生活、我们要健康！为了我们的子孙后代。<br>（3）"老的病了也就算了，下一代受到了威胁，这相当于断了村民们未来生活的希望啊！"<br>（4）救救孩子……我们想着最起码为了子孙造福。<br>（5）噩耗！悲催！作为普通的大连市民，我们有责任让更多的大连人了解这种化学危害……<br>（6）我为你哭泣……这种巨毒化工品一旦生产，意味着放了一颗原子弹……<br>（7）我们该何去何从……只有等死了吧！<br>（8）剧毒致癌，可导致不孕和新生儿畸形。一旦泄漏或爆炸，它会像原子弹一样杀死一切……<br>（9）改编《义勇军进行曲》："醒来，不愿得癌症的人们。让我们一起大声唱出心的声音……每个人都被（迫）发出强烈的呼声。抗议！抗议！抗议！……"<br>（10）为了大家的健康生活，各种抵制！<br>（11）我们需要一个安稳的家，希望还我们家！<br>（12）传说中的高致癌高风险绝子绝孙工程……将此消息发给朋友们，让大家都知道，一起站起来反对吧……一定要反对！！！一定要反对！！！一定要反对！！！<br>（13）家乡发生这种事除了痛心再找不到别的词形容我的心情了……<br>（14）我们只想活在一个环境好一点儿的地方，为自己的子孙后代提供一个好的生活城市而已……<br>（15）如果热泪可以洗净尘埃，如果热血可以换来蓝天……让世界都看到河源的悲伤！<br>（16）李某年近九十的老母亲每天茶饭不思，孤守老宅，望眼欲穿就盼着女儿回家……<br>（17）"近十年来，村民们煎受了那么多苦难，母亲出手相救，那是良知和情怀……如今只有我的母亲还没回来，我好想念她。" |

| 编号 | 话语范畴 | 文本语句 |
|---|---|---|
| 2 | 弱者武器 | （1）"年轻人不敢向记者反映污染情况……我反正年纪大了……"<br><br>（2）"不要恶臭，更不要癌症"，周边居民打出标语以示抗议。<br><br>（3）穿着印有"反对在六里屯建垃圾焚烧厂"字样的文化衫。<br><br>（4）"万人签名反对焚烧"。<br><br>（5）改编版《北京欢迎你》：不管远近都是客人/请不用客气/相约好了在一起/大口呼吸"毒"气/我家对着垃圾电厂/开放每段传奇/为传统的土壤播毒/为你留下病引……<br><br>（6）恶搞版《红灯记》："临行喝大家一碗酒，浑身是胆雄赳赳。鸠山设宴和我交朋友，千杯万盏会应酬。时令不好，阿苏卫垃圾臭，乡亲们要把门窗关紧喽。……"<br><br>（7）绿色贴纸（"反对垃圾焚烧，保护绿色广州"）贴在私家车的后面，收集签名……一位女车主穿戴着环保 T 恤和防毒面具，在地铁里走了两小时。<br><br>（8）天下着雨，群众高呼："为人民服务！"<br><br>（9）人群打出横幅"还我世代美好家园""我们要生存，福佳大化滚出去"标语，开始唱国歌"起来！不愿做奴隶的人们！把我们的血肉，铸成我们新的长城"。<br><br>（10）背后打着"坚决要求惩处违法地条钢厂"等白色条幅。<br><br>（11）下跪是一种无奈，一种抗争，一种讽刺。<br><br>（12）"晒太阳"抗议活动。<br><br>（13）PX 谣传："PX 高度致癌""PX 有剧毒""PX 会渗入土壤毒害几代人""PX 能造成男性不育""一旦 PX 泄漏，方圆一百千米都无人幸免"……<br><br>（14）有群众举着"抵制垃圾焚烧，保护绿色家园"的白色条幅……<br><br>（15）3 万人签名，2 万人游行只为青山绿水！大批市民持写有"不要为人民服雾"等横幅、标语 |
| 3 | 道德正义 | （1）"生活在这里，热爱这片土地，自然而然地选择了参与。"<br><br>（2）"团结起来，为生存环境不被恶化而抗争。"<br><br>（3）当下宣传和谐社会、安定团结、环保至上……还我净土，保卫家园，刻不容缓了！<br><br>（4）天理何在！……现在，老天爷发怒了，赶紧回来看看吧！<br><br>（5）猴子这个删帖子干吗？要有良心啊！<br><br>（6）为了我们的子孙后代，见帖子后希望所有有良心的朋友群发到所有你能发到的地方！！！<br><br>（7）漠视逻辑与理性：天地良心，以上内容中，哪一处说了 PX 无毒？<br><br>（8）跪出来的，更像是一种乞讨回来的"正义"。<br><br>（9）下跪将跪倒全中国的良心。<br><br>（10）跪出了师长们的良心、良知、良能……<br><br>（11）"道义的中学生"。<br><br>（12）作为什邡人，我要感谢凯迪和新浪，感谢你们坚守良知，让什邡事件传遍全国……感谢全国有良知的公民。是你们的支持，让我们什邡的孩子们的勇气得以彰显……<br><br>（13）这么多死猪扔进河里，扔猪很简单，却苦了下游的人！有点缺乏公德心！<br><br>（14）希望转发拯救我的家乡……天理何在。 |

| 编号 | 话语范畴 | 文本语句 |
|---|---|---|
| | | （15）请转发……为了善良的老百姓。 |
| | | （16）为群众维权举报环境污染的环保义士，与包庇污染企业构陷污染举报者的××政府相比，谁才是真的恶？ |
| | | （17）各位同人坚持为底层蒙冤者伸张正义，我表示由衷的敬佩。 |
| | | （18）三人出于家乡情怀、对乡亲疾苦的同情和道义责任。 |
| | | （19）人世间，自有一股浩然正气，这是人类文明繁衍至今的根基所在。只要人在，这种正气就会源远流长！ |
| | | （20）何罪之有????给环保卫士李某们强加于莫须有的罪名，不得人心，天理难容！ |
| | | （21）保护生态环境，是我国的一项基本国策。每个公民都有监督和举报一切污染、破坏生态环境的违法行为的权利、义务和责任！ |
| 4 | 知识理性 | （1）"我们要本着这样的理念来做事就不会犯'出格'的错误，既保护了自己，又能将问题反映上去。" |
| | | （2）"呼吁所有公民和组织，为减少垃圾产生，推动垃圾分类和垃圾的循环利用贡献我们的力量和智慧，积极加入保护环境的活动中来，关爱环境，关爱地球。" |
| | | （3）"我们既要有信心又要有使命感，既要把眼前的具体工作做好做细，又要把自己的行动升华到为中国的环保事业和可持续发展做贡献的高度。" |
| | | （4）"科技这么发达，应该没事。" |
| | | （5）"我们希望政府既重视发展，又重视环境保护，以保护人民群众的利益。" |
| | | （6）"处理垃圾最好的方法是进行垃圾分类。首先，它可以分为三类：可回收的，不可回收的和有毒危害。然后将可回收的加以再利用，不可回收的分为焚烧和堆肥两种处理。有毒危害的做无害化处理。" |
| | | （7）"垃圾焚烧厂并不是垃圾焚烧场，人家那是正规的现代化工厂，全套欧洲瑞士设备最先进的垃圾处理厂，肯定对人没有害处！" |
| | | （8）帮助政府"想对策、找出路"，解决"垃圾围城"的困局，说不定就能达到"双赢"。 |
| | | （9）许多人恶补化学知识、医学知识和法律条文……了解垃圾焚烧的专业知识。 |
| | | （10）正当地表达诉求（特别是借助网络平台，如"推特""书面"以及手机短信等同时发声，迅速聚集民众），不使用过激的政治性口号，尽量减少与军警冲突，是成功的抗争经验。 |
| | | （11）首先，PX是国际公认的第三类致癌物；第二，医学证明PX可能导致月经不调，所以PX生产线的一线操作人员是男性；第三，在实验中，长期摄入PX达到103周，摄入的动物中未发现任何病理变化或异常…… |
| | | （12）国家早就发出和谐社会、服务型政府、科学发展的号召，希望部分地方政府从只重视发展经济的思路中转变过来，多思考如何以民为本，为民服务！ |
| | | （13）在对待任何事情上，我们都应该理性，不要让我们的爱家之心被别有用心的人利用……站在国家角度，只有国家的强大，城市的发展才更有希望和未来。 |

| 编号 | 话语范畴 | 文本语句 |
|---|---|---|
| | | （14）"一个人一辈子平均要'穿'掉290千克石油，'住'掉3 790千克石油，出行消耗3 838千克石油，加上其他方面，平均就要消耗掉8 469千克石油，所以没什么可怕的。" |
| | | （15）习近平总书记强调，"必须始终把人民利益摆在至高无上的地位"。最高人民法院周强院长说，"刑事审判要兼顾天理国法人情"。 |
| | | （16）生态文明建设，已写入了我国宪法 |

**附表2　关于社会中层环境维权网络动员话语的分类及文本语料**

| 编号 | 话语范畴 | 文本语句 |
|---|---|---|
| 1 | 科学性话语 | （1）清华大学环境科学与工程系教授聂永丰：我国的垃圾焚烧技术已接近国外先进水平，排出的烟尘控制水平也已达到国际通行的标准……它通过空气进入人体的量通常不到人体摄入二噁英总量的2%～3%，最高的时候也不过10%。更多的情况下，它是通过蔬菜、肉、蛋等食品进入体内……<br>（2）中国环境科学院研究员赵章元：目前世界上根本不存在所谓的国际先进成熟工艺设备。<br>（3）PX，全称对二甲苯，是一种危险化学品和高致癌物。在厦门海沧正在建设的PX项目中心周围5千米范围内，有超过10万居民。<br>（4）四川大学环保科技研究所副所长黄川友："从技术上讲，彭州石化是安全的。"<br>（5）化工知名专家、中国成达化学工程公司原副总工程师陈文龙说：在结构上，形成了规模大、过程短、风险低的结构组合优势；技术上紧跟国际石化行业技术发展步伐，具有自主创新和发展能力；在设备方面，通过生产设备和管理设备的优化设计和组合，提高自动化、智能化、集成化和效率水平。<br>（6）二噁英毒性太大，是一级致癌物……它的半衰期为14～273年，在体内积累，即使你的标准很低，它最终也会致癌。所以我们必须小心。<br>（7）浙江大学能源工程系教授、教育部长江学者严建华：通过科学技术的推广和改进，一个设计和运行良好的现代垃圾焚烧厂可以实现二噁英的低排放甚至接近零排放。<br>（8）环保组织负责人："新限值在此前的基础上有较大提高，也更为严格，现在美国的限值标准是0.2 ngTEQ/m³，欧盟的标准是0.1 ngTEQ/m³，我们的标准已经非常接近。"<br>（9）环境学者：垃圾焚烧过程中产生二噁英的一个必要条件是含有氯。塑料袋、泡沫饭盒和其他含盐较多的厨房垃圾是二噁英的"罪魁祸首"。<br>（10）中国工程院院士岑可法：据了解，在日本、欧洲、美国东海岸等土地资源稀缺的地区，垃圾焚烧发电厂占据了相当大的比例。许多甚至建在城市中心，如鲁昂塞纳河上的蒸汽式垃圾发电厂。<br>（11）受访环境专家：PC非光气生产是业界公认的绿色生产方式。只要环境设施到位、措施得当，污染可控。<br>（12）石油和化工规划院总工程师李君发：新加坡裕廊石化工业园拥有7 000万吨的炼油能力和两个PX项目……整个新加坡东西长46千米，南北长23千米。即使是最长的对角线也只有51千米……"100千米安全距离"的说法不可信。 |

| 编号 | 话语范畴 | 文本语句 |
|---|---|---|
|  |  | （13）昆明理工大学教授、环境工程专家郑志华：根据国家环境保护政策，中石油项目实施后，空气和水中污染物的排放必须达标，总量控制指标不允许增加。<br><br>（14）中石化新闻发言人吕大鹏：PX，对二甲苯的缩写，是一种液体，透明，无色，芳香化合物，尝起来有点甜……在包括美国和澳大利亚在内的许多国家，PX都不被视为危险化学品。在欧盟，PX只被归类为有害物质。<br><br>（15）李润生：从炼油到PX，再到聚酯、拉丝、纺织、印染和服装，石化行业几乎是一个巨大的产业集群，它不仅可以促进就业，还可以创造大量社会财富。<br><br>（16）徐海云（中国城市建设研究院总工程师、教授）：日本东京的垃圾焚烧厂离居民区很近；明尼苏达州的垃圾焚烧厂也在体育场旁边。在欧洲，生活垃圾焚烧厂通常是城市居民的热源。这是欧盟垃圾焚烧的发展趋势 |
| 2 | 反思性话语 | （1）国家环境保护总局环境工程评估中心专家组成员赵章元：垃圾焚烧厂计划招标，选用国际先进成熟的工艺设备，所有污染物均达到排放标准，其中二噁英排放达到欧盟标准。"这完全是纸上谈舟。"<br><br>（2）在2006年的政协会议上，来自九三学社和民革中央等民主党派的专家学者也对六里屯垃圾场的位置提出了质疑。<br><br>（3）专栏作家：剥夺民众的知情权，是为了将它换成钱。<br><br>（4）中央党校教授："不说话的稳定是假稳定，各方利益应该得到充分表达。"<br><br>（5）当地知名作家冉云飞：在博客上发帖，呼吁"有血性的成都人站起来"，采取力所能及的办法反对彭州石化项目。<br><br>（6）如果企业在招商引资的过程中，不去认真地对待环境保护，不去认真地考虑村民的生命健康，招商的确可能招来伤害。<br><br>（7）我认为应该把村民的生命健康放在更高的位置，这符合以人为本的基本理念。<br><br>（8）由于没有立法来处理此类纠纷，任意和无序处理成为常态，最终政府为了应对大规模危机做出了许多无原则的妥协。<br><br>（9）垃圾全部资源化是我们追求的目标，但现在就实施，那就好比实施"乌托邦"社会……<br><br>（10）环保专家刘治猛："对此，相关部门不能遮遮掩掩，应该采取更为透明的方式来主动披露信息。"<br><br>（11）涂磊：所有的豆腐渣工程都与权力"FB"有关，谁能说大连的这个PX项目背后就没有"FB"？没有权力寻租？若是没有一个巨大的权力为其撑腰……<br><br>（12）清华大学周庆安："我们说的'科学论证'……应该更多地从社会反响和公众承受能力角度做更进一步的论证。今天中国社会已经进入跟公众利益更加密切的阶段，公众一旦对科学决策过程本身产生疑虑，那么对于地方政府来说更加难做。"<br><br>（13）中南财经政法大学乔新生：我国行政主导型改革的边际效用越来越小。行政促进地方经济发展的模式已经不能适应社会发展的需要。 |

| 编号 | 话语范畴 | 文本语句 |
|---|---|---|
| | | （14）卫子游：现行的决策机制存在严重缺陷/现行的资源开发利用机制存在严重缺陷/现行的环评机制存在严重缺陷/现行的维稳体制存在严重缺陷。 |
| | | （15）韩寒：在一个国家走向完美和民主的道路上，我们站起来，走出去，坐下来，不一定是为了那些空洞的大话……但我知道，我们自己，每个人在电脑前，将会遇到这一天。那时，我们也需要你的理解和支持，远方的朋友。 |
| | | （16）中华亲爱家：物不平则鸣。这是天理。民众有不满，必然会通过各种途径，表达出来。包括游行请愿…… |
| | | （17）宋鲁郑：它的特点是对政府的非理性、情绪化和片面的指责。更不符合他们身份的是，他们不能提出任何解决方案，弥补损失…… |
| | | （18）环境NGO：在许多与公众利益相冲突的项目中，公众参与度低，在环评过程中影响很弱…… |
| | | （19）同济大学诸大建："一个很重要的观念误区是，政府照顾大多数人利益，想当然地认为小部分群体应该牺牲和付出。" |
| | | （20）沈彬，天涯社区：市民只有真正掌握说不的权利，即使不行使，也会认同PX的安全性；相反，如果市民没有掌握说不的权利，任凭专家怎么讲"科学"，依然难有公信 |
| 3 | 建设性话语 | （1）"中华环保联系会"：对环境权益受到侵害的公民、法人及其他组织，尤其是弱势群体，提供切实有效的法律帮助和救助。 |
| | | （2）推行公益诉讼制度是解决执法不力的一个非常好的法律的方法。 |
| | | （3）通过帮助污染受害者，向法院提起诉讼，可以提高公众的环境意识、法律意识和维权意识。最重要的是促进中国环境法的实施和遵守。 |
| | | （4）北京绿能环保公司高级工程师许立孝：建无污染的焚烧厂，将分担六里屯垃圾填埋场大部分压力……对环境的影响能降到最低，最终受益的是百姓。 |
| | | （5）首先，树立环评公信力。建议保持环评的中立性和权威性，甚至让人们自己找环评机构，也可以找国际机构。其次，要建立合理的补偿机制，必须考虑对公共资产的损害，给予合理的补偿。 |
| | | （6）进行垃圾处理，一定要很好地处理人与环境的关系，让居民各个人之间达成一种很好的默契……其他人则可以为这种便利进行一定的环境补偿。 |
| | | （7）专家：对垃圾发电厂附近居民应给予补偿。 |
| | | （8）从项目一开始就需要提高决策、互动、沟通和理解的透明度。焚烧厂的建设应主要为当地居民带来便利和利益，而不是增加他们的担忧。 |
| | | （9）石油化学工业规划院总工程师李君：积极回馈周边环境，为当地居民铺路架桥，多做公益工作，协调相互关系。 |
| | | （10）毛寿龙：只要政府做得对，老百姓肯定是支持政府的，多做一些沟通，效果就会很明显……有些地方政府推出"马上就办"的服务，增加政府官员与民沟通、为民解忧的经验和能力。 |
| | | （11）胡锡进：总的来说，中国人口稠密，资源匮乏，发展水平低，不承担环境风险是做不到的……但越是如此，环境影响评估就越严肃、越严格，告诉人民真相。只有政府有很强的公信力，沟通才能有效，否则公众就无法接受环境影响评估结果。 |

| 编号 | 话语范畴 | 文本语句 |
|---|---|---|
| | | （12）凌国华：环境污染的监测、预警、问责和处理是公共部门不能免除的义务。公共部门有责任建立健全环境保护机制，为公众创造安全的生活和生产保护网络。 |
| | | （13）公共部门要牢记公共权力的来源和性质，倾听公众的批评甚至尖锐批评，虚心接受批评和建议，主动回应公众，为公众有序参与公共事务创造良好环境。 |
| | | （14）垃圾焚烧厂就建在这里，对这里有着永久性的影响。解决办法是增加地区福利措施，甚至采用拍卖的决策方法 |

**附表 3　关于大众媒体环境维权网络动员话语的分类及文本语料**

| 编号 | 话语范畴 | 文本语句 |
|---|---|---|
| 1 | 事实话语 | （1）浙江东阳画水镇 4·10 事件后续工作平稳进行。<br>（2）二噁英被称为世纪毒物之王，是强致癌物，毒性是砷的 900 倍，影响下一代生殖健康，可影响 7 代人。一些科学家预测，如果不加以适当控制，二噁英可能会扼杀人类的繁殖和进化。<br>（3）事实上，垃圾焚烧并不是二噁英排放的第一大来源，金属生产排放的二噁英约占我国的 45%。冶炼炉、水泥窑、钢铁厂都排放二噁英。<br>（4）日本学者 Shinsuke Tanabe 研究了印度尼西亚垃圾场周围土壤中二噁英的含量。结果表明，二噁英的含量是居住区土壤的 3 000 多倍。<br>（5）通过深入系统的基础研究与开发具有自主知识产权的先进集成技术体系，二噁英排放远低于每浓度单位 1 纳克的国家标准，甚至低于每浓度单位 0.1 纳克的欧洲标准，预计将实现接近零排放。<br>（6）"未来几年，中国垃圾处理带来的利润可能超过 3 000 亿元。巨大的商机使全球垃圾和垃圾处理公司来到中国'抢垃圾'。"<br>（7）大门处的大屏幕显示实时监测的排放数据。在炎炎夏日的阳光下，绿地郁郁葱葱，工厂周围几乎闻不到垃圾的异味。垃圾焚烧厂每天处理 1 500 吨垃圾，每天"消化"约 1/10 的上海生活垃圾。<br>（8）来自科学书籍的数据表明：与 X 光检查一样，飞行和吸烟也会受到额外的辐射。居住在核电站附近的公众所受的最大辐射剂量仅相当于一个人每年飞行两小时所受的辐射剂量，或 X 射线检查所受辐射的一半。<br>（9）根据美国环境保护署（EPA）专家古利特博士的一项研究，每天大约有 30 户家庭焚烧自己的垃圾，但他们的二噁英排放量与现代 200 吨/天的焚烧炉相当。<br>（10）任何项目决策都有利有弊。我们无意妖魔化垃圾焚烧发电，但有必要还原事物背后的真相。无论是垃圾焚烧还是填埋，真正的垃圾无害化处理正是人们所期待的。<br>（11）在大连市民的声音中，PX 项目最终将回到过去的平静，一切将继续照常运行。然而，围绕该项目提出的环境安全问题，仍有许多问题有待回答。<br>（12）事实上，在中国，一些可能不符合环境影响评价条件或国家要求的重大项目往往是在一些地方的护航下先行建设的。当它成为一个既定事实时，相关部门会做出一个精细的决定，从而使该项目合法化。<br>（13）某地被曝有重大污染项目在当地居民不知情状态下准备兴建，激起当地民众抗议，又通过网络等载体进一步发酵、扩大事态，使当地政府迫于沸热民意最终取消被反对项目 |

| 编号 | 话语范畴 | 文本语句 |
|------|----------|----------|
| 2 | 行动话语 | （1）北京如何突破垃圾之困。<br><br>（2）当前，我们首先要科学化，进行科学论证。其次，我们应该民主。应该透明和公平。应该有宣传、通知和其他程序，包括邀请居民前来和政府解释，以表达对公民的尊重。最后是遵守各种程序。<br><br>（3）潘岳表示，中国目前面临的环境污染问题主要是布局问题和结构性问题，这是工业化、城镇化快速发展过程中宏观决策和总体规划没有充分考虑环境和资源因素造成的。<br><br>（4）民心工程为什么会"不得人心"呢？最大的原因是效率优先导致决策的随意性和仓促性。<br><br>（5）一些地方政府忽视环境保护和人民生活环境质量的原因是为了尽可能地追求经济增长。由于经济指标是上级评价下级的最重要的标准，而且上下级官员的命运在一定程度上的相关性，限制了地方政府以牺牲环境为代价追求政绩……<br><br>（6）正是通过表达、争取和捍卫人民的生存权和发展权，中国社会的公民不仅维护了自己的合法私利，而且有效地促进了社会观念的转变和文化心理的重塑，从而不断拓展人格发展的空间。<br><br>（7）一味强调科技的进步，也凸显了垃圾处理政策和措施缺乏"人文关怀"。<br><br>（8）解决垃圾问题有三个关键点：资金力量、技术力量和社会共识。"目前，资金和技术都比较容易达成，社会共识最难达成，却是成败的关键。"<br><br>（9）面对群众呼声，采取实事求是的态度，是认识和解决生活垃圾问题的必由之路。<br><br>（10）一是充分披露垃圾处理相关信息。二是官民互动的制度保障。三是建立独立的监管团队。在监管过程中，垃圾处理的运行是监管的核心。<br><br>（11）积极实施"有尊严的环保"，赋予地方环保部门独立的执法处罚权，严厉打击影响环境保护发展的行为。任何上级领导都无权干涉，也不能干涉。<br><br>（12）"美丽中国"的内在困境还在于，大众在家园、故土、田园、彼岸、文明、发展这些概念的认知上分裂和不可调和。<br><br>（13）社会治理的深层次矛盾是：一是决策过程缺乏公众支持，二是社会管理中存在"全能政府"的理念，三是社会治理发展缓慢。<br><br>（14）要想让高校师生下跪乞求污染企业的悲剧不再发生，关键在于完善我国的环境保护法律制度，从民事赔偿、行政处罚、刑事责任等方面入手，加大对环境污染的处罚力度，使一些违法企业不敢轻易涉法。<br><br>（15）饮用干净的水、呼吸新鲜空气和食用安全食品的要求并不高。发展的最终目的是为了人民。如果经济发展是建立在威胁人民生命健康的基础上的，那么这种发展怎么可能是为了人民？我们真诚地希望各级政府部门把环境保护放在第一位，以碧水蓝天回报人民 |
| 3 | 共识话语 | （1）2007年北京市加快发展循环经济，建设资源节约型和环境友好型城市行动计划。<br><br>（2）实践证明，重大决策前充分征求社会各界意见，尽可能就共同问题达成共识，有利于社会各界有序政治参与，拓宽利益表达渠道。这是政治运行的有效载体，也是中国政治发展的一种民主形式。 |

| 编号 | 话语范畴 | 文本语句 |
|---|---|---|
| | | （3）厦门PX项目的成功解决是一个双赢的结果，体现了当局的智慧和以人为本的思想。 |
| | | （4）环境维权最终是要达到多赢的局面：第一，赢出了一个好的形象……第二，如果很多决策仓促上马，会留下巨大的后遗症，好像今天解决了，但是明天解决起来更难……第三，最重要，我觉得赢得了未来再遇到类似事情的时候解决的方法、经验和教训，不仅仅是番禺，对全国都有利。 |
| | | （5）如果我们要在涉及群众利益的问题上做好群众工作，把发展的热情放在认真做好群众工作上，就不难跨越障碍，消除误解，赢得信任。 |
| | | （6）为了实现"政府与公民共同成长"的愿景，政府部门需要克制、谨慎和谦虚，而不是相反。 |
| | | （7）有理由相信，处理垃圾问题的过程将是政府和公民共同成长的过程。 |
| | | （8）反对建设现代垃圾焚烧厂反映了公民对政府决策民主化、公开化和透明度的更高要求。正视群众呼声，采取实事求是的态度，是认识和解决生活垃圾问题的必由之路。 |
| | | （9）平等协商和程序正义是民主决策的本质。愤怒的对抗不应成为维护权益的表现。 |
| | | （10）科学论证项目，扩大公众参与、回应合理需求和应对敏感环境无疑需要政府、公众甚至企业之间的相互信任和对话。 |
| | | （11）同时，协商是自由、理性的公共讨论，是借助集体智慧和相互的道德责任，通过对话最大限度维护公共利益，达成共识，消弭冲突…… |
| | | （12）在经济发展和环境保护之间，在尊重舆论和依法治国之间，媒体应保持良好的平衡，为社会贡献专业知识和科学理性 |

**附表4　关于权力主体环境维权网络动员话语的分类及文本语料**

| 编号 | 话语范畴 | 文本语句 |
|---|---|---|
| 1 | 指令话语 | （1）强调要本着维护社会稳定、维护群众利益的宗旨，妥善处理好这起事件。 |
| | | （2）在省委、省政府的高度重视下，各级党委、政府和相关部门及时采取措施，迅速平息事态…… |
| | | （3）各级党委、政府和有关部门要牢固树立科学发展观和正确政绩观，注意解决关系群众切身利益的热点难点问题，切实维护社会和谐稳定…… |
| | | （4）要求各级环保部门公开环境保护法律法规、政策、标准、行政许可、行政审批等17类政府环境信息；对超标排放污染物总量的企业，强制披露四类环境信息，不得以保守商业秘密为由拒绝披露。鼓励一般污染企业主动披露环境信息。 |
| | | （5）"在规范政府环境行为方面，地方政府缺乏约束机制和问责机制，环境法律体系缺乏调整和约束政府改革行为的法律法规。" |
| | | （6）政府公告：吴江市生活垃圾焚烧厂是经吴江市人民政府批准的一个实用型项目，已通过国家环境保护总局环评和江苏省发改委立项，土地利用指标达标。 |

| 编号 | 话语范畴 | 文本语句 |
|---|---|---|
| | | （7）刘志庚对于个别推进不力的镇街发出警告："没有落后的群众，只有落后的领导。领导思想一定要先通，我看不换思想就换人！" |
| | | （8）"活力什邡"微博发布《什邡市公安局关于严禁非法集会、游行、示威活动的通告》："一、任何人通过互联网、手机短信和其他手段煽动、策划或组织非法集会、游行和示威者，必须立即停止非法活动，并采取措施消除影响。否则，一经核实，将依法处理。二、煽动、策划、组织非法集会、游行、示威或者殴打、砸毁、抢劫的，应当自通知之日起三日内向公安机关自首，力求从宽处理。拒不自首的，一经核实，公安机关将依法严惩。三、请大家不要相信谣言，不要散布谣言，自觉遵守相关法律法规，切实维护社会和谐稳定。四、发现煽动、策划、组织非法集会、游行、示威以及打砸抢的线索的，应当立即向公安机关报告，公安机关依照有关规定给予奖励。" |
| | | （9）这个问题很复杂。环境保护部已形成治理方案，并报国务院。相关调查结束后，将向公众公布。调查完成后，我们将全面向社会公布，严格按照所采用的方法和目标进行有效治理。 |
| | | （10）会议还提出，要对福佳大化PX项目安全状况进行全面调查评估，科学负责地做出解释，尽快对PX项目搬迁进行论证，提出方案。 |
| | | （11）各级政府要切实重视水产养殖的环境保护，在政策的制定和实施中采取行动 |
| 2 | 协商话语 | （1）该项目在进一步论证前应予缓建，并全面公开论证过程，扩大征求公众意见范围。 |
| | | （2）国家环境保护总局副局长潘岳曾总结出四个"越"："信息越不公开，公众对政府的不信任就越大，谣言市场就越大，不稳定因素就越大。" |
| | | （3）市领导充分肯定了人民群众的环保意识和厦门人的爱护、关爱之情。市委、市政府高度重视舆论集中的环境保护问题。他们认为，每一项决定，特别是涉及民生的重大问题的决定，都应该是民主和科学的。 |
| | | （4）番禺区区委书记谭某近日表示，"垃圾焚烧发电厂项目已正式叫停。未来，应该就垃圾在哪里以某种方式处理达成共识，这需要得到周围大多数人的同意，这一比例应该达到75％。" |
| | | （5）"我们认识到垃圾处理是关系民生的重大问题。因此，我们应该从零开始，动员番禺全体居民进行大讨论，收集民意，进行深入论证。" |
| | | （6）"在这个关键时刻，政府将征求公众、媒体和专家的意见，广泛听取各方意见，借鉴国内外垃圾处理的成功经验，邀请专家设计适合番禺的无害化处理方法，从而为番禺市的生活垃圾找到一条科学合理的出路。" |
| | | （7）番禺垃圾处理文明区建设要坚持以人为本，大力完善科学、民主、法治的政府决策机制和客观、合理、文明的舆论表达机制，从而最大限度地保护最广大人民的利益，赢得最广大人民的支持。 |
| | | （8）请充分相信，区委、区政府将在充分听取各方意见和科学论证的基础上，尊重科学、依法办事、审慎决策。我衷心希望广大市民朋友，能贡献自己的智慧和力量。让我们共同努力，解决这个现实的、长期的问题。 |
| | | （9）政府环境治理回应：对企业存在的环境违法行为进行处罚/责成企业对治理设施进行提升改造。进一步加强环境执法，增加环境监测频率，加强公众参与，建立环境监督员队伍，参与企业日常环境监督。 |

| 编号 | 话语范畴 | 文本语句 |
|---|---|---|
|  |  | （10）积极与村民代表沟通，听取群众呼声，做出有关书面答复，积极创造条件解决群众提出的有关问题。 |
|  |  | （11）中共十八大报告将国家发展总体布局由"四位一体"拓展为"五位一体"，将"生态文明"提升到更高的战略水平，这是对社会文明发展规律和人民生态需求的积极回应。 |
|  |  | （12）李克强表示，无论是污染状况、食品问题，还是治理和处置的效果，都要公开透明，让公众和媒体能够充分有效地监督。这也是形成一种倒逼机制，来硬化企业和政府的责任。 |
|  |  | （13）云南省委常委、昆明市委书记张田欣："政府要把民众正确意见上升为政府政策，政府要和民众一起监督炼化项目，真有污染，整黄牌给它，把它罚下。" |
|  |  | （14）昆明再次举办炼油项目座谈会：今天的交流将本着平等、诚实、宽容、理性、和谐、实事求是、尊重科学的精神进行。 |
|  |  | （15）"哪个标准更严格？效果更好？广州的垃圾处理必须选择最严格、最有效的标准，对人民负责。" |
|  |  | （16）地方政府所做的每一件事，都要有沟通意识，把决策的意图、决策的利与弊清楚地告诉人民，解释他们的疑虑和担忧，让人民能够理解 |
| 3 | 情感话语 | （1）"如果有可能，我愿意把心掏出来给大家看。政府在处理这件事上确实很积极，请大家不要激动，冷静下来，相信政府，没有什么解决不了的事情。" |
|  |  | （2）昆明市市长李文荣："我与大家共同工作在这个地方，同在一片蓝天，同饮一湖水，呼吸着同样的空气。保护不好环境是对人民的犯罪！" |
|  |  | （3）为什么我们对眼前的客观现实视而不见？为什么对公众的强烈呼声置若罔闻？把自己的面子和利益放在一切之上？认为舆论、科学和道德毫无价值？让他们掌管一个重要行业，岂不要误国害民。 |
|  |  | （4）相信不少环保官员对于治下的污染问题都心知肚明，早就应该感到内疚了。然而，他们在感到内疚的同时，却没有表现出"勇气"一词，也没有强有力的监管措施。有的官员对污染问题束手无策，有的官员睁一只眼闭一只眼，有的官员通过收费推动监管，也有官员替污染企业考虑。 |
|  |  | （5）"PX项目是否上，届时真正要有民众参与决策，决不能搞长官意志，一个失信于民的政府必将为人民所唾弃。" |

附表5　2013年昆明市市长李长荣微博内容

| 编号 | 时间 | 微博内容 | 转发量 | 评论量 | 点赞量 |
|---|---|---|---|---|---|
| 0101 | 2013-5-17 | 春城的网友，大家好！我是昆明市市长李文荣，今天我开通了新浪微博，希望能在此搭建一座与大家坦诚沟通的桥梁。我愿意倾听你们对昆明建设发展的意见，我和我的同事们将认真研究大家提出的意见和建议 | 2.2万 | 2.7万 | 6 328 |

| 编号 | 时间 | 微博内容 | 转发量 | 评论量 | 点赞量 |
|------|------|----------|--------|--------|--------|
| 0102 | 2013-5-17 | 感谢大家的关注。对大家提出的问题我将认真梳理，并尽快回应。在此希望大家给予支持和谅解。☺ | 955 | 4 250 | 739 |
| 0103 | 2013-5-17 | 今天我看了很多网友的跟帖，其中大部分网友对中石油云南炼油项目十分关注。在5月10日的新闻发布会上我已做了说明，现在再把具体内容发给大家，供大家进一步了解。（详见长微博）网页链接 | 8 116 | 4 074 | 689 |
| 0201 | 2013-5-18 | 转发微博@昆明市长 今天我看了很多网友的跟帖，其中大部分网友对中石油云南炼油项目十分关注。在5月10日的新闻发布会上我已做了说明，现在再把具体内容发给大家，供大家进一步了解。（详见长微博）网页链接 | 118 | 1 031 | 74 |
| 0202 | 2013-5-18 | 刚才在浏览大家评论的时候，误操作转发了昨晚的微博，还望大家对我这个微博界的菜鸟多多包涵。言归正传，谢谢@虚构水MX提出的关注账号面窄的问题，我会进一步拓宽视野、延伸关注。大家有好的推荐可以@给我。另外，关注昆明市级政务微博，也是掌握各部门工作动态的一种方式，您说呢？ | 276 | 1 349 | 196 |
| 0203 | 2013-5-18 | 开通微博到现在，我看到大家对中石油云南炼油厂项目的关注，也看到许多网友反映关于城市建设、民生等其他问题。有外地网友@SoWhat之FxxK投诉出租车拒载，我会责成相关部门加强监管。在此，欢迎大家提意见和建议，可直接拨打12345或登录网页链接发邮件到市长信箱，我会督促处理 | 644 | 2 450 | 212 |
| 0301 | 2013-5-19 | 我看到有的网友表达了"理性维护权益，文明表达诉求"的观点。6月7日，全市2.9万考生将迎来高考，让我们共同营造安静有序、和谐稳定的人文环境，为考生们加油！ | 345 | 1 653 | 193 |
| 0401 | 2013-5-21 | 下雨路滑，注意安全，交通拥挤，礼貌出行！ | 179 | 1 176 | 215 |
| 0402 | 2013-5-21 | 今天我和同事邀请23位市民再次进行恳谈，大家在平等、坦诚、包容、理性的气氛中展开交流。我感到不少市民对中石油云南炼油项目还不甚了解，我们对大家关心的环保、选址等问题再次进行了解答，媒体将会报道，希望大家关注 | 556 | 2 087 | 169 |

| 编号 | 时间 | 微博内容 | 转发量 | 评论量 | 点赞量 |
|---|---|---|---|---|---|
| 0501 | 2013-5-22 | 昨天，我召开了座谈会与大家交流，今天我又看了部分网友的评论，对此有些看法，现在发成一条长微博，并附上座谈会情况链接。网页链接 | 409 | 2 017 | 111 |
| 0601 | 2013-5-23 | 我看到有网友发布了2010年5月兰州炼油厂现场照片；还有网友要求核查"网传新疆克拉玛依大火主要责任人况丽，现为云南项目总负责人"真伪。这两个问题，我已联系中石油云南石化有限公司、云天化集团等核实情况，并将结果向社会公布，请大家关注。@温水兄 @虚碌 @霸气的北京小妞 | 238 | 355 | 129 |
| 0602 | 2013-5-23 | 为了让更多的市民了解炼油项目，我们先后组织了两批市民、网民、专家和媒体人士，赴广西中石油钦州炼油厂进行考察。该厂1 000万吨炼油能力采用的新工艺和先进生产设备，与云南炼油项目的生产设备相当。第一批考察人员形成了"考察情况报告"，欢迎大家围观。网页链接 | 467 | 1 515 | 123 |
| 0701 | 2013-5-24 | 转发微博@昆宣发布♯昆宣快讯♯【中石油云南石化公司回应兰州石化炼油厂"冒黑烟"质疑】针对有网友反映的兰州石化炼油厂冒黑烟的景象会不会出现在云南炼油厂的质疑，中石油云南石化公司声明，云南石化投产之后，正常运营时不会出现冒黑烟的现象，公司将加强设备运行维护，保证生产平稳，最大限度减少火炬的非正常排放 | 174 | 386 | 58 |
| 0702 | 2013-5-24 | 转发微博@昆宣发布♯昆宣快讯♯【云南云天化和中石油云南公司澄清"况丽任职"传言】针对近段时间网上热传的"况丽成为昆明PX项目负责人"事件，云南云天化石化有限公司和中石油云南石化有限公司今日均发表声明表示"查无此人"，在其公司任职的说法纯属谣传。网页链接 | 144 | 347 | 67 |
| 0801 | 2013-5-25 | 为普及炼油和石化方面的科学知识，帮助广大市民科学、全面、准确地认识中缅油气管道及云南炼化项目，从今天到6月10日，我们在昆明市博物馆举办炼油和石化科普展览，现场有专家学者解答大家的疑问。欢迎网民朋友参观。（配图） | 1 366 | 3 607 | 289 |

| 编号 | 时间 | 微博内容 | 转发量 | 评论量 | 点赞量 |
|------|------|---------|--------|--------|--------|
| 0901 | 2013-5-29 | 近几天，我们邀请了 5 位专家来昆开讲座，重点讲了国家能源战略与云南的经济发展、炼油技术、炼化工业的安全与环境保护。昨天，我专心聆听了曹湘洪院士从落实企业职责、提高公众认知和加强政府监管角度做的讲授，给我的启发很大，现将曹院士的几个观点和大家分享 | 738 | 3 322 | 95 |
| 1001 | 2013-6-2 | 今天上午，我接受了新闻媒体集体采访，就社会关注的南博会筹办工作和中石油云南炼油项目相关情况回答记者提问，现把采访实录提供给大家。网页链接 | 398 | 1 934 | 71 |
| 1101 | 2013-6-23 | 网友关注的中石油云南炼油项目环评公开之事，项目业主等各方已依法履行完项目公开的相关手续，将在近几日内依法依规向社会公开。 | 171 | 366 | 35 |
| 1201 | 2013-6-25 | 今天，中石油云南石化有限公司已将《中国石油云南 1 000 万吨/年炼油项目环境影响报告书》和《关于中国石油云南 1 000 万吨/年炼油项目环境影响报告书的批复》向社会公开。大家可以点击以下链接进行了解：网页链接 | 464 | 665 | 37 |
| 1202 | 2013-6-25 | 今天，省、市环保部门公开了《中国石油云南 1 000 万吨/年炼油项目环境监管工作方案》（网页链接），就是要落实好对企业的监管，也表明政府对企业加强监管的决心，包括对央企，这点请各位放心，我与大家的愿望是一致的。我曾在新闻发布会、恳谈会上多次表明了这一观点，也请大家监督政府 | 220 | 458 | 30 |